JOHANNES HEMLEBEN
DAS HABEN WIR NICHT GEWOLLT

Johannes Hemleben

Das haben wir nicht gewollt

Sinn und Tragik
der Naturwissenschaft

Urachhaus

ISBN 3 87838 233 2
© Verlag Urachhaus Johannes M. Mayer GmbH & Co. KG,
Stuttgart 1978
Druck: Clausen & Bosse, Leck/Schleswig

Inhaltsverzeichnis

Vorwort

Am 15. Juli 1955 wurde von 18 Nobelpreisträgern, später unterzeichneten noch weitere dreiunddreißig, eine Kundgebung veröffentlicht. Es geschah im Anschluß an eine Tagung, die in Mainau am Bodensee gehalten war. Im Text dieser Kundgebung stehen die folgenden Sätze:

»Mit Freuden haben wir unser Leben in den Dienst der Wissenschaft gestellt. Sie ist, so glauben wir, ein Weg zu einem glücklicheren Leben der Menschen. Wir sehen mit Entsetzen, daß eben diese Wissenschaft der Menschheit Mittel in die Hand gibt, sich selbst zu zerstören!«

Vereinfacht ausgesprochen, sagen diese Atomphysiker: »Wir haben unsere Arbeit in den Dienst der Menschheit gestellt, aber was nun daraus geworden ist – das haben wir nicht gewollt.«

Damals, heute vor mehr als 20 Jahren, stand die Menschheit noch unter dem Schock der Ereignisse vom August des Jahres 1945, den Atombombenabwürfen über Hiroshima und Nagasaki. Durch den Kampf um die »friedliche« Anwendung der atomaren Energie für Industrie und Technik sind die politisch-militärischen Probleme der Atomwaffen gegenwärtig in den Hintergrund gedrängt worden. In Wirklichkeit aber haben sie an Aktualität nichts verloren.

Heute ist die Menschheit aufgerufen, sich über alle Folgeerscheinungen ihrer eigenen Taten Rechenschaft zu geben. Die Atomphysik und die durch dieselbe möglich gewordene

Auswertung der Atomenergie für menschliche Zwecke ist zwar ein zentrales Feld der Anwendung der Naturwissenschaft im Leben der Menschheit, aber eben doch nur eines unter anderen.

Die Entdeckung der mannigfaltigen Schäden durch die von der Naturwissenschaft inaugurierte Industrie und Technik als sogenannte »Umweltschäden« hat in der Gegenwart ein anderes weites Gebiet bewußt gemacht, das gleichfalls zu dem Thema gehört: »Das haben wir nicht gewollt!« Man denke nur an die künstliche Düngung und an die damit eingetretenen Schädigungen von Boden, Pflanzen und Tieren und das damit verbundene Problem: »Gift in der Nahrung«. Oder an die höchst problematischen Folgen der Vererbungswissenschaft, welche die Manipulation der genetischen Prozesse aller Lebewesen ermöglicht. Die Gefahr, welche von dieser Seite droht, ist unüberschaubar. Es ist schon davon gesprochen worden, daß die Genetik gefährlicher für das Leben auf Erden werden könne, als die Atomenergie.

Fast alle sogenannten Segnungen der Technik haben sich im Laufe der Zeit, besonders aber in den letzten Jahrzehnten, in ihren Auswirkungen als zwiespältig erwiesen. So die Fülle der Milieuschädigungen, denen insbesondere die heranwachsenden Generationen ausgesetzt sind! Das Fernsehen ist aus der modernen Zivilisation heute nicht mehr fortzudenken. Doch die Pädagogen wissen darum, wieviel Kinder und Jugendliche die Folgen dieser unnatürlichen und zumeist sensationellen Wahrnehmungen in ihrem gestörten Seelenleben offenbaren.

Im Grunde gibt es heute keinen Menschen, der nicht irgendwie durch die Folgen der Naturwissenschaft und ihrer Anwendung als Technik, Industrie und Alltagsdurchdringung sowohl leiblich wie als denkend-fühlend-wollendes

Wesen gezeichnet ist. Das wird in der Gegenwart zunehmend bewußt. Da es aber kein ernstzunehmendes »Zurück zur Natur« gibt, setzen sich die meisten Menschen über die aufgetauchten Bedenken hinweg: »*Da man an allem doch nichts ändern kann, muß man damit leben.*« Ernster nehmen es alle die Gruppen und einzelnen, welche sich heute schon zu kräftigen Organisationen des »Umweltschutzes« zusammengeschlossen haben. Deren Bestreben gilt es zu unterstützen und auszuweiten. Heute gibt es kein Lebensgebiet, in das nicht die Zivilisationsschäden eingedrungen sind.

Gerade weil es tatsächlich kein Zurück in ein vor-naturwissenschaftliches Zeitalter gibt, kann Hilfe nur von einem *gründlichen Durchschauen* der Zusammenhänge erhofft werden.

Die Grundfragen lauten: Was ist der Sinn der modernen Naturwissenschaft? Wie ist sie entstanden? Welche notwendige Berechtigung muß man ihr zusprechen? Wo liegen die Gründe, daß auf so vielen Gebieten sich der Nutzen in Schaden, der Gewinn in Verlust verwandelt hat?

Ganz sicher ist mit der Phrase, die man häufig hört, wenig gewonnen: »*Es kommt darauf an, daß der Mensch die Technik und nicht die Technik den Menschen beherrsche.*« Solche Allgemeinwahrheiten werden leicht ausgesprochen, verändern aber kaum die Wirklichkeitsabläufe. Wichtiger ist es, sich Rechenschaft darüber zu geben, daß die Naturwissenschaft als solche zwangsläufig sowohl die Technik und Industrie wie den theoretischen und praktischen Materialismus erzeugt hat.

Diese moderne Naturwissenschaft ihrerseits aber ist nur verständlich, wenn man erkennt, daß sie ein legales Erzeugnis des geschichtlichen Christentums ist. So paradox dies dem erscheinen muß, der sich an die erbitterten Kämpfe im 19.

Jahrhundert zwischen materialistischen Naturwissenschaftlern und christlichen Theologen erinnert, so wahr ist es dennoch: Die Naturwissenschaft und das Christentum von heute haben denselben Nährboden. Beide sind sie aus dem christlichen Mittelalter des Abendlandes hervorgegangen. Das Bild, daß neben den europäischen Missionaren stets die Techniker und Industriellen in den Kolonialländern auftauchten, als es darum ging, die Bevölkerungen Afrikas, Asiens und Amerikas für sich zu gewinnen, ist kein zufälliges. Aber auch hier tritt das angedeutete Grundgesetz zutage: Was als »Segen«, als Hilfe und Förderung von ernsthaften Menschen für die sogenannten unterentwickelten Völker gedacht war, hat vieles zugleich mitbewirkt, von dem die Initiatoren nur sagen können: »Das haben wir nicht gewollt.«

Um diese Zusammenhänge aufhellen zu helfen, wurde der Versuch dieses Buches unternommen.

Zur Einleitung:
Mensch und Erde

»*Unsere Zivilisation droht zum Opfer ihrer eigenen Errungenschaften zu werden: Wir verpesten unsere Atemluft mit Abgasen, Rauch und Industriestaub; wir vergiften die Gewässer, wir verseuchen die Erde mit radioaktiven Strahlen . . .*« So steht es im Vorwort zu dem Buche von RACHEL CARSON »Der stumme Frühling«, das 1962 erschien und dem es gelang, viele Menschen auf die Gefährdung der lebendigen Erde aufmerksam zu machen.

RACHEL CARSON hatte manche Vorläufer, die ähnliches wie sie ausgesprochen hatten. Aber sie wurden kaum gehört und wenn, bald wieder vergessen. Kein Geringerer als der Romantiker JOSEPH FREIHERR VON EICHENDORFF (1788–1857) hatte schon vor mehr als einem Jahrhundert in seinem Buche »Ahnung und Gegenwart« mit Seherblick verkündet: »*Denn aus dem Zauberrauche unserer Bildung wird sich ein Kriegsgespenst gestalten, geharnischt, mit bleichem Totengesicht und blutigen Haaren; wessen Auge in der Einsamkeit geübt, der sieht schon jetzt in den wunderbaren Verschlingungen des Dampfes die Lineamente dazu aufringen und sich leise formieren. Verloren ist, wen die Zeit unvorbereitet trifft; . . . Denn aus ihren Fugen wird sie (die Erde) noch einmal kommen, ein unerhörter Kampf zwischen Altem und Neuen beginnen, die Leidenschaften, die jetzt verkappt schleichen, werden die Larven wegwerfen, und flammender Wahnsinn sich in die Verwirrung stürzen, als wäre die Hölle losgelassen,*

Recht und Unrecht, beide Parteien, in blinder Wut einander verwechseln – . . .«

Wer an die Materialschlachten des ersten (Verdun) und des zweiten (Stalingrad) Weltkrieges denkt, an die Zerstörung der Großstädte (Coventry, Berlin, Dresden, Hamburg u. v. a.) und an die Ermordung von Millionen von Menschen in den Gefangenenlagern, wird das Zukunftsbild Eichendorffs nicht als übertrieben ablehnen können. Es ist eingetreten, was er vorausschaute.

LUDWIG KLAGES (1872–1956) war es, der diese vergessenen Visionen Eichendorffs ein Jahr vor dem Kriegsausbruch 1914 wieder bewußt zu machen suchte. In einer Schrift, genannt »Mensch und Erde«, erhebt KLAGES unter Berufung auf EICHENDORFF seine mahnende Stimme: »*Kein Zweifel, wir stehen im Zeitalter des Unterganges der Seele.*«[1]

KLAGES durchschaute schon damals die seelentötende Macht der Maschine, die Gefährlichkeit des von lauter Mechanismen durchsetzten Lebens, besonders der dumpf und stumpf machenden technisierten Berufstätigkeit. Und vor allem sah er, wie alles zusammen dem verborgenen Ziel dient: »*den Zusammenhang aufzuheben zwischen dem Menschen und der Seele der Erde.*« So gipfelt seine eindringliche Mahnung in dem Satze: »*Die ›Zivilisation‹ trägt die Züge entfesselter Mordsucht, und die Fülle der Erde verdorrt vor ihrem giftigen Anhauch.*«

Die Tragik im Erkenntnisleben von Klages war, daß er nicht ohne Emotionen denken konnte. Er vermochte Intellekt und Geist nicht zu unterscheiden. Ihm ging es um die »Rettung der Seele«, aber in dem »Geist« sah er einen bedrohlichen »Widersacher der Seele.« So suchte er Hilfe im Unbewußten der Seele, statt zu dem den toten Intellekt überwindenden Geist aufzusteigen. Eine Folge davon war auch, daß er das wahre Wesen des Christentums nicht zu erfassen vermochte. Er sah nur die Einseitigkeit des weltflüchtigen Christentums im Mittelalter und dessen Naturfremdheit. Weiter entdeckte Klages, daß in der Neuzeit die verheerenden Mächte, genannt »Fortschritt«, »Zivilisation«, »Kapitalismus«, ausschließlich von »Christen« gegründet und getragen wurden. Auch die »exakte« Wissenschaft, die »Erfindung auf Erfindung gehäuft«, ist ausschließlich aus dem christlichen Raume hervorgegangen und hat die anderen, naturverbundenen Völker und Rassen geknechtet. Wohl hat das Christentum Liebe gepredigt – in der realen Wirklichkeit aber *mit tödlichem Haß den Naturdienst der Heiden verfolgt.* So kommt er zu dem Resultat: *»Der Kapitalismus samt seinem Wegbereiter der Wissenschaft, ist in Wirklichkeit eine Erfüllung des Christentums, die Kirche gleich ihm nur ein Interessenverband . . .«*

Bei LUDWIG KLAGES hat das Erkennen von Teilwahrheiten Blindheit für die umfassende Spiritualität verstehenden und durchschauenden Geistes bewirkt. So blieb er im Gestrüpp seiner auf das unbewußte Leben gerichteten psychologischen Erlebnisse hängen. Das war seine Tragik.

Auf Klages folgt der Schweizer CARL GUSTAV JUNG (1875–1961), dessen »Tiefenpsychologie« manches zutage gefördert hat, was als Beitrag zur Enträtselung unbewußter Seelentiefen gewertet werden muß; aber das Thema »Mensch und Erde« hat er aufgrund der Einseitigkeit seiner Blickrichtung nach Innen nicht gefördert.

Inzwischen nahm die Verpestung der Luft, die Verseuchung der Gewässer und die Vergiftung des Erdbodens durch die immer industrieller werdende Zivilisation und ihren Übergriff auch in die Landwirtschaft zunehmend bedrohlichen Charakter an.

13

Man braucht nur die Titel von Büchern an sich vorüberziehen zu lassen, welche in den zwölf Jahren zwischen 1947 und 1959 erschienen sind, um zu erkennen, in welchem Maße das menschliche Bewußtsein die Gefährdung der Erde wahrzunehmen begann.

Den Reigen dieser Werke eröffnete METTERNICH 1947 mit dem Buche »Die Wüste droht – Die gefährdete Nahrungsgrundlage der menschlichen Gesellschaft«.[2]

METTERNICH: »*Jedes Kapitel dieses Buches ist ein Mahnruf an das menschliche Gewissen.*« Überzeugend schildert er, welche Gefahren durch die Störung des Gleichgewichtes im Wasserhaushalt der Natur infolge der technischen Maßnahmen des Menschen das Leben der Erde bedrohen. METTERNICH schließt mit Gedanken GOETHES, wie aus »Wohltat Plage« geworden ist: »*Die ich rief, die Geister, werd ich nun nicht los.*« Fragend – mahnend endet er: »*Wann greifen wirkliche Meister mit ordnender Hand und einem Gebot, das auf dem ganzen Erdenrund Gehör findet, in den tragischen Ablauf der Dinge ein? – Der Genius der ganzen Menschheit ist auf den Plan gerufen!*«

Von WILLIAM VOGT erschien 1950: »Die Erde rächt sich«.[3] Das Buch war schon zuvor unter dem Titel »Road to Survival« (Weg zum Überleben) in den USA veröffentlicht und wurde nun den deutschsprechenden Europäern in der Übersetzung vermittelt. Auch hier ist der Grundgedanke: »Die Erde schlägt zurück« – »*Durch die Mißwirtschaft des Menschen ist die Ertragsfähigkeit großer Gebiete der Erde in einem solchen Ausmaße gesunken, daß man jetzt zehn, fünfzehn, ja hundert Stunden Menschenarbeit braucht, um das zu produzieren, was früher in einer Stunde Menschenarbeit hervorgebracht wurde.*« Die meisten Beispiele für eine »erschöpfte« Erde, für »müde« Felder bringt VOGT aus den Vereinigten Staaten Amerikas. Er wendet sich gegen die menschliche Anmaßung des Raubbaus an der Erde und das zu schwache Gefühl für die Abhängigkeit von dem einstigen Reichtum und das zu geringe Verantwortungsgefühl für den Fortgang. Das Gespenst der Übervölkerung wird genügend gekennzeichnet. Alles in allem enthält das Buch – wie so viele in ähnlicher Richtung – mehr Diagnose als Ratschläge für die notwendige Therapie.

Von ARTHUR KÖSTLER erschien 1953 in deutscher Sprache der Roman »Gottes Thron steht leer»[4] und fand weite Verbreitung. In Amerika wurde dieses Buch zuvor als Originalausgabe unter dem Titel »The Age of Longing« veröffentlicht. Doch trifft der deutsche Titel die Situation genauer: In welchen Händen liegt das Zukunftsschicksal von Erde und Mensch? Einst war es Sache der Gottheit, die Einheit des natürlichen Lebens vom Menschen und seiner Erdenumwelt zu lenken. Dieses Steuerruder hat der Mensch der Gottheit aus der Hand genommen und sich selbst angeeignet – in einem Zustande, in dem er zu dieser angemaßten »Herrlichkeit« völlig untauglich war. Wohin führt der Weg? Wird der Mensch in der Lage sein, die Fähigkeiten, die er zur Führung des Erdorganismus unbedingt braucht, sich zu erwerben, oder wird die Welt in Hoffnungslosigkeit versinken und nur ausrufen: »*Das haben wir nicht gewollt!*«?

Ein wertvolles Buch zum Thema »Mensch und Erde« schrieb 1954 REINHARD DEMOLL. Er nannte es »Ketten für Prometheus«[5] mit dem Untertitel »Gegen die Natur oder mit ihr?«

Der Inhalt des dreiteiligen Werkes ist durch die entsprechenden Überschriften gekennzeichnet:

I. Der Mensch ändert seinen Lebensraum

II. Der veränderte Lebensraum wirkt auf den Menschen

III. Die Welt unserer Enkel

Bei aller kritischen Sicht für das Schädigende der Zivilisationsauswirkungen ist dieses Buch von einer wohltuenden Positivität getragen. DEMOLL bleibt nicht im Vorfeld leichter Diagnosen des technisierten Lebens hängen. Er erkennt: »*Die Werke der Technik versetzen den Menschen in eine unheilvolle Kompliziertheit, die nur im Verwickelten und Unnatürlichen besteht, nicht aber in der Vertiefung. Die Zivilisation drängt zur Nützlichkeitsschätzung und diese verdrängt die Ehrfurcht. Hier liegt die Wurzel der geistigen Erkrankung der gesamten Welt.*«

Später fügt DEMOLL hinzu: »*Ausschlaggebend ist, daß er – der Mensch – einsieht, daß seine Gesinnung sich ändern muß, so daß nicht mehr Herrscher- und Besitzwille bei den Planungen führend sein dürfen, sondern ein Respektieren der Eigengesetzlichkeit der Natur, ein Hinhorchen, um zu erkennen, wie man ihre Harmonie fördert statt zerstört, mit einem Wort: Retten kann uns nur die Erfüllung des Menschen mit Ehrfurcht vor der göttlichen Natur.*«

Demoll schließt bei allem notwendigen realistischen Pessimismus dennoch – in Hoffnung. Er ahnt den Sinn der gegenwärtigen Erd- und Menschheitstragödie und zugleich die Morgenröte einer neuen Zeit: »*Vielleicht war auch die ganze christliche Menschheit sich und ihrem Glauben schuldig, einige Generationen ohne Gott zu leben, um dann mit einer um so tieferen, bewußteren und heller leuchtenden Innigkeit zu ihm zurückzufinden. Uns scheint, die Zeit dieses religiösen Exils ist nun abgelaufen.*« Hier wird deutlich, daß die entscheidende Wende letztlich von der geistigen Erkenntnis und der religiösen Haltung der Menschheit abhängt. Notwendig ist, daß die Menschen die schwere Krankheit erkennen und mit heiligem Ernst die Heilung anstreben.

Als eine zweite Auflage seines Buches notwendig wurde,

änderte DEMOLL den Titel seines Buches. An die Stelle von
»Ketten für Prometheus« setzte er »Bändigt den Menschen«.[6]
Der Untertitel »Gegen die Natur oder mit ihr?« blieb.

Von drei weiteren Büchern der fünfziger Jahre sollen nur
die Verfasser und Titel genannt sein. ERNST HASS: »Des Menschen Thron wankt – Eine naturwissenschaftliche Kritik des
modernen Lebens« (1955).[7] GÜNTHER SCHWAB: »Der Tanz
mit dem Teufel – Ein abenteuerliches Interview« (1958).[8]
DIETHER STOLZE: »Den Göttern gleich – Unser Leben von
Morgen« (1959).[9]

Diese Liste macht keineswegs den Anspruch auf Vollständigkeit. Doch deutlich mag dadurch werden, daß RACHEL
CARSON, als sie mit ihrem Buch »Der stumme Frühling«[10] erst
in die amerikanische, dann in die europäische Öffentlichkeit
drang, einen vorbereiteten Boden vorfand.

Helfend und wegbereitend, von anderen Gesichtspunkten
ausgehend, hat das Buch »Friedliche Wildnis« von WILLIAM
J. LONG gewirkt.[11] In Amerika war die erste Auflage schon
1923 erschienen, in Deutschland die Übersetzung durch BRU-
NO ENDLICH, mit einer Einleitung von ADOLF MEYER-
ABICH, erst 1959. Es ist nicht übertrieben, wenn in diesem
Geleitwort steht, daß Longs »Friedliche Wildnis« zu jenen
Werken gehört, »*die ihre Leser als ›bessere‹ Menschen entlassen, als sie es waren, bevor sie es kennenlernten.*« Diesem
Buche wünschte man, daß es in diesem Jahrhundert nicht in
Vergessenheit geraten möge. Souverän weist LONG aufgrund
einer wirklichen Natur- und Waldesnähe auf die Schwächen
in dem Evolutionsgedanken DARWINS hin. Überzeugend
zeigt er, daß Darwins Erklärungsversuche der an sich unan-
tastbaren Evolutionsidee völlig unzureichend sind: der
Kampf ums Dasein, die blind-zufällig auftretende Variabilität
und das damit verbundene Prinzip der »natürlichen Auslese«.

Dem brutalen Existenzkampf als vermeintlich schöpferischem Prinzip stellt LONG aufgrund seiner intimen Beobachtungen vor allem der Waldtiere entgegen: »*Nicht Kampf oder Wettstreit ist also das universale Naturgesetz, sondern ein friedlich-freundliches, hilfreiches Zusammenwirken aller. Diesem Gesetz folgen die Wildtiere instinktiv.*«

LONGS Werk ist eine gute Hilfe, sich von der suggestiv wirkenden Einseitigkeit der Gedanken CHARLES DARWINS zu befreien.

Mit hohem Niveau und tiefem Ernst behandelt der Physiker und Nobelpreisträger MAX BORN die den Verantwortlichen für den Fortgang des Erd- und Menschheitsweges gestellte Aufgabe. 1957 erschien von ihm das Buch »Physik im Wandel meiner Zeit«.[12] Wer nicht Physiker ist, aber dennoch den Weg verfolgen möchte, den die Physik gegangen ist, seit im Jahre 1900 EINSTEIN seine Relativitätstheorie und MAX PLANCK seine Quantenhypothese der physikalisch interessierten Öffentlichkeit zugänglich gemacht hatten, der studiere dieses Werk von MAX BORN.

Acht Jahre später (1965) ließ MAX BORN ein zweites Werk folgen: »Von der Verantwortung des Naturwissenschaftlers«.[13] Hier spricht ein Mann, der selbst die Verantwortung tief spürt, die auf ihm als tätigem Naturwissenschaftler ruht und der sich nicht über die möglichen Folgen des »Atomwissens« unserer Zeit Illusionen machen will. Eindeutig sieht er die »*Drohung der Selbstvernichtung der Menschheit . . .*« Er ist nicht gewillt, die Augen vor dem zu verschließen, was als grausame Tatsachen durch die Physik unseres Jahrhunderts bereits geschaffen wurde: Hiroshima und Nagasaki. Bei aller Anerkenntnis dessen, was durch Physik und Chemie, durch Technik und Industrie an »Segnungen« der Menschheit geschaffen wurde, kennzeichnet Born nüchtern die tödlichen Gefahren, die aus menschlichem Wissen und Handeln entstanden sind.

So spricht MAX BORN es aus: »*Wir stehen vor einem Scheidewege, wie ihn die Menschheit auf ihrer Wanderung noch niemals angetroffen hat.*« Und wenige Seiten weiter: »*Es kommt darauf an, daß diese unsere Generation es fertigbringt umzudenken. Wenn sie es nicht kann, so sind die Tage der zivilisierten Menschheit gezählt.*«

Wenn ein anderer Mann solche Sätze formuliert, wird man sich vielleicht mit dem Urteil »Schwarzseherei« darüber hinwegsetzen. Wenn ein MAX BORN so spricht und schreibt, haben wir allen Grund, seine Aussagen ernst zu nehmen. Denn schließlich war Max Born nicht irgendein Physiker und Nobelpreisträger, sondern eine zentrale Persönlichkeit der physikalischen Naturwissenschaft. Von MAX PLANCK wurde er zu dessen Unterstützung 1915 nach Berlin berufen, um dann – nach zwei Jahren in Frankfurt/M. – von 1921 bis 1933 *die* Schlüsselstellung der Physik in Deutschland – in Göttingen einzunehmen. Sein Institut war der Mittelpunkt für die deutsche Atomphysik, durch das u. a. der Italiener ENRICO FERMI (1901–1954), die Amerikaner EDWARD TELLER und ROBERT OPPENHEIMER, der Österreicher und Wahlschweizer WOLFGANG PAULI und die Deutschen WERNER HEISENBERG, PASCUAL JORDAN und FRIEDRICH HUND geschult wurden. Mit wenigen Ausnahmen war die Elite der Atomphysiker Schüler von MAX BORN.

Der entscheidende Satz, den MAX BORN seinen Mitmenschen warnend zuruft, enthält das Wort »*umdenken*«. Es ist das gleiche Wort, dessen sich der Vorläufer Christi als Täufer am Jordan bediente: »Denket um!« Dies sollte wohl kein Zufall sein. Denn mit verwandtem Ernst spricht Max Born es aus: Wenn das Umdenken nicht gelingt, *»so sind die Tage der Zivilisation gezählt.«*

Max Born stand nicht allein. In dem 1972 erschienenen Bericht des ›Club of Rome‹: »Die Grenzen des Wachstums«[14], herausgegeben von DENNIS MEADOWS und seinen Mitarbeitern (in deutscher Sprache 1973), wird gleichfalls die Forderung erhoben: *»Wir müssen neue Denkgewohnheiten entwickeln, die zu einer grundsätzlichen Änderung menschlichen Verhaltens führen.«*

Ein Jahr später – 1974 – erschien der zweite Bericht an den ›Club of Rome‹, unter dem Titel: »Menschheit am Wendepunkte«, herausgegeben von MIHAILO MESAROVIĆ und EDUARD PESTEL.[15] Noch warnender und pessimistischer als ein Jahr zuvor heißt es da: *»Es ist höchst dringlich geworden, die Augen nicht länger vor möglichen Katastrophen zu verschließen.«*

»Zerrissenheit und Ungerechtigkeit werden die Menschheit schließlich in den Abgrund endgültiger Vernichtung stürzen.«

Man braucht nur an die Vorräte von Atomwaffen zu denken, die *heute* in den Betonbunkern von USA und Sowjetrußland, von China, Frankreich, Großbritannien und anderen Ländern lagern, um die unvorstellbaren Gefahren zu sehen, die potentiell der Erdenmenschheit drohen.

Beiden Berichten des ›Club of Rome‹ liegt zugrunde, daß alle wesentlichen gedanklichen Entdeckungen der Forschung die Tendenz in sich tragen, nach und nach als technische Mittel und als lebensgestaltende Faktoren in die Zivilisation einzufließen. Erst entstanden zum Beispiel die anorganische und die organische Chemie als Wissenschaft – dann als angewandte Wissenschaft die sogenannte künstliche Düngung. Dies Gesetz gilt für alle naturwissenschaftliche Forschung. Stets intendiert sie im Endeffekt konkrete Eingriffe in das

Natur- und Menschenleben.

Weil das so ist, muß es als tragisch empfunden werden, wenn so hervorragende Forscher wie MAX PLANCK und ALBERT EINSTEIN – man scheut sich, es auszusprechen – auf diesem Gebiet naiv und kurzsichtig sind. MAX PLANCK glaubte tatsächlich: *»Naturwissenschaft braucht der Mensch zum Erkennen, die Religion braucht er zum Handeln.«* ALBERT EINSTEIN spricht es in seiner Art aus: *»Die Relativitätstheorie ist eine rein wissenschaftliche Angelegenheit, die nichts mit Religion zu tun hat.«* MAX PLANCK war ein frommer Protestant, ALBERT EINSTEIN ein gläubiger Jude. Die Quellen ihrer Religiosität flossen aus alten Traditionen. So bemerkten beide nicht, daß sie ungewollt der modernen schizophrenen Bewußtseinssituation Vorpostendienste leisteten. Beide übersahen, daß alles menschliche Denken nach und nach in den Willen übergeht und durch diesen zur Tat wird. Wer das nicht durchschaut, wird den Weg der Menschheit in das Zeitalter der Technik, der Elektronik und des Computers nicht verstehen können.

Die Vorläufer

Große Ereignisse werden in der Regel vorhergeahnt, oft durch Jahrhunderte vorgefühlt und vorbereitet. Das Mysterium von Golgatha ist hierfür das Ur-Beispiel. Nicht nur die Juden erwarteten durch Jahrhunderte das Kommen des Messias. Auch das Erlebnis der »Götterdämmerung« war nicht auf den germanisch-keltischen Kulturkreis beschränkt. Weit um das Erdenrund ersehnten die Völker »den Starken von Oben«. In den 30 Jahren nach Jesu Geburt erfüllte sich diese weltweite Hoffnung.

Auch negative Ereignisse pflegen ihren Schatten vorauszuwerfen. Sie gehören ebenfalls zum Schicksal von Erde und Mensch. So ist es nur natürlich, daß auch sie sich oft frühzeitig ankündigen und von sensiblen Menschen zuvor geahnt werden.

Die gleiche Regel – um nicht zu sagen das gleiche Gesetz – gilt auch für die Ideengeschichte der Menschheit. Nicht zufällig werden die Gedankenleistungen der Früh-Griechenzeit zusammengefaßt unter dem Begriff: Vorsokratische Philosophie. Denn alle die Bemühungen von PHEREKYDES, PYTHAGORAS, THALES, ANAXIMANDER, ANAXIMENES, HERAKLIT u. a. münden wie Seitenflüsse in den Strom, der von SOKRATES über PLATO zu ARISTOTELES führt. Diese kleinasiatischen Denker sind alle mehr oder weniger *Vorläufer* derjenigen Philosophie, die von Griechenland, von Athen aus der abendländischen Menschheit entscheidende Denkanstöße, auch für die Entstehung der Naturwissenschaft gegeben hat.

In diesem Sinne muß man stellvertretend für manche anderen Geister drei Namen nennen, die als echte Vorläufer – nicht als Begründer – des naturwissenschaftlichen Erkennens im Abendland auftraten: JOHANNES PHILÓPONOS (Anfang des 6. Jahrhunderts nach Christus), SCOTUS ERIGENA (gest. 880 nach Christus) und ALBERTUS MAGNUS (um 1200–1280).

PHILÓPONOS, dessen Leben im 6. Jahrhundert sich zwischen Athen und Alexandrien abspielte, schöpfte aus den Quellen des frühen und späten Hellenismus. Vertraut waren ihm nicht nur PLATO und ARISTOTELES, sondern auch ARCHIMEDES, HIPPARCH, PLUTARCH, CLAUDIUS PTOLEMÄUS, GALEN, die GNOSTIKER, PLOTIN, ORIGINES und manche andere Denker vor und nach der Zeitenwende. Gegen PROCLOS schrieb PHILÓPONOS zur Rechtfertigung der Schließung der Schule von Athen durch Kaiser JUSTINIAN (529) eine Kampfschrift, eine andere gegen ARISTOTELES. Beide Arbeiten sind uns nicht erhalten, beziehungsweise ist deren Inhalt nur durch Gegner bekanntgeworden, so daß eine Beschäftigung mit ihnen sich erübrigt.

Auf jeden Fall ist es PHILÓPONOS, der in seiner Zeit den Versuch unternimmt, die Gläubigkeit an ARISTOTELES als Autorität für Naturkunde energisch in Frage zu stellen. Ein Kenner des Gesamtwerkes von Philóponos, WALTER BÖHM,[16] schreibt: »*Seine größte und nachhaltigste wissenschaftliche Tat vollbrachte* PHILÓPONOS *mit der Ersetzung der überholten naturwissenschaftlichen Ansichten des* ARISTOTELES *und seiner Anhänger durch moderne Theorien, die sich im weiteren Verlauf während des Mittelalters und der Renaissance zu der neuzeitlichen Physik weiterentwikkelten . . .*«

Auch wenn PHILÓPONOS ein spezielles Werk über physikalische Probleme geschrieben hat, in dem er eine Theorie vom Wesen des Raumes gibt, weiter über Vakuum und Luftdruck, über Akustik und Optik schreibt und grundsätzliche Überlegungen über Kraft und Bewegung (Dynamik) anstellt, darf man ihn dennoch nicht als einen Begründer der modernen Naturwissenschaft bezeichnen. Er war in erster Linie Theologe und Philosoph, dessen Naturanschauung aus seiner christlichen Weltanschauung im wesentlichen spekulativ hervorging. Die Haltung eines modernen Forschers, dem es ausschließlich um sachlich objektive Darstellung einer Gegenstandswelt geht, war dem Johannes Philóponos noch fern.

Als zweiten Vorläufer nannten wir Scotus Erigena,[17] gleichfalls mit dem Vornamen Johannes. Er kam von dem damaligen nördlichen Grenzgebiet des Christentums, von Irland, und gilt mit Recht als einer der bedeutsamsten Denker seiner Zeit. Wie bei Philóponos sind uns die näheren Daten seines Lebens unbekannt. Wir wissen nur, daß er gegen Ende der ersten Hälfte des 9. Jahrhunderts in Paris als Leiter der Hofschule Karls des Kahlen auftritt und dort Philosophie als »wahre Religion« lehrt. Auch er ist in erster Linie Theologe. Als Übersetzer der Schriften des Dionysius Areopagita aus der griechischen in die lateinische Sprache hat er sich äußerst verdient gemacht und dadurch wesentlich dazu beigetragen, daß die Hierarchien-Lehre der christlichen Frühzeit nicht in Vergessenheit geriet. Sein Hauptwerk trägt den Titel: »De divisione naturae« – Über die Einteilung (Gliederung) der Natur. In dem Gespräch eines Meisters mit seinem Schüler, fortlaufend durch fünf Bücher, zeichnet Scotus Erigena aus dem Geiste des christlich erfaßten Neuplatonismus ein Bild des Weltverlaufes von Gott durch die Materie zu Gott zurück. Er unterscheidet vier Arten des Seins:

1. Das schaffende und nicht geschaffene Wesen der Gottheit – des Urgrundes der Welt
2. Die schaffende und geschaffene Natur – als im Sohne der
   Gottheit urbildlich vorhandene Welt
3. Die geschaffene nicht schaffende Welt – die materielle
   Welt
4. Die weder schaffende noch geschaffene Welt – die Welt
   in ihrer Rückkehr zu Gott.

In mancher Beziehung ist dieses Werk von JOHANNES SCO-
TUS ERIGENA auch heute noch nicht überholt. Es lohnt sich,
diese christliche Kosmologie, die zugleich eine umfassende
Darstellung des »Sechstagewerkes« nach dem ersten Buche
des Moses bringt, in die Sprache der Gegenwart zu übertragen. Aus intuitiver Empfindung hat Scotus Erigena den Weg
über Sonne, Mond und Sterne und die drei Stufen des Erden-
werdens: Materie, Pflanze und Tier zum Menschen als Mi-
krokosmos nachgezeichnet. Aber auch hier spricht primär
der Theologe, welcher mit Herzkraft die Natur und ihre
Reiche vernunftgemäß darstellt – noch kein »Naturwissenschaftler«. Auf seine Zeitgenossen wirkte er durchaus revolu-
tionär, so daß er manche Anfeindungen zu bestehen hatte.

Und schließlich: ALBERTUS MAGNUS[18] – der große Lehrer
und Freund des THOMAS VON AQUIN. Mit ihm und seinem
Werke haben wir es mit einer echten Vorläuferschaft für die
moderne Naturwissenschaft zu tun. Er ist der universale
Geist des Mittelalters, in dem sich alles Wissen seiner Zeit von
der Natur wie in einer Mitte, in einem Brennpunkt zusam-
menfindet.

Lebte PHILÓPONOS im sechsten, SCOTUS ERIGENA im
neunten Jahrhundert, so werden wir mit ALBERTUS MAGNUS
um weitere dreihundert Jahre – in das zwölfte und dreizehnte

Jahrhundert versetzt. Über ihn und seine persönlichen Lebensdaten sind wir weit besser unterrichtet als über die beiden anderen »Vorläufer«.

Sicher ist, daß er zu Lauingen in Bayern, das zwischen Ulm und Regensburg an der Donau gelegen ist, als Sohn eines Grafen VON BOLLSTÄDT geboren wurde. Als Geburtsjahr wird in der Regel 1193 angenommen, doch werden auch 1206 und 1207 genannt. Sein Leben führte ihn zunächst als Student der Medizin nach Padua, dann nach Aufnahme in den Dominikanerorden als Dozent der Ordensschulen nach Köln, Hildesheim, Freiburg, Regensburg und schließlich an die Universität Paris, wo er den theologischen Doktor erwarb. Als er nach Köln zurückgekehrt war, fand ihn dort in den Jahren 1248–1252 THOMAS VON AQUIN (1225–1274) als seinen Lehrer. Zusammen gaben sie aller weiteren Scholastik die Grundlage und waren unbestritten der unübertroffene Höhepunkt der Wissenschaftskunde im Mittelalter.

ALBERTUS MAGNUS bekleidete zeitweise das Amt eines Provinzials der deutschen Ordensprovinz der Dominikaner. Diese Aufgabe führte ihn durch weite Gebiete Mitteleuropas, die er dem Ordensgelübde entsprechend zu Fuß durchwanderte. So ist seine Anwesenheit in Hamburg, Lübeck, Bremen, Schwerin, in Brandenburg, Leipzig, Prag und Passau, aber auch in Antwerpen, Utrecht, Lüttich, Valenciennes, sowie in Lyon, Basel, Konstanz, Salzburg und vielen anderen Orten beglaubigt. Auch als Kreuzzugsprediger unternahm er ausgedehnte Reisen. Von 1260 bis 1262 war er Bischof von Regensburg, ab 1265 lehrte er in Klöstern seines Ordens in Würzburg und Straßburg und kehrte um 1269 wieder nach Köln zurück. Dort starb er am 15. November 1280.

Man braucht nur die Titel der Bücher des ALBERT VON BOLLSTÄDT an sich vorüberziehen zu lassen, um einen nachhaltigen Eindruck von seiner Universalität auf dem Felde der Naturkunde zu erhalten. Wir nennen: »Physik«, »Über das Entstehen und Vergehen«, »Über das Himmelsgebäude«, »Die Meteorologie des Aristoteles«, »Über die Natur der Landschaften (Gegenden)«, »Über die Mineralien«; sieben Bücher: »De vegetabiliae« (Über die Pflanzen) – mit gründlicher Einteilung des Pflanzenreiches und besonderen Abschnitten über Morphologie, Ernährung, Wachstum, Fortpflanzung; dann: »Über die Tierwelt in 26 Büchern« – das Original des von ALBERTUS mit eigener Hand geschriebenen Manuskriptes ist heute noch in Köln erhalten. Es ist ein absolutes Kompendium der zoologischen Kenntnisse des 13. Jahrhunderts, das bis vor die Tore einer Tierpsychologie führt. Das 21. Buch bringt unter dem Thema »Über die vollkommenen und unvollkommenen Tiere und über den Grund ihrer Vollkommenheit bzw. Unvollkommenheit« Abhandlungen über die differenzierte Sinnesschärfe von Luchsen, Geiern und Hunden, über Gedächtnisfähigkeit von Vögeln und Herdentieren und dem diesbezüglichen Manko bei Stubenfliegen. Auch die relative Klugheit von Tieren und die Gruppenweisheit von Ameisen und Bienen finden seine Beachtung. Ferner hat Albertus die Verwandtschaft insbesondere der höheren Tiere zum Menschen entdeckt. Die teilweise Überlegenheit der Tiere in speziellen Organausbildungen wird überragt durch die universale Kraft des Menschen, den er als das vollkommenste tierische Wesen der Erde bezeichnet. Der gleichzeitige Besitz einer vegetativen, empfindenden und vernünftigen Seele (anima vegetativa, sensibilis et rationalis – nach Aristoteles) geben ihm das Primat gegenüber aller Kreatur.

ALBERTUS MAGNUS ist der eigentliche Begründer des christlichen Aristotelismus. Er legte damit das Fundament für das allumfassende Werk seines Schülers THOMAS VON AQUIN.

DANTE, der beide Geistesfürsten in den Sonnenkreis des Paradieses versetzt, läßt THOMAS im Jenseits sprechen:

> *»Ich war ein Lamm der Herde, die geweihet*
> *Dominikus und seine Bahn läßt ziehn,*
> *Da, was nicht irrt vom Wege, wohl gedeihet;*
> *Mein Nachbar, hier zur Rechten siehst Du ihn,*
> *War Bruder mir und Meister, hieß im Leben*
> *Albert von Köln, ich Thomas von Aquin.«*

In einer belgischen Chronik wird – nach PETER DÖRFLER zitiert – von ALBERTUS gesagt: *»major in philosophia, maximus in theologia«* (größer in der Philosophie, am größten in der Theologie). Dies trifft genau die überzeitliche Position dieses großen Lehrers des Dominikanerordens: Ein hervorragender christlicher Theologe, der durch die Einbeziehung der Aristotelischen Philosophie und durch die eigene Naturbeobachtung die Krönung und das Ende des mittelalterlichen Weltbildes bedeutet. Mehr noch als PHILÓPONOS und SCOTUS ERIGENA ist er ein wirklicher Vorläufer des Zeitalters der Naturwissenschaft.

Die Begründer

Der Kardinal Nikolaus von Kues

Die neuzeitliche Naturwissenschaft verdankt ihren Ursprung der christlichen Scholastik. Das mag demjenigen zweifelhaft erscheinen, der das Geistesleben Europas unter der Antagonie beziehungsweise der Polarität von christlicher Scholastik und naturwissenschaftlichem Materialismus zu sehen gewohnt ist. In Wirklichkeit aber ist die naturwissenschaftliche Denkweise aus der scholastischen hervorgegangen. Zeichenhaft dafür stehen als individuelle Begründer der modernen Naturwissenschaft ein Kardinal: NIKOLAUS VON KUES, ein Domherr: NIKOLAUS KOPERNIKUS, denen sich als dritter ein protestantischer Magister zugesellt, der sich nach Vollendung seines theologischen Studiums, unmittelbar bevor er eigentlich sein Pfarramt ergreifen wollte, entschloß, Astronom zu werden: JOHANNES KEPLER.

Während KOPERNIKUS und KEPLER unbestritten – im Bunde mit dem Dänen TYCHO DE BRAHE – als Begründer der modernen Astronomie und damit der Naturwissenschaft schlechthin anerkannt sind, war es RUDOLF STEINER[19], der erstmalig (1901) auf die Bedeutung des Kardinals VON KUES für die Entstehung der Naturwissenschaft hingewiesen hat. Dieser lebte von 1401 bis 1464, starb also neun Jahre vor der Geburt (1473) des KOPERNIKUS, der wahrscheinlich die Werke des Kusaners nicht gekannt hat. Auf jeden Fall haben sie für ihn keine entscheidende Bedeutung gehabt. Das gilt wohl für alle anderen Begründer der naturwissenschaftlichen Ära –

mit einer Ausnahme: GIORDANO BRUNO. Von ihm sagt einer seiner neueren Biographen, PETER MENNICKEN: »*Von den namhaften Philosophen war es allein* GIORDANO BRUNO, *der sich an des Cusaners Geist entzündete, und durch Bruno wirkte dieser – einseitig zwar – weiter.*«[20]

RUDOLF STEINER widmet in seinem frühen Buche: »Die Mystik im Aufgange des neuzeitlichen Geisteslebens und ihr Verhältnis zur modernen Weltanschauung« ein wesentliches Kapitel dem Kusaner. Er nennt ihn »*ein herrlich leuchtendes Gestirn am Himmel mittelalterlichen Geisteslebens*« und fügt hinzu: »*Er steht auf der Höhe des Wissens seiner Zeit. In der Mathematik hat er Hervorragendes geleistet. In der Naturwissenschaft darf er als Vorläufer des* KOPERNIKUS *bezeichnet werden, denn er stellte sich auf den Standpunkt, daß die Erde ein bewegter Himmelskörper ist gleich anderen.*« Darüber hinaus bestätigt Steiner, daß NIKOLAUS VON KUES »*das Wissen seiner Zeit nicht nur umfaßte, sondern auch weiterführte.*« Auch hatte »*er in hohem Grade das Vermögen, dieses Wissen zum inneren Leben zu erwecken, so daß er nicht nur über die äußere Welt aufklärt, sondern auch dem Menschen dasjenige geistige Leben vermittelt, nach dem er sich, aus den tiefsten Gründen seiner Seele heraus, sehnen muß.*«

Seine Bücher, vor allem die »De docta ignorantia« – »Über die belehrte Unwissenheit«[21] haben auch dem Menschen unserer Zeit noch Wesentliches zu sagen, ja selbst die Texte seiner Predigten sind als Dokumente einer echten Christologie heute noch höchst lesenswert.

NIKOLAUS VON KUES stand wie kein anderer Geist seiner Zeit an der Schwelle zweier Zeitalter. Als Repräsentant der mittelalterlichen Scholastik zeigte er, was diese Übungsstätte der Denkkraft in Wahrheit für die Menschheit bedeutet hat. Wer ernsthaft auf den Spuren von ANSELM VON CANTERBURY

(1033–1109), ALBERTUS MAGNUS (1193 oder 1206–1280), THOMAS VON AQUIN (1225–1274) und den anderen großen Scholastikern sich um die Fähigkeit spirituellen und logischen Denkens bemühte, war auf einem guten Schulungswege. So wenig das Aufkommen der Sophistik etwas gegen die Meisterschaft von SOKRATES, PLATON und ARISTOTELES zu beweisen vermag, sprechen die Gedankenspielereien einzelner Scholastiker gegen die wahre *Scholastik. Sie ist und bleibt die Hohe Schule europäisch-christlichen Denkens.* Und wie gesagt, ein reifer Schüler dieser Kunst der Gedankenbeherrschung war NIKOLAUS VON KUES.

Es ist, als ob das Mittelalter zum letzten Male, in einer Persönlichkeit verdichtet, seine Stärke im fünfzehnten Jahrhundert erweisen sollte. Doch die Einmaligkeit der Individualität des Kusaners war nicht auf diese Seite seines Wesens beschränkt. Denn so wie er unumstritten ein großer »Letzter« war, war er zugleich ein »Erster«.

Wir sahen, daß er den Grundgedanken des KOPERNIKUS schon vorausnahm. Wichtiger erscheint uns noch, daß er in einer kleinen Schrift, die er betitelt: »Der Laie über Versuche mit der Waage«[22] (Idiota de staticis experimentis), das Programm der noch nicht in Erscheinung getretenen Naturwissenschaft vorverkündete.

Einleitend bezieht sich NIKOLAUS VON KUES auf Salomo, den weisen König Israels, der in seinen Sprüchen ausführt, daß Gott die Welt so großartig *»geschaffen hat nach Zahl, Gewicht und Maß.«*[23] Auch HRABANUS MAURUS hatte sich in seiner vielgelesenen Schrift »Über das All« auf die gleichen Stellen bezogen. Beide verstehen Salomos preisenden Hinweis im Sinne der göttlichen Harmonie, die in Maß, Zahl und Gewicht aller geschaffenen Kreatur zugrunde liegt.

Doch der Kusaner führt einen entscheidenden Schritt weiter. Ohne Umwege geht er dazu über, den die Natur erkennen wollenden Menschen aufzufordern, alle sichtbaren Erscheinungen so weit wie nur irgend möglich durch die Zahl zu erfassen, mit der Waage zu wiegen und mit dem Bandmaß zu messen. Wenn auch im Erkenntnisbereiche eine absolute Genauigkeit nicht erreichbar sei, so sei durch alle Erfahrung bestätigt, daß die Ergebnisse des Wiegens mit Hilfe einer Waage der Wahrheit sich zu nähern sehr dienlich sei. So wünscht sich der das »Gespräch« leitende »Laie« eine Tabelle – die es zu seinem Bedauern noch nicht gäbe – in der alle »erfahrbaren Gewichtsunterschiede zusammengestellt sind.« Unverkennbar zielt diese Forderung bereits in eine Richtung, die sehr viel später durch das »periodische System« von MENDELJEFF (1834–1907) erreicht wurde. Der Laie sagt: »*Ich glaube, daß man durch Beachtung des Gewichtsunterschiedes den Geheimnissen der Dinge näher kommen und vieles mit Hilfe von wahrscheinlicheren Folgerungen (Mutmaßungen) wissen kann.*« Es schwebt dem Kusaner offenkundig vor, durch Bestimmung dessen, was wir heute das spezifische Gewicht der Stoffe nennen, zu begründeten Erkenntnissen der Eigenschaften von Substanzen zu gelangen. So rät er, Waagen zu konstruieren, mit deren Hilfe die Unterschiede der verschiedenartigen Gewässer (Flüssigkeiten) wie leichte, beziehungsweise flüchtige – schwere und erdige gemessen werden können. Das gleiche rät er den Ärzten, wenn sie Blut oder Harn des Patienten zu prüfen haben. Man würde dann auch die unterschiedlichen Verhältnisse von Kranken und Gesunden, von Rassen und Völkern (er nennt Deutsche und Afrikaner) objektiv feststellen können. Wörtlich sagt er: »*Denn ich glaube, daß der Arzt eine bessere Diagnose nach Gewicht* und *Farbe des Harns stellen kann als allein nach der trügenden Farbe.*«[24]

In gleichem Sinne gilt es nach NIKOLAUS VON KUES, das Gewicht der Arzneimittel, vor allem der Heilkräuter, genau nach Standort festzustellen, um die rechte Dosis für die Behandlung herauszufinden.

Auch solle der Arzt sich nicht bei der Prüfung des Herz- und Pulsschlages auf sein Gefühl verlassen, sondern mit Hilfe von Wasseruhren zu objektiven Diagnosen kommen. Die gleiche Methode soll bei Prüfung der Atmung angewandt werden. »*Wenn man nämlich hundert Atemzüge bei einem Knaben und ebensoviele bei einem Alten zählen würde, während Wasser aus der Uhr fließt, so würden sich unmöglich die Wassermengen als gleiche Gewichte erweisen.*« Man bedenke: Zur Zeit des Kusaners gab es im heutigen Sinne noch keine Uhren. Trotzdem schlägt er eine lückenlose Methode vor, durch welche an die Stelle der gefühlsgetragenen ärztlichen Haltung eine quantitativ-objektive treten soll.

Weitere Ratschläge, die sich vor allem auf die Pflanzen und Stoffe beziehen, werden gegeben. Aus der genauen Gewichtskenntnis von leichten und schweren Hölzern soll auf ihre Qualität geschlossen werden. Vor allem das Wesen der Metalle wie Gold, Silber oder Kupfer sei durch Kenntnis ihres unterschiedlichen Gewichtes erkennbar. Desgleichen messe und wäge man Edelsteine und vor allem auch die Zugstärke von Magneten.

Keinen Naturvorgang möchte der Kardinal VON KUES von der Prüfung durch die wägende und messende Methode ausnehmen. Feuchtigkeit und Gewicht der Luft sollen – zur besseren Wettervorhersage – ebenso gemessen werden wie die Sonnenstärke auf den verschiedenen Breitengraden bzw. nach Berg- und Talort in der gleichen Landschaft. Viele Phänomene, deren Messung damals noch außerhalb der Reichweite menschlicher Möglichkeiten lag, zählt er auf: die Meerestiefe, die Geschwindigkeit von Schiffsbewegungen, die Kraft der Armbrüste und von Schleudern, von Wurfgeschützen und Bombarden – aber auch Wärme und Kälte, Trockenheit und Feuchtigkeit sowie die Kraft von Tieren und Menschen.

Schließlich läßt er den »Gelehrten«, den Gesprächspartner des Laien, sagen: »*Ich sehe, daß man mit dieser Methode – zumeist mit Hilfe der Wasseruhr – bis zur Erforschung der Bewegung der Himmelskörper gelangen kann . . .*« Anschließend wird die Frage gestellt: »*Ist es auch möglich, auf diese Weise die Bewegungen im Tierkreis zu ermitteln?*« Auch das bejaht der »Laie«.

Es folgen die Überlegungen: »*Wie ist es mit der Größe des Sonnenkörpers*« und »*Wie ist es mit dem Urteil der Sterne in bezug auf die Geschehnisse der Erde?*« Nachdem auch hierfür positive Möglichkeiten ausgesprochen wurden, sagt der Gelehrte zu dem Laien: »*Wie steht es mit den Fragen, die bei den Astrologen auftauchen? Kann man nicht mit deiner Methode auf alle eine hinreichende Antwort finden?*« Vorsichtig entgegnet der Laie: »*Wenn schon nicht immer eine hinreichende, so glaube ich doch, daß man irgendeine geben kann.*«

Mit Hinweisen auf die Meßbarkeit aller Musik, auf die mathematischen Tonverhältnisse aller Stimmen und Melodien, faßt der Laie seine Betrachtungen über die Erkennbarkeit der sichtbaren und hörbaren Welt zu dem Ergebnis zusammen: »*Ganz allgemein können alle harmonischen Zusammenklänge mit Hilfe der Gewichte auf das schärfste erforscht werden. Das Gewicht einer Sache ist sogar nahezu das harmonische Verhältnis, das aus der verschiedenen Zusammensetzung entstanden ist. Selbst die Zuneigungen und Abneigungen der Tiere und Menschen gleicher Gattung, ihr Charakter und alles derartige kann aus dem harmonischen Zusammenklang und aus der gegensätzlichen Dissonanz gewogen wer-*

34

den. So kann auch die Gesundheit und die Krankheit des Menschen durch die Harmonie gewogen werden, auch Leichtfertigkeit und Ernst, Klugheit und Einfalt und vieles, wenn du scharf aufmerkst.«[25]

Wie von einem Rausch ist hier der Kardinal ergriffen, nachdem er in seiner Art erstmalig den Zusammenhang von Qualität und Quantität aufgespürt hat. Er ist enthusiasmiert von der Tatsache, daß alle Quantität – d. h. das Wägbare, das Meßbare und Zählbare – objektive Aussagen über alle Wesen und Dinge zu bringen vermag. In seiner Begeisterung entgeht ihm, wie Wesentliches bei dieser Übertragung von der Qualitätsseite zur Quantität hin verloren geht. Hingerissen von der Zukunftsperspektive seines neuen Gedankenbildes, verliert er aus Auge und Sinn, was ihm selbst das Wesentliche im Leben ist: Seele und Geist. Er übersieht, daß diese weder wägbar noch meßbar, sondern im eigentlichen Sinne des Wortes »imponderabel« sind.

So wurde die kleine Schrift des römischen Kardinals zur *Programmschrift der modernen Naturwissenschaft schlechthin.* Sie enthält konkrete Beispiele über Forschungsmethoden der Physik, Chemie, Medizin, Physiologie, Biologie – der Wetterkunde, Völkerkunde und der experimentellen Psychologie bis hin zur Astronomie und Kosmologie. Selbst die statistische Methode wird von dem Kusaner wie mit einem sechsten Sinn für die Zukunft gepriesen. So rät er zum Verständnis der Unterschiedlichkeit der rassischen Merkmale: *»Als Gewicht aller Dinge muß man vielleicht das Mittel ihrer je nach den Breiten verschiedenen Einzelgewichte annehmen.«*

Wir kennen keine auch nur entfernt vergleichbare Schrift aus dem 15. Jahrhundert, in der so klar und deutlich, wenn auch keimhaft, die Erkenntnismethode der folgenden Forscher wie Kopernikus, Galilei, Isaak Newton u. a. als gültige Wissenschaft zuvor gefordert wurde, wie diese »Versuche mit der Waage« von Nikolaus von Kues.

Unübersehbar ist zugleich die Tragik, welche die Erkenntnisbemühungen des Kardinals begleiten. Er ist, wie wir sahen, eine durchaus spirituelle Persönlichkeit. Für ihn gibt es keinen Zweifel an der Wahrheit der göttlichen Offenbarung, welche durch das Christentum der Menschheit zuteil wurde. Er kennt kein anderes Lebensziel, als daß er durch Denken und Handeln der göttlichen Welt und seinem kirchlichen Auftrag dienen möchte. Dies gelang ihm auch weitgehend, sowohl als Theologe wie als Priester. Zugleich aber ist er ergriffen von einem Erkenntnisdrang, der, wie wir sahen, sich mit aller Macht zur denkerischen Erfassung der sichtbaren Welt hingezogen fühlte. So wie er in den Schriften »De docta ignorantia« und »De sapientia« Wege eingeschlagen hat, die bis an die Schwelle der geistigen Welt führten, wird er zugleich Vorverkünder der Erkenntnis-Methode nach Zahl, Maß und Gewicht, durch deren primäre Befolgung sich nicht nur die Naturwissenschaft als solche, sondern auch der Materialismus erst ausgestalten konnte. Der spirituelle Nikolaus von Kues wurde in der Folgezeit so gut wie vergessen. Er blieb durch ein halbes Jahrtausend fast unwirksam. Im Gegensatz dazu wurde die von dem gleichen Manne proklamierte messende Methode als Grundlage der heraufkommenden Naturwissenschaft allgemein anerkannt und äußerst wirksam. In den Galileo Galilei zugeschriebenen Sätzen erkennen wir das Leitziel des Kusaners unschwer wieder: *»Messen, was meßbar ist, und was nicht meßbar ist, meßbar machen.«*[26]

Das ist die Tragik im Leben des Kardinals: Er wollte ausschließlich dem Geiste dienen und wurde doch zu einem maßgeblichen Wegbereiter des Materialismus.

Auf den Kardinal NIKOLAUS VON KUES folgte der Frauenburger Domherr NIKOLAUS KOPERNIKUS. Stammte der erste aus dem westlichen Grenzland Deutschlands, aus dem Städtchen Kues im Moseltal unfern von Trier und Luxemburg, so ist das Heimatland des NIKOLAUS KOPERNIKUS das östliche, polnisch-deutsche Grenzgebiet. In Thorn, das später bis 1945 die Hauptstadt von Westpreußen war, wurde er 1473 geboren. Als Domherr lebte er in Frauenburg in Ostpreußen. Dort auch endete 1543 das Leben dieses Mannes.

Nach KOPERNIKUS wird unser Zeitalter das kopernikanische genannt, trägt das Weltbild der Gegenwart seinen Namen. Er gilt zusammen mit GALILEI und NEWTON als *der* Begründer der neuzeitlichen Naturwissenschaft, durch welche die christliche Weltanschauung des Mittelalters entthront und die »kopernikanische« Weltsicht an ihre Stelle gerückt wurde. KOPERNIKUS selbst nannte sein Buch, das dies bewirkte: »De revolutionibus orbium coelestium – Über die Umwälzungen (Revolutionen) der himmlischen Bewegungskreise.«[27] Die Auswirkung dieses Werkes aber bedeutete für das Bewußtsein der Menschheit eine Revolution sondergleichen: Nicht die Erde, sondern die Sonne ist nach ihm der ruhende Mittelpunkt unseres Planetensystems. Die Meinung, daß Sonne, Mond und Sterne am Firmament auf- und niedersteigen, beruht auf einer Sinnestäuschung. Nicht die Sonne bewegt sich, sondern die Erde kreist – in zweifacher Weise: täglich um sich selbst und jährlich um die Sonne.

NIKOLAUS KOPERNIKUS hat sein Werk Papst PAUL II. gewidmet. Man tut Kopernikus Unrecht, wenn man diese Tatsache ihm als taktischen Schachzug auslegt. Die Widmung geschah aus reiner Überzeugung, mit dem Werke einen Beitrag zur Findung der Wahrheit über den Kosmos geleistet zu haben. Wohl wußte er, daß es manche Persönlichkeiten im Vatikan geben werde, welche ihn als Ketzer zu verurteilen bereit waren. Doch er war gewillt, das auf sich zu nehmen, wenn er nur den Papst auf seiner Seite wußte – so wie es ihm gelungen war, den Bischof von Kapua, Kardinal NIKOLAUS VON SCHÖNBERG, und den Bischof von Kulm, TIEDEMANN GIESE von der Wahrheit seines neuen Weltbildes zu überzeugen.

Nicht die Wahrheitsfrage war für KOPERNIKUS das Problem, sondern die Möglichkeit, daß durch sein revolutionäres Weltbild Hohn und Spott halbgebildeter Wissenschaftler seiner Zeit herausgefordert würden. Auch mag er selbst geahnt haben, daß er durch die neue Sicht einfache christliche Gemüter in Verwirrung bringen könnte. In seiner Widmung an den Papst schreibt er: »*So habe ich lange mit mir gekämpft, ob ich meine Erläuterungen und Beweise für diese Bewegung – der Erde – dem Drucke übergeben sollte, oder ob es nicht vielmehr besser sei, dem Beispiele der Pythagoräer und einiger anderer zu folgen, welche, wie der Brief des LYSIS an HIPPARCH bezeugt, nicht schriftlich, sondern mündlich und lediglich ihren Angehörigen und Freunden die Mysterien der Philosophie zu überliefern pflegten. Meiner Ansicht nach haben sie dies nicht, wie man wohl gemeint hat, in mißgünstiger Absicht getan, um ihre Wissensschätze nicht weiter zu verbreiten, sondern damit nicht das Herrliche, was durch die eifrige Nachforschung großer Männer erkundet ist, von denen verspottet werden könne, die entweder zu träge sind, um irgendeiner Wissenschaft, wenn sie nicht Gold bringt, Fleiß zuzuwenden, oder die, wenn sie durch die Ermahnungen und das Beispiel anderer zu dem edlen Studium der Philosophie angeregt werden, doch wegen der Stumpfsinnigkeit ihres Geistes unter den Philosophen sich bewegen wie die Drohnen unter den Bienen. Indem ich dies alles bei mir erwog, hatte mich die Scheu vor Spott und Hohn, die mich wegen meiner neuen und scheinbar ungereimten Meinungen treffen würden, beinahe bestimmt, die begonnene Arbeit ganz aufzugeben.«* [28]

Diese Hemmung hat es bewirkt, daß er das fertige Werk, wie er schreibt, *»nicht neun Jahre, sondern bereits viermal neun Jahre lang bei mir zurückgehalten und der Öffentlichkeit entzogen habe.«* Erst den immer erneuten Ermunterungen seiner Freunde sei er schließlich gefolgt und habe sich entschlossen, das Werk dem Druck zu übergeben.

Tatsächlich hielt NIKOLAUS KOPERNIKUS das fertig gedruckte Werk erstmalig an seinem Todestage, am 24. Mai 1543, auf seinem Sterbebette in Händen.

Wie berechtigt seine Befürchtungen waren, daß seine neuen Gedanken die Fassungskraft der meisten seiner Zeitgenossen überschreiten würden, beweist unter vielen anderen Reaktionen negativer Art das Echo der beiden Wortführer der Reformation. LUTHER nannte KOPERNIKUS schlichtweg *»den neuen Astrologus«, »einen Narren«, »der beweisen wollte, daß die Erde bewegt würde und umginge, nicht der Himmel oder das Firmament, Sonne und Mond . . ., der Narr will die ganze Kunst Astronomia umkehren! Aber wie die Heilige Schrift anzeigt, so hieß Josua die Sonne stillstehen und nicht das Erdreich!«* – MELANCHTHON bemühte seinen ganzen Scharfsinn, um die Torheit der kopernikanischen Weltsicht zu beweisen: *»Manche halten es für eine hervorragende Leistung, eine so verrückte Sache zu machen wie dieser preußische Sternforscher, der die Erde bewegt und die Sonne fixiert. Wahrlich, weise Herrscher sollten die Zügellosigkeit des Gei-*

stes zähmen.« MELANCHTHON ruft also die Obrigkeit an, man möge mit Hilfe der Polizei gegen die Lehre des KOPERNIKUS einschreiten!

KOPERNIKUS war sich voll bewußt, daß er nicht der erste war, welcher die Erde als eine sich im Weltall bewegende und um die eigene Achse drehende Kugel erkannt hat. Er selbst nennt CICERO als Zeugen, der auf NICETAS hingewiesen hat, und nennt eine Stelle bei PLUTARCH, die lautet: *»Die gewöhnliche Meinung ist, die Erde ruht;* PHILOLAOS *der Pytagoräer aber, daß sie sich, wie Sonne und Mond, in einem schiefen Kreise um das Feuer bewege.* HERAKLIDES *aus Pontus und der Pythagoräer* EKPHANTUS *lehren auch, daß sich die Erde bewege, aber nicht fortschreitend, sondern nach Art eines Rades sich drehend, wodurch sie von Abend gegen Morgen um ihren eigenen Mittelpunkt geführt wird.«* [29]

Wirklich erstmalig aber ist, daß KOPERNIKUS nicht nur die Erde als ruhenden Mittelpunkt des Planetensystems verneinte, so wie es sich PTOLEMÄUS und nach ihm die Forscher des Mittelalters vorgestellt haben, sondern alle Bewegungsvorgänge von der Erde, dem Mond und den fünf anderen Planeten *mathematisch* so exakt wie ihm möglich dargestellt hat. Darum darf er in seiner Widmung an den Papst aus Überzeugung sagen: *»Ich zweifle nicht daran, daß Mathematiker von Geist und Gelehrsamkeit mir beistimmen werden, wenn sie – da die Philosophie dies vor allem fordert – nicht oberflächlich, sondern gründlich die Beweise, die ich für meine Ansicht in diesem Werke beibringe, durchgehen und bei sich überdenken wollen.«*

Dieses ist die »Tat des Kopernikus«: ein mathematisch klar überschaubares Bild vom Weltall, soweit es zu seiner Zeit bekannt war.

In der Folgezeit wurden einige Korrekturen an diesem

Weltbild vorgenommen. JOHANNES KEPLER war es, der vor allem auch mit Hilfe der ungewöhnlich exakten Beobachtungen TYCHO DE BRAHES nachwies, daß nicht Kreise, wie KOPERNIKUS meinte, die mathematische Grundform für die Bewegungen von Erde und Planeten um die Sonne bilden, sondern Ellipsen. Doch das blieb die Aufgabe der fortschreitenden Astronomie der Neuzeit, Relativität und Objektivität der Bewegungsverläufe innerhalb des Sonnen-Planetensystems immer exakter zu erkennen. Der Grundgedanke ist in seiner entscheidenden Form erstmalig von NIKOLAUS KOPERNIKUS ausgesprochen worden. Darum ist es berechtigt, die von der Naturwissenschaft geprägte Neuzeit auch das »Kopernikanische Zeitalter« zu nennen.

KOPERNIKUS selbst war sich der Relativität seiner Erklärung der Erdbewegung durchaus im klaren. So schreibt er in seinem Werke »De revolutionibus . . .«: »*Jede Ortsveränderung, welche wahrgenommen wird, rührt nämlich von einer Bewegung entweder des beobachteten Gegenstandes oder des Beobachters, oder von – natürlich verschiedenen – Bewegungen beider her; denn wenn der beobachtete Gegenstand und der Beobachter sich in gleicher Weise und in gleicher Richtung bewegen, so wird keine Bewegung wahrgenommen. Nun ist es aber die Erde, von der aus der Umlauf des Himmels beobachtet wird. Wenn daher der Erde irgendeine Bewegung zukäme, so würde diese an allem, was sich außerhalb jener befindet, zur Erscheinung kommen, aber in entgegengesetzter Richtung, gleichsam als ob alles an der Erde vorüberzöge. Und dieser Art ist denn vorzüglich die tägliche Kreisbewegung.*« Im Sinne dieser »allgemeinen Relativitätstheorie« sieht Kopernikus die tägliche Erdumdrehung um sich selbst im Verhältnis zum Weltall. Es gibt keine Fakten, die gegen diese seine Entdeckung sprechen. Kopernikus selbst versucht das Verständnis für seine Sicht mit den Worten zu erleichtern: »... *Sicher bleibt uns aber, daß die Erde zwischen Polen eingeschlossen, von einer kugelförmigen Oberfläche begrenzt ist. Warum sollen wir also noch Anstand nehmen, ihr eine von Natur zustehende, ihrer Gestalt entsprechende Beweglichkeit zuzugestehen, und statt dessen annehmen, daß die ganze Welt, deren Grenze unbekannt ist und nicht bekannt werden kann, sich bewegt, und warum sollen wir nicht bekennen, daß scheinbar der tägliche Umschwung dem Himmel, in Wirklichkeit aber der Erde zuzuschreiben ist? Und daß es sich so verhalte, wie wenn* VIRGILS *Aeneas sagt:* ›*Wir laufen aus dem Hafen aus, und Länder und Städte weichen zurück!*‹ *Wie auf einem ruhig dahinfahrenden Schiff alles außerhalb Befindliche von den Schiffen so gesehen wird, als ob es nach Art jener Bewegung sich fortbewege, und die Schiffer umgekehrt meinen können, daß sie mit allem, was sie bei sich haben, ruhen, so kann es sich ohne Zweifel mit der Bewegung der Erde verhalten und scheinen, als ob die ganze Welt sich drehe.*«

Ein entscheidendes Moment dieser »Tat des Kopernikus« wird in der Regel übersehen. Positiv trifft es zu, daß durch KOPERNIKUS das Menschheitsbewußtsein aufnahm und anerkannte: Die Erde hat die Gestalt einer Kugel, die sich unausgesetzt um ihre eigene Achse dreht und sich zugleich mit den anderen Planeten in mathematisch erfaßbaren Bahnen um die Sonne bewegt. *Dieses Resultat aber wurde durch einen wesentlichen Verlust gewonnen.* PTOLEMÄUS und alle vor ihm uns bekannten Weltbilder hatten nicht nur von der Erde als ruhendem Mittelpunkt im Weltall gesprochen, sondern sie hatten dieses Weltall sich zugleich qualitativ vorgestellt. Das heißt, alle alten Weltanschauungen sprachen nicht nur von einem mathematischen Bezugssystem, sondern von lebendigen Weltwesen, denen nicht nur Körper, sondern auch, gleich dem Menschen, *Seele* und *Geist* zukommen. Sprach der Grieche von der Sonne, so war diese ihm zugleich Sitz und Wirkensstätte des Gottes Apollon, blickte er zum Monde, so war ihm dieser der heilige Bezirk der Göttin Artemis. Und so auch verehrte man in den Wandelsternen die sichtbare Leiblichkeit der für die Sinnesorgane unsichtbaren Göttermächte: Hermes (Merkur), Aphrodite (Venus), Ares (Mars), Zeus (Jupiter) und Chronos (Saturn).

KOPERNIKUS übernahm zwar die Götternamen nach der Sprache der Römer, doch ebenso wie für Sonne und Mond tilgte er in seiner Darstellung für Merkur, Venus, Mars, Jupiter und Saturn restlos alles, was auf Leben, Seele und Geist der Weltgestirne hätte hinweisen können. An die Stelle der von den Kulturen in Chaldäa, Assur, Ägypten und Griechenland anerkannten *Astrologie*, die auch von dem christlich-europäischen Mittelalter gepflegt wurde, trat die von Kopernikus gelehrte Astronomie. Das war die andere, maßgeblich-entscheidende Seite der »Tat des Kopernikus«: die *restlose Entgötterung des Himmels*. Astrologie wurde in den Untergrund verdrängt und die auf mathematischen Überlegungen beruhende Astronomie als allein gültige Wissenschaft vom Weltall anerkannt. Dadurch geschah eine entscheidende Veränderung des menschlichen Bewußtseins. Bis zu Kopernikus bezeichnete das griechische Wort Οὐϱανὸς (Uranos) gleicherweise den sichtbaren Himmel von Sonne, Mond und Sternen wie den Himmel, von dem im Vaterunser die Rede ist. Durch Kopernikus wurde die Welt buchstäblich zweigeteilt: in eine geist- und seelenlose Welt, dem Objekt der nach Zahl, Maß und Gewicht erkennenden Naturforscher, und in eine unsichtbare Welt, an welcher die Theologen durch den Glauben an die göttliche Offenbarung weiter festzuhalten sich bemühten.

Wohl als erster hat GOETHE das Zwiespältige des Koperni-
kanismus durchschaut. In seiner »Geschichte der Farbenlehre« würdigt er das Verdienst des Domherrn von Frauenburg.
Zunächst macht er geltend, wie viele Bereiche tragender Geistigkeit durch das neue Weltbild zerstört wurden und welche
unerhörte Zumutung es für das Menschengeschlecht bedeutet, wenn die Erde nicht mehr als ruhender Mittelpunkt im
Weltganzen anerkannt werden darf: »*Doch unter allen Entdeckungen und Überzeugungen möchte nichts eine größere
Wirkung auf den menschlichen Geist hervorgebracht haben,
als die Lehre des* KOPERNIKUS. *Kaum war die Welt (= Erde)
als rund anerkannt und in sich selbst abgeschlossen, so sollte sie
auf das ungeheure Vorrecht Verzicht tun, der Mittelpunkt des
Weltalls zu sein. Vielleicht ist noch nie eine größere Forderung
an die Menschheit geschehen: denn was ging nicht alles durch
die Anerkennung in Dunst und Rauch auf: ein zweites Paradies, eine Welt der Unschuld, Dichtkunst und Frömmigkeit,
das Zeugnis der Sinne, die Überzeugung eines poetisch-reli-
giösen Glaubens; kein Wunder, daß man sich auf alle Weise
einer solchen Lehre entgegensetzte . . .*« GOETHE fügt aber
anerkennend hinzu, daß die neue »*Lehre demjenigen, der sie
annahm, zu einer bisher unbekannten, ja ungeahnten Denk-
freiheit und Großheit der Gesinnung berechtigte und aufforderte.*« Er erkannte, daß mit dem Verlust des Alten sich der
Menschheit neue Welten erschlossen haben. Heute ist es
wichtiger denn je, diesen Befreiungsakt aus dem schon in der
Renaissance oft als geistiges Gefängnis empfundenen Mittelalter als Positivum anzuerkennen. Das Ideal des freien Menschen, der auf eigenen Wegen zur Erkenntnis der Welt vor-
dringt, hätte zuvor nicht entstehen können. Darum gibt es
kein Zurück zu einem vorkopernikanischen Weltbilde. Die
Emanzipation von den als Umhüllung der Erde erlebten sie-

ben Sternenhimmeln des PTOLEMÄUS und dem entsprechenden Geborgenheitsgefühl des Menschen war für die geistige Evolution der Menschheit ein absolut notwendiger Prozeß. Ohne denselben wäre ein Zeitalter im Zeichen einer »Philosophie der Freiheit«[30] undenkbar.

Andererseits vermögen wir aber heute die tragischen Folgen der Zerstörung des alten Weltbildes umfassender zu durchschauen, als es zu GOETHES Zeiten möglich war. Denn »Freiheit« ermöglicht stets auch den Mißbrauch der Freiheit. Es wäre keine wirkliche Freiheit, wenn sie nicht zugleich den Raum freigäbe zu jeglichem Denken und Handeln – sei es positiv, sei es negativ. Das aber macht die bedrohliche Lage der Gegenwart aus, daß die Menschheit weithin intensiven Mißbrauch ihrer Freiheit gertrieben hat. An die Stelle von natürlicher Ordnung trat die Willkür des Menschen. Insbesondere ist es die vom Kosmos losgelöste Erde als Organismus, welche diesen Mißbrauch der Freiheit so zu spüren bekam, daß heute vielfach ernsthaft gefragt wird, ob sie als Ganzes vor dem Untergang noch zu retten ist.

Trotz des geschlossenen Widerstandes der damaligen geistigen Großmächte, der Vertreter beider christlicher Konfessionen, setzte sich die Weltanschauung des KOPERNIKUS siegreich durch. Jedes Schulkind in Mitteleuropa erhält sie heute als vermeintlich gültige Aussage über unser Planetensystem frühzeitig vermittelt. In der Gegenwart riskiert man weit mehr, wenn man die Gedankengänge des Kopernikus zu bezweifeln versucht bzw. relativiert, als wenn man sein Weltbild anerkennt. Und doch ist es heute an der Zeit, nicht nur auf die Verständnislosigkeit der für das geistige Leben verantwortlichen Zeitgenossen des Kopernikus hinzuweisen und sich über deren durch das mittelalterliche Weltbild begründete Befangenheit erhaben zu fühlen, sondern eindeutig festzustellen: *Auch das Weltbild des* KOPERNIKUS *ist überholt, denn es vermittelt nicht die ganze Wahrheit!*

Von einem Kardinal der christlichen Kirche vorbereitet, schuf ein gläubiger Domherr jenes Weltbild, auf welchem die Bewußtseinsspaltung der Neuzeit beruht und das die Grundlage für den späteren Materialismus lieferte. Es ist dies der eigentliche Ursprung der naturwissenschaftlichen Tragödie, die einen »*Todesweg der Menschheit*« zur Folge hatte.

Die Tragik besteht vor allem in der Tatsache, daß am Anfang der neuzeitlichen Naturwissenschaft Männer standen, die nichts anderes mit ihrer Forschung erstrebten, als ihrem Gotte zu dienen. Ungewollt wurden diese frommen Christen zu Begründern des anti-christlichen Materialismus, der im späteren Verlauf zum erbitterten Gegner der christlichen Kirche, ja des Christentums schlechthin sich entwickelte. Das aber hatten sie nicht gewollt.

Der Protestant Johannes Kepler

Noch deutlicher wird der tragische Verlauf der Neuzeit, wenn man den dritten Begründer der modernen Weltanschauung in die Überlegungen mit einbezieht: JOHANNES KEPLER (1571–1630).[31]

Es lag zunächst nicht im Lebensplan Keplers, Astronom zu werden. Sein Ziel war ein Pfarramt in der lutherischen Kirche. Zu diesem Zwecke studierte er fünf Jahre protestantische Theologie und lebte in dieser Zeit in dem berühmten Tübinger Stift, durch das später auch HÖLDERLIN, SCHELLING, HEGEL u. a. gegangen sind. Bereits im Alter von 20 Jahren bestand JOHANNES KEPLER das Magister-Examen. Nach drei weiteren Jahren Studiums der Theologie war er bereit, ein Pfarramt in der lutherischen Kirche Schwabens zu übernehmen. Doch da erhielt er einen Ruf als Lehrer für Mathematik mit dem Titel eines Professors an das Gymnasium nach Graz. Dies war eine Folge davon, daß er sich neben dem theologischen Studium gründlich mit Mathematik und Astronomie, vor allem unter Anleitung des hervorragenden Lehrers MICHAEL MÄSTLIN (1550–1631) beschäftigt hatte.

Auch wenn KEPLER zu diesem Zeitpunkt noch nicht entschlossen war, mit der Annahme des Rufes nach Graz endgültig auf das Pfarramt zu verzichten, war dennoch damit das Steuerruder seines Schicksals gestellt. Keplers Dienst galt fortan nicht der christlichen Lehre, sondern der naturwissenschaftlichen Astronomie. Für sein eigenes Bewußtsein galten beide Berufe dem gleichen Ziel: der Verehrung und Verkündigung Gottes und seiner Werke. Dementsprechend enthält das Hauptwerk von JOHANNES KEPLER: »Harmonices mundi« eine einzige enthusiastische Preisung der Schöpfung Gottes. Er selbst hat es ausgesprochen, daß er den Kern seines Frühwerkes »Mysterium Cosmographicum« einer Erleuchtung verdankt, die wie ein Traum über ihn gekommen sei. Er schließt bewußt an die geistigen Weltbilder von PLATO und PYTHAGORAS an und teilt deren Hochschätzung der Mathematik: »*Für die Natur leistet die Mathematik den größten Beitrag, indem sie das wohlgeordnete Gefüge der Gedanken enthüllt, nach denen das All gebildet ist . . . und die einfachen Urelemente in ihrem ganzen harmonischen und gleichmäßigen Aufbau darlegt, mit denen auch der ganze Himmel begründet wurde, indem er in seinen einzelnen Teilen die ihm zukommenden Formen annahm.*«

Mit anderen Worten: Mathematik ist ein Urelement des

47

schöpferischen Weltengrundes, das mit dem Schöpfungsakt sich den Geschöpfen als geheimes Formelement mitteilt. Insofern der Forscher die mathematische Erkenntnis beherrscht, vermag diese ihm wesentliche Hilfe bei der Entschlüsselung der gewordenen Welt zu leisten.

Aus dem gleichen Grunde ist für KEPLER die Mathematik berufen, für die *Theologie* den gedanklichen Aufbau vorzubereiten. *»Denn was für Erkenntnis der Wahrheit über das Göttliche den Uneingeweihten schwierig und hoch erscheint, das legen die mathematischen Begriffe mit Hilfe von Bildern als überzeugend, offenkundig und unwiderleglich dar. Sie zeigen die Offenbarungen der überwesentlichen (= übersinnlichen) Eigenschaften in den Zahlen auf und lassen die Kräfte der intelligiblen (= spirituellen) Formen in den intellektuellen (= gedanklich einleuchtend) hervortreten. Daher gibt uns* PLATO *viele wunderbare Lehren über das Göttliche mit Hilfe der mathematischen Begriffe. Und die Philosophie des* PYTHAGORAS *verbirgt hinter diesen wie hinter einem Vorhang die Einführung in die Mysterien der göttlichen Lehren . . .«*[32]

JOHANNES KEPLER sucht in diesem Sinne als Fortführer der Gedankenbildung des Pythagoreismus und Platonismus sein Weltbild für die Neuzeit zu geben. Er ist durchdrungen davon, daß auch alle Naturerkenntnis, aber auch alle Ethik von dem Sinn für qualitatives Zahlenwirken getragen sein muß.

1. *»Für die Betrachtung der Natur leistet die Mathematik den größten Beitrag, indem sie das wohlgeordnete Gefüge der Gedanken enthüllt, nach dem das All gebildet ist . . .«*

2. *»In ethischer Hinsicht vervollkommnet uns die Mathematik, indem sie unseren Sitten Ordnung und Harmonie in die Lebensführung einpflanzt. Sie gibt Körperhaltungen, wie sie zur Tugend passen, und Melodien und Bewegungen an die*

Hand . . . daß hierdurch alle die, welche von Jugend an nach Tugend streben, zur Vollkommenheit gelangen sollen. Die Wohlordnung der Tugend breitet sie vor uns aus, und zwar anders in Zahlen, anders in Figuren, anders in musikalischen Harmonien; sie zeigt uns auch, was die Laster zuviel oder zuwenig an sich haben. Durch all das verleiht sie – die Mathematik – uns Ebenmaß des Charakters und sittliche Anmut.«

Mit eindeutigen Worten und Sätzen hat so JOHANNES KEPLER sein Bekenntnis zu einer qualitativen, d. h. wertumfassenden Mathematik und Zahlenlehre ausgesprochen. Und das Wertvolle an Kepler ist, daß dies keine, wenn auch noch so ernst gemeinte, theoretische Aussage von ihm ist, sondern daß er in seinem Werk es unternimmt, die Welt mit dem heiligen Zahlenschlüssel zu erschließen und verständlich zu machen. Fern jeder Phrase entwickelt KEPLER zu Beginn der Neuzeit den Mut, den Kosmos nicht sinn- und wertenentleert, sondern im Gegensatz zu KOPERNIKUS seelen- und geisterfüllt darzustellen.

An dieser Stelle muß LEONARDO DA VINCI (1452–1519) genannt werden, der über ein Jahrhundert zuvor in seiner Art bemüht war, mit Hilfe der Mathematik und unter Einbeziehung seelischer und geistiger Elemente vor allem die Erde als lebendigen Organismus zu erfassen. Leider blieben diese Bestrebungen Leonardos fragmentarisch. KEPLER hingegen wagte es, konkret vom Geist der Sonne und von der Seele der Erde zu sprechen, deren Wechselspiel das lebendige Dasein der Naturreiche auf der Erde ermöglicht.

Doch all dies geriet in absolute Vergessenheit und wurde damit für die weitere Naturerkenntnis unwirksam. Das gehört zu der vom aufgehenden Geiste der Neuzeit bewirkten Tragik, daß Johannes Keplers Weltruf und Weltruhm nicht durch das Ganze seines Werkes bewirkt wurde, sondern nur

durch einen relativ kleinen Teil seiner Arbeit, durch die bekannten »drei Keplerschen Gesetze«. Auch diese, d. h. in der
Regel nur die beiden ersten, lernt heute jedes Kind spätestens
auf der Mittelstufe seiner Schulzeit. Es erfährt, daß die Erd-
bahnen nicht, wie KOPERNIKUS meinte, in Kreisen, sondern
in Ellipsen verlaufen und daß diese Bewegungszusammen-
hänge mathematisch klar beschreibbar sind. Das aber ist auch
alles, was von dem »großen Astronomen« JOHANNES KEPLER
heute in der Regel überliefert wird. Treffend hat FRIEDRICH
DOLDINGER (1897–1973) diesen tragischen Tatbestand charakterisiert:

> *»Die Mitwelt hat dich um den Lohn beraubt,*
> *die Nachwelt dir nur das Gesetz geglaubt;*
> *was du vom Wesen sprachst, wer mocht es hören?«* [33]

KEPLERS Gesamtwerk hat drei Schwerpunkte:

1. 1596 erschien – Kepler war fünfundzwanzig Jahre alt –
das Erstlingswerk: »Mysterium Cosmographicum – Vorbote
künftiger kosmographischer Abhandlungen über das Weltgeheimnis.«

2. 1609 erscheint »Astronomia Nova« – die Neue Astronomie. Der Untertitel lautet: »Ursächlich begründet oder Physik des Himmels; dargestellt in Untersuchungen über die
Bewegungen des Sternes Mars. Aufgrund der Beobachtungen
des Edelmannes TYCHO BRAHE.«

Dieses mächtige Werk, das in mehr als 300 Großfolioseiten
gedruckt ist, enthält als wesentlichen Bestandteil die Korrek-
tur der Kopernikanischen Kreisbewegungen durch die ersten
zwei der »Keplerschen Gesetze«. Erfüllt ist dieses Buch von
der gleichen Stimmung einer religiösen Geisterkenntnis die
alle anderen Werke KEPLERS durchzieht. So finden sich in

dem Vorwort, das der ewigen Entelechie TYCHO DE BRAHES –
dieser starb 1601 – gewidmet ist, die Zeilen:

> *Demütig nahe ich mich, das Buch hier in Händen als*
> *Gabe.*
>
> *Duftender Weihrauch möge es sein dem Schöpfer des Welt-*
> *alls,*
>
> *Weihrauch, deinen Bäumen entquollen, mit deiner Er-*
> *laubnis*
>
> *Eifrig gesammelt von mir. Ich bring ihn, erhoben die*
> *Hände.*
>
> *Reinen Sinnes opfere ich ihn! Ich folg Dir in Inbrunst,*
>
> *Bete ich fromm mit Dir: Der weise Begründer des*
> *Himmels*
>
> *Helf' mir bei meinem Bemühen, das Werk seiner Allmacht*
> *zu deuten.*«

3. »Harmonices Mundi« – so lautet der Titel des dritten
Werkes KEPLERS. Fast wie beiläufig findet sich im 3. Kapitel
des fünften Buches das »dritte Planetengesetz« mit der Formulierung: »*Die Quadrate der Umlaufzeiten verhalten sich*
wie die dritten Potenzen der mittleren Abstände.« Spielt dieses Gesetz im allgemeinen in der modernen Astronomie eine
geringere Rolle als die beiden ersten, so war es doch für ISAAC
NEWTON entscheidend für die Auffindung seiner Gravitationslehre, durch welche von ihm die moderne, d. h. quali-
tätslose, sogenannte exakte Physik begründet wurde.

In KEPLERS eigener Sicht stammen Theologie und Naturwissenschaft aus der gleichen Quelle. Er kennt keine vom
göttlichen Geiste getrennten Mechanismen. Für ihn ist die
Sonne kein bloßer Gasball, der Mond nicht nur eine Schlacke
und die Erde kein physikalischer Apparat. Es ist, als ob
Kepler geahnt hätte, wie nach dem 30jährigen Kriege der
Triumphzug des Materialismus seinen Anfang nehmen wür-

de. So sucht er kurz nach Beginn (1618) dieses europäischen, kriegerischen Zerstörungsprozesses sein Werk »Harmonices mundi« wie ein Bollwerk des Geistes 1619 allem geistigen Niedergang entgegenzusetzen. Doch wie gesagt, das mathematische Gesetz wird von den Astronomen und Physikern akzeptiert, der alles tragende religiöse Geist annulliert. Das war die Tragik im Leben des JOHANNES KEPLER, die sich im weiteren Verlauf der Neuzeit noch als tiefes Unglück der Menschheit auswirken sollte.

Der Verkünder und Märtyrer
des neuen Weltbildes

Giordano Bruno

Kein anderer Geist hat mit solcher Intensität und religiösem Enthusiasmus sich für die Verbreitung des neuen, kopernikanischen Weltbildes eingesetzt, wie der Dominikaner GIORDANO BRUNO. Dieser wurde fünf Jahre nach dem Tode des KOPERNIKUS im Jahre 1548 geboren. Er starb in Rom auf dem Scheiterhaufen am 17. Februar 1600.[34]

Sein Geburtsort Nola, unweit Neapels und des Vesuvs gelegen, war ursprünglich eine griechische Kolonie. Im 16. Jahrhundert hatten sich dort auch deutsche Landsknechte niedergelassen. Es wird vermutet, daß die Mutter Brunos deutsche Voreltern gehabt hat, da sie den Vornamen FRAULISSA (Fraulinda) trug. Bei der Taufe erhielt BRUNO den Vornamen FILIPPO. Aus seiner Kindheit war ihm selbst ein Ereignis bewußt, das geradezu mythologischen Charakter hatte. Er lag allein in der Wiege, als sich durch eine Mauerritze eine giftige Schlange auf ihn zubewegte. Instinktiv muß das Kind die Gefahr erkannt haben, denn es entrang sich seinem Munde zum ersten Male in seinem Leben der Ruf: »Vater!« Dieser eilte herbei und tötete das Tier. Zur großen Verwunderung seiner Eltern erinnerte sich der älter gewordene Knabe später genau dieses Vorgangs und konnte die Worte seines erschreckten Vaters wiedergeben.

Frühzeitig wurde Bruno von seinen Eltern nach Neapel zur Erziehung gegeben, wo er durch den Augustiner THEOFILO DA VARRANO im Privatunterricht herangebildet wurde.

Schon mit 15 Jahren tritt er in den Konvent des St. Domini-co-Klosters zu Neapel ein. Hier erhält er als Novize den Namen JORDANUS, italienisch GIORDANO. Schon bald muß es im Kloster zu Konflikten gekommen sein. Seiner seelischen Grundstruktur nach war GIORDANO BRUNO als musischer Mensch veranlagt. Wohl nicht zufällig verkehrte als Freund der Familie im Elternhause zu Nola der für die damalige Zeit beachtliche Dichter TANSILLO. Anstelle nun seinen eigenen Neigungen als jugendlichem Dichter nachgehen zu können, wurde BRUNO im Kloster angehalten, ein gediegenes Studium der Kirchenväter und Scholastiker, vor allem aber des Heili-gen THOMAS VON AQUIN durchzuführen. Sicherlich nicht zu seinem Schaden.

Schon damals versuchte sich BRUNO als Schriftsteller. Lei-der ist der satirische Dialog »Die Arche Noah« nicht erhalten. Wir wissen nur, daß es sich um einen Wettstreit der Tiere in der Arche handelt, aus dem der Esel als Sieger hervorging. Da er einige Jahre später ein Sonett geschrieben hat: »Preis des Eseltums«, können wir unschwer die Idee der »Arche Noah« erraten. Bruno hat dieses Sonett seinem Werk »Die Kabbale des Pegasus« – gedruckt 1585 zu Paris – beige-fügt:

Sonett zum Lobe des Esels
O heil'ges Eseltum, o heil'ge Ignoranz!
O heil'ge Dummheit, heil'ge Devotion!
Du ganz allein verschaffst ein Glück uns ganz,
Das keiner Geistesarbeit wird zum Lohn!

Nie ja wird mühevolle Vigilanz (Wachsamkeit)
Der Kunst, sei noch so groß die Invention (Erfindungs-
    gabe)

Nie eines Denkers Kontemplation (Betrachtung)
Erlangen deines Heil'genscheines Kranz!

Was nützt euch, Forschern, alles Studium,
Was grübelt ihr mit wißgebier'gem Hirn,
Ob Feuer, Erde, Meer hat ein Gestirn?

Nicht kümmert heil'ges Eseltum sich drum;
Es beugt die Knie, es faltet fromm die Hände,
Es wartet, daß der Herr ihm Segen spende;

Denn höher als Vernunft ist jener Frieden,
Der frommen Seelen nach dem Tod beschieden!
Vergänglich ist, was man auch treibt, hienieden.

(Übersetzung von LUDWIG KUHLENBECK)

Offenkundig hat KUHLENBECK hier sehr freizügig übersetzt. Es gibt von ihm noch eine zweite Variante, die er in
seiner Biographie schon 1899 gebracht hat.[35] Deutlich wird,
wie BRUNO ironisch die kirchliche Tendenz geißeln will, den
dumpfen Glauben zu fördern, anstatt den Menschen zu wirklicher Erkenntnisbemühung gegenüber Gott und der Welt
aufzurufen. Verständlich wird aber auch, daß für einen so
empfindenden Menschen Kloster und Kirche zu eng wurden,
so daß er keinen anderen Weg sah, als sich von allem zu lösen
und sich als freier Wanderprediger beziehungsweise Hochschullehrer von seinem Orden abzusetzen.

Zuvor hatte er als Vierundzwanzigjähriger (1572) die Prie-
sterweihe empfangen, seine erste Messe in der Stadt Campa-
gna gelesen. Bald darauf gelangten an den Prior seines Klosters Anklagen und Denunziationen gegen Bruno, die dieser
Abt zuerst nicht ernst nahm. Als aber 1575 neue schwere

Angriffe wegen Ketzerei selbst den Provinzial des Ordens erreichten, sah Bruno keine Möglichkeit mehr, sich der drohenden Gefahr eines Inquisitionsgerichtes zu entziehen. Über Rom, wo er kurze Aufnahme im dortigen St. Minerva-Kloster fand, flüchtete er nach Norden. Drei Jahre vermochte er sich noch in Nord-Italien zwischen Genua und Venedig zu halten, doch 1578 überschritt er in Richtung Genf die Grenze zur Schweiz in der Hoffnung, im Bereich CALVINS Schutz zu finden. Diese erfüllte sich nicht. Im Gegenteil! Nach kurzer Zeit fand sich der ironische Spötter BRUNO im Gefängnis der bigotten Reformierten wieder. Freigelassen, begannen für Bruno dreizehn Jahre ruhelosen Wanderns durch Frankreich, England und Deutschland. Von Stadt zu Stadt weitergetrieben, erlebte Bruno das Schicksal eines Heimatlosen, der hätte verzweifeln müssen, wenn er nicht in sich selbst in seinem Geiste fest gegründet gewesen wäre. Toulouse, Paris, London, Oxford – wieder Paris, dann Marburg, Wittenberg, Prag, Helmstedt, Frankfurt/M., Zürich sind die wesentlichen Stationen seiner Pilgerschaft, ehe er tollkühn, wie er sein konnte, 1591 wieder nach Venedig zurückkehrte und dort bald von der Inquisition (1592) gefaßt wurde. Im Januar 1593 wird er auf Antrag des römischen Nuntius als »Fürst der Ketzer« nach Rom ausgeliefert. Sieben volle Jahre muß er im Kerker der Inquisition zubringen, ehe er am 17. Februar des Jahres 1600 den Scheiterhaufen bestieg. Bekannt sind die stolzen Worte, mit denen dieser um der Freiheit willen gegen die Kirche aufsässige Geist sein Leben in den Flammen beschloß: *» Mit größerer Furcht habt ihr dies Urteil beschlossen, als ich es entgegennehme.«*

Die Anklageschrift der Kongregation des heiligen Offiziums enthielt acht Punkte, durch welche die häretische Gesinnung des GIORDANO BRUNO erwiesen werden sollte. In unserem Zusammenhang ist der letzte der wichtigste. Er lautet: »*Er lehre die Bewegung der Erde und eine Mehrzahl bewohnter Himmelskörper.*« Wenn auf einer solchen Lehre die Todesstrafe stand, so hatte sie Giordano Bruno im Sinne dieses Kirchengesetzes verdient.

In seinem Lehrgedicht »De Immenso« finden sich die folgenden Zeilen:

> »*Hier begrüßen wir Dich, Du mit herrlichstem Sinn Begabter,*
> *Dessen erhabener Geist ein ruhmlos dunkeler Zeitstrom*
> *Nimmer bedeckt, des Stimme der Toren dumpfes Gemurmel*
> *Freudig und frisch durchschallt, hochedler* KOPERNIKUS, *dessen*
> *Mahnendes Wort an die Pforte der Jünglingsseele mir pochte.*
> *Da ich noch mit Sinn und Verstand ein anderes meinte,*
> *Als ich jetzo gefunden es hab' und greife mit Händen!*
> *Siehe, da öffnete sich die lautere Quelle der Wahrheit,*
> *Wie Dein Stab sie berührt und hell aufglänzte in Schönheit*
> *Nun mir die Welt – denn es hat im Wendepunkte der Zeiten*
> *Gott zum Diener auch mich des besseren Tages erkoren.*«[36]

Eindeutiger, klarer und mutiger konnte das Bekenntnis zur Tat des KOPERNIKUS durch GIORDANO nicht lauten. Es entspricht der Wahrheit und wurde auch von BRUNO vor dem Inquisitionsgericht nicht zurückgenommen.

Leider sind die Inquisitionsakten der sieben Jahre Kerkerhaft Brunos in Rom nicht veröffentlicht, wohl aber die Akten des Ketzerprozesses vor dem Inquisitionsgericht zu Venedig von Mai 1592 bis Januar 1593. Aus ihnen geht hervor, daß die

Anklagen sich grundsätzlich gegen die von GIORDANO BRU-
NO vertretene Theologie richteten. So wie oberflächlich denkende Philosophen meinen, Bruno einfach als Pantheisten
einordnen zu können, so wurde er auch schon in Venedig
nach seinem Natur- und Gottesglauben ausführlich ausge-
fragt. Seine Antworten sind auch heute noch aufschlußreich.
So führt er vor dem Gericht aus: »*Ich halte das Weltall für
unendlich als Schöpfung einer unendlichen göttlichen Allmacht, weil ich es der göttlichen Güte und Allmacht für
unwürdig halte, daß sie eine endliche Welt erschaffen hätte,
wenn sie noch neben dieser Welt eine andere und unzählige
andere erschaffen könnte... Des weiteren setze ich in diesem
Universum eine allgemeine Vorsehung, Kraft deren jegliches
Wesen lebt, sich erhält und bewegt und in seiner Vollendung
dasteht, und ich nehme dies in immer zweifachem Sinne:
einmal ist diese Vorsehung allgegenwärtig als Seele ganz im
ganzen Körper und ganz in jedem Teile, und insofern nenne
ich sie Natur, Schatten und Spur der Gottheit; sodann aber ist
sie gegenwärtig auf eine unsagbare Weise als Allgegenwart
Gottes seinem Wesen nach und als eine Allmacht in allem und
über allem, nicht als ein Teil, nicht als eine Seele, sondern auf
eine unerklärliche Art ... ich kenne aber drei göttliche Eigenschaften: Allmacht, Allweisheit und Allgüte, oder Vernunft,
Geist und Liebe, durch welche alle Wesen zunächst ihr Sein
besitzen, dann den Verstand und die Ordnung und Unter-
scheidung kraft ihrer Intelligenz, drittens aber Einklang und
Symmetrie kraft der Liebe. Ich glaube aber, daß dieser Gott in
allem und über allem ist.*«

Mit unmißverständlichen Worten hat hier Bruno seinen
Glauben an Gott und seine Erkenntnis Gottes als immanent
und transzendent zugleich dargestellt. Wer sein Werk kennt,
weiß auch, daß er hier in Venedig vor seinen Richtern nichts

anderes gesagt, als er es in Paris, Oxford, Helmstedt und allen anderen Orten gelehrt hat. Neu und ungewohnt für die Theologen des 16. Jahrhunderts war die Betonung des Gottes *in* allen Dingen, den es als Geist in der Materie zu entdecken gilt. Hier liegt der Grund, warum später vor allem GOETHE, aber auch SPINOZA, LEIBNIZ, HERDER, HAMANN, HEGEL und SCHELLING so oft auf BRUNO zurückblickten und von seinen Gedanken sich manches aneigneten, um gegen den heraufkommenden Materialismus Geisteshilfe zu haben.

Absolut eigenständig ist auch die Auffassung BRUNOS über das Wesen des Menschen.

Der Inquisitor fragt ihn: »*Glauben Sie, daß die Seelen unsterblich sind und nicht von einem Körper in einen anderen übergehen, wie uns berichtet ist, daß Sie behauptet haben?*« BRUNOS Antwort lautet nach dem Protokoll wörtlich: »*Ich habe immer für wahr gehalten und halte für wahr, daß die Seelen unsterblich selbständig subsistierende Substanzen sind, d. h. die vernünftigen Seelen, und daß solche, katholisch gesprochen, nicht von einem Körper in einen anderen übergehen, sondern entweder in das Paradies oder ins Fegefeuer oder in die Hölle kommen. Aber andererseits habe ich philosophisch die Lehre behandelt und auch verteidigt, daß, da die Seele ohne den Körper bestehen und in einem Körper existieren kann, sie in derselben Weise, wie sie in einem Körper sein kann, auch in einem anderen Körper sein und von einem Körper in einen anderen Körper übergehen kann, was, wenn es nicht wahr ist, doch wenigstens wahrscheinlich ist nach der Meinung des PYTHAGORAS.*«

Man sieht, wie vorsichtig sich BRUNO in der gerichtlichen Vernehmung ausdrückt. Er mußte ja wissen, daß es lebensgefährlich war, als Denker vom katholischen Dogma abzuweichen. Trotzdem bekennt er sich unzweideutig zur Lehre des

Pythagoras, und das ist die *Lehre von der Reinkarnation*, der Wiederverkörperung der menschlichen Geistseele von Zeit zu Zeit in einem neuen Leibe. Es ist die Anschauung vom Menschenwesen, die einst ganz Asien im Hinduismus und Buddhismus beherrschte, die in der Neuzeit in neuer Gestalt vor allem von Rudolf Steiner vermittelt worden ist. Wie ein erster Vorverkünder erscheint in diesem Sinne Bruno.

Wesentlich ist daher, daß der von der Lehre des Kopernikus als klar durchschaubare diesseitige Weltsicht so begeisterte Bruno nun nicht in bezug auf die Unsterblichkeit des Menschen in ein altes Glaubenselement zurücksinkt, sondern auf gedanklichen Wegen sich *aus dem Verstehen des auf der Erde verkörperten Menschen* das Bild des unsichtbar-unsterblichen Menschen zu erarbeiten sucht. Ein Dokument dafür findet sich in dem Lehrgedicht »Über das dreifach kleinste.« Dort schreibt Bruno in Versen:

> *»Geh nun, Tor, und fürchte des Tod's Dräu'n und des Geschickes,*
> *Geh' zum Geschwätze der Toren dahin, die Träume des Pöbels*
> *Laß mit tödlicher Furcht Dich erfassen, als ob Du in Wahrheit*
> *Wärst ein Zusammengefügtes, aus stofflicher Masse bestehend.*
> *Wird nicht, während Du lebst, die Masse des Leibes verändert,*
> *Wie sie aus eigener Bewegung in stetigem Wechsel des Stoffes*
> *Neue Materie ergreift und stets die frühere ablegt?*
> *Oder ist wohl der Stoff Dir im Fleisch und Blut noch derselbe*
> *Teilweis' oder im Ganzen, wie Jahre zuvor er gewesen?*

Blieben des Knaben Blut und Muskeln und Nerven dem
  Jüngling
Unverwandelt? Veränderte nicht im Wechsel dem Manne
  sich
Alles? Fließen die Glieder nicht, und entäußern erneuert
Sich der verbrauchten Form genau, wie dies Nägel und
  Haare
Selbst den stumpferen Sinnen beweisen – indessen der Seele
Wesen inmitten des Herzens beharrt, die lenkende Voll-
  kraft,
Durch die Einer Du bist, derselbige bleibst und ein Ich
  bist?«[37]

Es ist dies wohl innerhalb der europäischen Kultur der
erste gelungene Wurf, das Wesen des menschlichen »Ich« als
»lenkende Vollkraft« in seinem Verhältnis zum Wechsel der
Stoffe, zum Stoff-Wechsel in Begriffen darzustellen.

Leider ist es BRUNO nicht gelungen, in entsprechender
Weise auch den Geist in den Naturreichen auf gedanklicher
Basis zu erhellen. Hier bleiben seine Gedanken oft im Emp-
findungselement stecken. Diese Unklarheit ist es auch, die
ihm dann den Vorwurf einer Art von »Pantheismus« einge-
tragen hat.

In dem Lehrgedicht »Über das dreifach kleinste« fährt
BRUNO fort, die Wechselwirkung zwischen dem leiblichen
und dem unsichtbaren Menschen zu schildern:

»... doch unverändert
Ruhig im Wechsel beharrt des Geistes unteilbares Wesen.
Wahrhaft Wesen und Grund ist nie Zusammengefügtes,
Sondern das Fügende, Du, und der letzte Teil des Ge-
  fügten,
Welches Du rings anbauest um Dich. So wirst Du ermessen,
Daß Du schlechter in nichts als der unterwürfige Leib bist,

Der doch nimmer ins Nichts zurücksinkt, sondern be-
harret;
Jetzt sich hier, jetzt dort ergänzend, daß sich die Glieder,
Die Du bewegst, nach festem Gesetz zum Dienste Dir
fügen.
Dies ist die Quelle des Lebens und Wachstums unserer
Masse,
Daß zum Kreise ausdehnend das Zentrum weit sich ent-
faltet,
Daß baumeisterlich rings der Geist die Atome versammelt
Um sich her und hinein sich ergießt und das Ganze beherr-
schet,
Bis, wenn die Zeit sich erfüllt und des Lebens Faden zer-
reißet,
Er ins Zentrum zurück sich nimmt und wieder von dorten
Sich in die Welt, die unendliche, senkt, was Tod wir zu
nennen
Pflegen, dieweil uns das Licht, dem wir zustreben, verhüllt
ist;
Doch ward Ein'gen zu ahnen verlieh'n, dies Leben hie-
nieden
Sei nur Tod, das Sterben des wahren Lebens Erwachen.«[38]

Soweit Bruno. Er, der für das physische Weltbild der son-
nenumkreisenden Erde Begeisterte, dringt in seiner Anschauung des wahren Menschenwesens bis an die Schwelle der
geistigen Welt vor. Er darf die Hand auf den Griff der geschlossenen Pforte legen – noch öffnet sich diese ihm nicht.

Trotzdem darf man MORITZ CARRIÈRE zustimmen, wenn
er schreibt: »GIORDANO BRUNO *ist als Blutzeuge der Wahr-*
heit gestorben, ein Prophet der Geistesfreiheit und der allge-
meinen Menschenliebe, ein Herold des Christentums der Zu-
kunft, ja der Gegenwart.«

Deutlich führt von BRUNO eine Linie zu GOETHE und damit zu dem Manne, der mit aller Kraft dem vordringenden naturwissenschaftlichen Materialismus entgegenzutreten versuchte.

Der Fall in die Schwere

Der Italiener Galileo Galilei

An der gleichen Stätte in Rom, im Festsaal des Klosters St. Maria sopra Minerva, an der GIORDANO BRUNO sein Todesurteil entgegennahm, stand dreiunddreißigeinhalb Jahre später der Begründer der modernen Physik: GALILEO GALILEI (1564–1642)[39]: Er wußte, wie das Schicksal Brunos auf dem Scheiterhaufen des Campo dei Fiori (Blumenmarkt) geendet hatte. Dem wollte Galilei sich nicht aussetzen. Lieber war er bereit, wenn Inquisition und Kirche es verlangten, allem abzuschwören, was er im Laufe seines Lebens sich als Wahrheit erworben hatte, als auf die gleiche Weise wie Bruno schimpflich gemordet zu werden. So kniete er vor dem Inquisitionsgericht nieder und las den vorbereiteten Text seines Meineides vom Blatt ab. Damit hatte er sich sein Leben für weitere achteinhalb Jahre gerettet.

Der Text des Schwures, den GALILEI am 22. Juni 1633 las, lautete:

»Ich, GALILEO, *Sohn des* VINZENZ GALILEI *aus Florenz, siebzig Jahre alt, stand persönlich vor Gericht und ich knie vor Euch Eminenzen, die Ihr in der ganzen Christenheit die Inquisitoren gegen die ketzerische Verworfenheit seid. Ich habe vor mir die heiligen Evangelien, berühre sie mit der Hand und schwöre, daß ich immer geglaubt habe, auch jetzt glaube und mit Gottes Hilfe auch in Zukunft glauben werde, alles was die heilige katholische und apostolische Kirche für wahr hält, predigt und lehrt. Es war mir von diesem Heiligen*

Offizium von Rechts wegen die Vorschrift auferlegt worden, daß ich völlig die falsche Meinung aufgeben müsse, daß die Sonne der Mittelpunkt der Welt ist, und daß sie sich nicht bewegt, und daß die Erde nicht der Mittelpunkt der Welt ist, und daß sie sich bewegt. Es war mir weiter befohlen worden, daß ich diese falsche Lehre nicht vertreten dürfe, sie nicht verteidigen dürfe und daß ich sie in keiner Weise lehren dürfe, weder in Wort noch in Schrift. Es war mir auch erklärt worden, daß jene Lehre der Heiligen Schrift zuwider sei. Trotzdem habe ich ein Buch geschrieben und zum Druck gebracht, in dem ich jene bereits verurteilte Lehre behandele und in dem ich mit viel Geschick Gründe zugunsten derselben beibringe, ohne jedoch zu irgendeiner Entscheidung zu gelangen. Daher bin ich der Ketzerei in hohem Maße verdächtig befunden worden, darin bestehend, daß ich die Meinung vertreten und geglaubt habe, daß die Sonne Mittelpunkt der Welt und unbeweglich ist, und daß die Erde nicht Mittelpunkt ist und sich bewegt. Ich möchte mich nun vor Euren Eminenzen und vor jedem gläubigen Christen von jenem schweren Verdacht, den ich gerade näher bezeichnete, reinigen. Daher schwöre ich mit aufrichtigem Sinn und ohne Heuchelei ab, verwünsche und verfluche jene Irrtümer und Ketzereien und darüber hinaus ganz allgemein jeden irgendwie gearteten Irrtum, Ketzerei oder Sektiererei, die der Heiligen Kirche entgegen ist. Ich schwöre, daß ich in Zukunft weder in Wort noch in Schrift etwas verkünden werde, das mich in einen solchen Verdacht bringen könnte. Wenn ich aber einen Ketzer kenne, oder jemanden der Ketzerei verdächtig weiß, so werde ich ihn diesem Heiligen Offizium anzeigen oder ihn dem Inquisitor oder der kirchlichen Behörde meines Aufenthaltortes angeben.

Ich schwöre auch, daß ich alle Bußen, die mir das Heilige

Offizium auferlegt hat oder noch auferlegen wird, genaue-
stens beachten und erfüllen werde. Sollte ich irgendeinem
meiner Versprechen und Eide, was Gott verhüten möge, zu-
widerhandeln, so unterwerfe ich mich allen Strafen und Züch-
tigungen, die das kanonische Recht und andere allgemeine
und besondere einschlägige Bestimmungen gegen solche Sün-
der festsetzen und verkünden. Daß Gott mir helfe und seine
heiligen Evangelien, die ich mit den Händen berühre.

Ich, GALILEO GALILEI, *habe abgeschworen, geschworen,*
versprochen und mich verpflichtet, wie ich eben näher aus-
führte. Zum Zeugnis der Wahrheit habe ich diese Urkunde
meines Abschwörens eigenhändig unterschrieben und sie
Wort für Wort verlesen, in Rom im Kloster der Minerva am
22. Juni 1633. Ich GALILEO GALILEI, *habe abgeschworen und*
eigenhändig unterzeichnet.«

Es ist wohl nicht möglich zu entscheiden, welches der
größere Schandfleck auf dem Gewande der christlichen Kirche ist: die Ermordung GIORDANO BRUNOS oder die heuchle-
rische Verleitung GALILEIS zum bewußten Meineid. In beiden Fällen geht es um sehr verwandte Probleme: Im Anschluß an die »Tat des Kopernikus« standen beide Männer,
indem sie dem kirchlichen Dogma gegenüber für sich die
Freiheit der Natur-Erkenntnis in Anspruch nahmen, vor der
Inquisition. Bruno blieb standhaft, Galilei gab nach.

Mag sein, daß GALILEI sich nüchtern überlegt hat: Wem ist
mit meinem Märtyrer-Tode geholfen? und sich selbst die
Antwort gab: Niemandem. Jedenfalls hat er, wenn auch unter
ständiger Aufsicht durch die Inquisition, die ihm bis zum
Tode verbleibenden Jahre – nach vier Jahren erblindete er – so
gut es ihm möglich war genutzt.

Als Naturforscher war Galilei vielseitig. An der Erfindung
und Konstruktion des Fernrohres hat er einen wesentlichen

Anteil, desgleichen an der Entwicklung des Mikroskopes. Als Astronom entdeckte er u. a. die Licht-Phasen der Venus, die vier Monde des Jupiter, die Sonnenflecken und gab die erste genauere Beschreibung des Saturn. Doch seinen entscheidenden Beitrag gab er als Physiker. Durch Aufdeckung der Pendelgesetze und durch seine genauen Beobachtungen fallender Körper begründete er die zentrale Wissenschaft innerhalb der klassischen Physik: die Mechanik.

Zwei Situationen haben sich mit dem Schicksal Galileis als Begründer der Mechanik symbolisch verbunden, so daß sie von seinem Lebensbilde nicht zu trennen sind: die pendelnde Hängeleuchte im Dom zu Pisa und die Beobachtung der fallenden Körper vom »schiefen Turm« der gleichen Stadt.

Unzählige Menschen hatten vor Galilei pendelnde Gegenstände und fallende Körper gesehen, aber sie haben sich um die mechanischen Gesetze, nach denen beide Bewegungen erfolgen, nicht gekümmert. Anders verhielt sich GALILEO GALILEI. Ein Leitsatz seines Erkenntnisstrebens lautet: *»Wer naturwissenschaftliche Fragen ohne Hilfe der Mathematik lösen will, unternimmt Undurchführbares. Man muß messen, was meßbar ist, und meßbar machen, was noch nicht meßbar ist.«*

Selbst wenn sich diese beiden Sätze so wortwörtlich im geschriebenen und erhaltenen Lebenswerk nicht nachweisen lassen sollten, treffen sie genau den Galilei, der durch die Auffindung der Bewegungsgesetze zum Begründer der Mechanik und damit der exakten Physik überhaupt wurde.

In unserem Zusammenhang sei besonders darauf verwiesen, daß es die *Gravitationsgesetze* sind, welche durch Galilei das Fundament für die moderne Physik abgaben. Gravis heißt: *schwer*, lastend, gewichtig. In der lateinischen Sprache wurde dieses Wort ebenso für den seelischen Bereich verwandt im Sinne von bedrückend.

Für den heutigen Physiker ist es eine selbstverständliche Tatsache, daß die von GALILEI gefundenen und von ISAAC NEWTON u. a. erweiterten Gesetze der »Gravitation«, d. h. der *Schwere*, die Grundlage für die klassische Physik bilden. Es wird wohl kaum von einem kompetenten Forscher die Frage gestellt: Hätte es auch anders kommen können? Immerhin ist es doch denkbar, daß ein Forscher fasziniert worden wäre von der Kraft, die in jedem Frühling Kräuter, Sträucher und Bäume ergrünen läßt und dabei bewirkt, daß Billionen von Tonnen Materie himmelwärts steigen – *entgegen dem Fallenden, in Überwindung der Schwere.* Wie man diese Kraft nennen müßte, ist eine Frage für sich. Jedenfalls führt sie die pflanzlichen Organismen auf dem Wege von der Erden-Wurzel über die Blätter zur durchlichteten Blüte – vom Schweren zum Leichten.

Die vom Abendland ausgehende Physik hat sich in den Jahrhunderten ihrer Entstehung für solche Prozesse nicht interessiert. Was die Physiker im 17. Jahrhundert suggestiv faszinierte, war die Schwerkraft. Sie konnte gezählt und gemessen werden und verhalf so zu einem Bilde von »Massenanziehung«, das bald nach Entdeckung im irdischen Bereich auch in den Kosmos hinausprojiziert wurde und zu einer »Erklärung« der planetarischen Verhältnisse als Grundlage genommen wurde. Aus der Kraft der Schwere fallender Körper wurde durch NEWTON das Gesetz der Massen-Anziehung abgeleitet, und durch die Massenanziehung wurde das kopernikanische Weltall erklärt.

Selbstverständlich haben wir es bei dieser Entwicklung der physikalischen Wissenschaft und ihrer Ausdehnung auf die Astronomie nicht einfach mit einem Irrtum zu tun, der eines

Tages erwiesen werden könnte. Die Gesetze des Falles und der Schwere beziehen sich auf Tatsachen, die nicht bezweifelt werden können.

Aber an der Zeit ist es, die *Einseitigkeit der Blickrichtung* heute zu durchschauen, die vom Fallenden her, von der Schwere aus ein mechanisches Weltbild konstruierte und nicht bemerkte, daß hier der forschende menschliche Geist einer elementar wirkenden suggestiven Gewalt *verfallen* ist.

Die Bibel schildert den Fall der Menschheit als ersten Schritt nach der Schöpfung und gibt als Ursache dafür das »Essen vom Baume der Erkenntnis« an. Es dürfte zur Erhellung der Folgen der Physik auf das gesamte Leben der Menschheit und Erde beitragen, sich einmal dem Gedanken auszusetzen, daß Männer wie der Italiener GALILEI, der Niederländer CHRISTIAN HUYGENS und der Engländer ISAAC NEWTON in ihrer Forschung – beim Essen vom Baume der Erkenntnis – sich unter der Suggestion des Falles, der Schwere irdischer Gegenstände befanden und so die Konstruktion eines Weltbildes herbeiführten, das *die Menschheit in den Materialismus fallen ließ.* Wer das durchschaut, wird sowohl die irdische Größe wie die damit verbundene Tragik der Folgen der Physik zu verstehen beginnen.

Die Schicksale von BRUNO und GALILEI machen deutlich, um welche Probleme im sechzehnten und siebzehnten Jahrhundert gerungen wurde. Indem KOPERNIKUS die Erde aus ihrer Zentralstellung rückte und die Sonne zum Mittelpunkt unseres Planetensystems erklärte, zerstörte er zugleich die jahrtausendealte Astrologie und setzte an ihre Stelle die Astronomie.

Astrologie war die geistige Lehre von der Abhängigkeit aller Lebewesen, insbesondere aber des Menschen, vom Kosmos. Die neue Astronomie ließ diesen Bereich außerhalb

ihrer Aufgaben. Daß TYCHO DE BRAHE und JOHANNES KEP-
LER auch weiterhin Horoskope stellten und an deren Aussagen glaubten, war sozusagen deren Privatsache. Mit ihren
astronomischen Beobachtungen und Entdeckungen hatte das
nichts zu tun. Als Wissenschaft galt und gilt fortab die Astronomie, die Astrologie wurde – bis heute! – zur Untergrund-
bewegung, die ihren Platz in Illustrierten und Tageszeitungen
hält, ohne »offiziell« anerkannt zu sein. Denn Astrologie
beruht heute auf keiner wissenschaftlichen, gegenwärtigen
Erkundung, sondern lebt im wesentlichen vom Auswerten
eines überlieferten Wissens. Dieses Wissen aber entstammt
früheren Zeiten, in denen es Forschung im heutigen Sinne
noch nicht gab. Erst wenn die Astrologie durch »exakte«
Geisteswissenschaft zur Astrosophia verwandelt sein wird,
kann auch der Geist, der in der Sternenwelt waltet, wieder
zum erkennenden Menschen sprechen.

Parallel mit dem Schritt von der Astrologie zur Astronomie
machte sich von Jahrzehnt zu Jahrzehnt zunehmend das
individuelle Freiheitsbedürfnis des einzelnen geltend: Freiheit der Persönlichkeit, Freiheit der Meinung, Freiheit des
Erkenntnisstrebens wurden zu Idealen der Menschheit. BRU-
NO starb um seiner Freiheit willen, GALILEI wurde gezwungen, seine Freiheit zu opfern.

Die großen Engländer

Francis Bacon

Allen voran schritt ein Mann, der nie Naturwissenschaft gelernt und gelehrt hat und der doch den allerstärksten Einfluß auf die Entwicklung der neuzeitlichen Naturwissenschaft weit über England hinaus genommen hat: FRANCIS BACON (1561–1626)[40], der spätere Baron von VERULAM.

Als Sohn eines hohen Beamten im königlichen Staatsdienst studierte der in London geborene BACON in Cambridge Jura. Entsprechend führte ihn seine Karriere zu höchsten Stellungen: 1607 wurde er unter JACOB I. oberster beratender Anwalt des Königs, 1617 Großsiegelbewahrer, 1618 Lordkanzler und 1620 Viscount von St. Albans. Wohl wesentlich durch eigene Schwächen, aber sicher auch aufgrund von Mißgunst seiner Feinde, kam er zu Fall. Wegen Korruption (Unterschlagung) wurde er vom House of Lords verurteilt und gestürzt. Doch erließ der König ihm die Strafe. Bacon zog sich in die Einsamkeit zurück und lebte ausschließlich seinen geistigen Interessen.

Wenn auch zu seinen Lebzeiten schon einige Werke erschienen, so 1597 »Essays«, 1605 »The Advancement of Learning«, 1609 »De Sapientia Veterum«, wurde BACON eigentlich erst wirksam durch das nach seinem Tode unvollendet erschienene Buch »Nova Atlantis«. Durch dieses Werk lieferte Bacon die Erkenntnisgrundlage für den naturwissenschaftlichen Empirismus und die damit verbundene induktive Methode.

Einige seiner Grundthesen lauten:

»Der Mensch, als Diener und Erklärer der Natur, wirkt und weiß nur so viel, als er von der Ordnung der Natur durch die Sache oder seinen Geist beobachtet hat; mehr weiß und vermag er nicht.«

»Die Feinheit der Natur übersteigt vielfach die Feinheit der Sinne und des Verstandes. Jene schönen Erwägungen, Spekulationen und Begründungen der Menschen sind nichts als ungesundes Zeug; aber niemand ist da, der es bemerkt.«

»Zwei Wege zur Erforschung und Entdeckung der Wahrheit sind möglich. Auf dem einen fliegt man von den Sinnen und dem Einzelnen gleich zu den allgemeinsten Sätzen hinauf und bildet und ermittelt aus diesen obersten Sätzen, als der unerschütterlichen Wahrheit, die mittleren Sätze. Dieser Weg ist jetzt in Gebrauch.« (Bacon meint hier die deduktive Methode.) *»Der zweite zieht aus dem Sinnlichen und Einzelnen Sätze, steigt stetig und allmählich in die Höhe und gelangt erst zuletzt zu den Allgemeinsten. Dies ist der wahre, aber unbetretene Weg.«*

Mit den letzten Sätzen hat BACON den ausschließlich von sinnlicher Erfahrung ausgehenden Weg geschildert. Alle Forschung, insbesondere die an der Natur, hat nach ihm von dem einzelnen sichtbaren Dinge ihren Ausgang zu nehmen. Denn *»das bei weitem beste Beweismittel ist die Erfahrung, wenn sie bei dem Versuche selbst stehenbleibt. Denn wird sie auf anderes ausgedehnt, was für ähnlich gehalten wird, so wird sie ein trügerisches Ding, sobald diese Ausdehnung nicht richtig und ordentlich geschieht. Die jetzt gebräuchliche Art der Erfahrung ist blind und töricht.«*

Nach BACON kann man bei Versuchen nicht gründlich genug zu Werke gehen und vor allem erst durch eine Vielzahl von Experimenten die Erfahrung so verdichten, daß dadurch allmählich auf diesem Wege der Induktion die gültige Wahrheit sich herauskristallisiert. Er fügt hinzu: »*Auf diese Art von Induktion kann man große Hoffnung setzen.*«

Wenn auch ein wenig vereinfacht, darf man doch sagen: Der erhebliche Beitrag, der durch britische Naturforscher für die Entstehung des modernen Weltbildes geleistet wurde, beruht auf dem Bemühen, im Sinne des Empirismus und der Induktionsmethode, wie sie BACON von VERULAM gefordert hat, die Naturwissenschaft zu handhaben. HARVEY, NEWTON und BOYLE, FARADAY und MAXWELL, ja selbst CHARLES DARWIN suchten auf den Spuren Bacons sich als konsequente Erfahrungswissenschaftler zu betätigen.

Daß ihnen dies nicht immer gelang, liegt an der Unklarheit, die sich mit dem Empirismus-Begriff von BACON von Anfang an verbunden hat. Denn wenn Bacon nichts als »Erfahrung« gelten lassen will, so meinte er die Erfahrung nur durch die Sinne, welche dann sekundär im Verstandesbereich in begrifflicher Form ihren Niederschlag findet. Daß es auch rein seelische und geistige Erfahrungen gibt, bleibt außerhalb des Denkbereiches Bacons. So kommt es, daß FRANCIS BACON von VERULAM ungewollt, ja wider Willen ganz wesentliche Stützen für den sich wie unter der Haut der entstehenden Zivilisation entwickelnden Materialismus lieferte.

So energisch er die Naturkunde des ARISTOTELES und die Gedankengebäude der Scholastiker bekämpft hat, so kennen wir doch keine Angriffe von ihm gegen die Gottheit des Alten – und gegen das Christentum des Neuen Testamentes. Substantiell christliche Äußerungen BACONS sind allerdings gleichfalls unbekannt. Statt dessen ist seine naive Gottgläubigkeit genügend bezeugt. In Bacon tritt der Typus desjenigen Naturwissenschaftlers deutlich in Erscheinung, der aus Pietät und Tradition äußerlich am Christentum festhält, in

Wahrheit aber mit dem Zwiespalt eines Glaubens an einen Gott, der aller Welt zugrunde liegt, und einem mechanistischen Weltbild lebt, wobei er sich über das Zwiespältige seiner Anschauung immer wieder selbst zu täuschen sucht. – Man wird nicht übertreiben, wenn man für das 17. bis 19. Jahrhundert annimmt, daß bei weitem die Mehrzahl der führenden Naturwissenschaftler in diesem Dualismus lebten.

Eine besondere Aufhellung dieses für die Entwicklung des geistigen Abendlandes so entscheidenden Problems hat RUDOLF STEINER gegeben. Er, der gleichfalls Erfahrung für die Ausgangssituation aller Forschung verlangte, gab der seelischen wie geistigen Wahrnehmung – auch unabhängig von den physischen Sinnen – den ihr gebührenden Ort im Erkenntnisfelde wieder zurück. Er durchbrach, wahrnehmend und denkend zugleich, die dem Menschen von heute *zunächst* gesetzten Schranken. Aus der geistigen Anschauung, welche vor dem spekulativen Element ebenso geschützt sein muß wie nach BACON die physische Forschung, vermochte er dem seelisch-geistigen Menschen nach dem Tode und bis zu einer neuen Geburt rein geistig zu folgen und teilte seine Wahrnehmungen und Beobachtungen seinen Schülern und Hörern mit. Unter den Individualitäten, deren frühere Erdenleben er so verfolgen konnte, waren auch BACON und DARWIN.

Mag es auch heute noch, also mehr als ein halbes Jahrhundert später, für manchen Zeitgenossen äußerst aufregend sein, die »Enthüllungen«, welche Rudolf Steiner im Laufe seines letzten Lebensjahres (1924) über individuelle Menschenschicksale unter Durchbrechung der Schranken von Geburt und Tod gab, zur Kenntnis zu nehmen, – selbst als »hypothetische« Mitteilungen vermögen sie unserer Meinung nach wirklich aufklärend zu wirken.

Ausführlich schildert RUDOLF STEINER, wie sich sowohl in

Bacon von Verulam wie in Charles Darwin zwei repräsentative Persönlichkeiten des Arabertums aus den Glanzzei-
ten des sich ausbreitenden Mohammedanismus später im 16.
(Bacon) und im 19. Jahrhundert (Darwin) im Westen Europas wieder verkörperten. Selbstverständlich wußten sie beide
von diesen Zusammenhängen nichts. Aber wer versucht hat,
das wesentliche des religiösen und philosophischen Islams zu
erfassen, kennt auch die unterschiedliche Substanz zu der des
Christentums. Man habe den Mut, den englischen Empirismus von Bacon und die Lehren Darwins einmal unter dieser
Perspektive zu sehen: Es war der Einbruch von – zwar völlig
unbewußten – erneuerten arabischen Impulsen in das Geistesleben des Abendlandes. Man beginnt hier zu ahnen,
warum Goethe einen Newton so überaus scharf, zuweilen
sogar ungerecht bekämpfte, warum Geister wie Hegel,
Schelling und Fichte, die deutschen Idealisten und Romantiker sich gegen die von England und Frankreich aus
vordringende »ungeistige« Naturwissenschaft mit allen Kräften wehrten.

Isaac Newton

Ein Jahr nach dem Tode Galileo Galileis wurde Isaac
Newton (1643–1727)[41] geboren. Er war es, der auf der
Grundlage der von Galilei und auch von dem Holländer
Christian Huygens (1629–1695) gefundenen Gesetze die
Gravitationslehre abrundete. Durch seine Axiome fand die
wissenschaftliche Mechanik für die Bewegungen des Plane-
tensystems eine von allem Geist losgelöste »Erklärung«.

NEWTONS Lebensdaten sind schnell aufgezählt: 1661 wird er Student in Cambridge, 1669 Professor für Mathematik an der gleichen Universität, 1696 erfolgt eine Berufung an die Königliche Münzanstalt nach London, und 1699 wird er Münzmeister und Vorstand. 1703 wählte ihn die Royal Society of London zu ihrem Präsidenten. Von allen Seiten hoch verehrt und angesehen, stirbt er im 85. Lebensjahr. Seine Beisetzung erfolgte in der Westminster Abtei. Bis heute gilt er »als der größte englische Naturforscher aller Zeiten«.

Seine Bedeutung für die allgemeine Naturwissenschaft und für die klassische Physik steht außer jedem Zweifel. Ebenso deutlich muß aber auch erkannt werden, daß er den entscheidenden Beitrag zur Entstehung des Materialismus gegeben hat. Nur wenn das gesehen wird, wird auch der erbitterte Kampf, den GOETHE lebenslang gegen NEWTON kämpfte, verständlich. Im Kapitel »Goethe« werden wir ausführlich darauf einzugehen haben.

An dieser Stelle sei nur auf das Folgende hingewiesen. NEWTON gab einen entscheidenden Beitrag, so sagten wir, zur Entstehung des Materialismus. Er selbst aber würde sich sicherlich nicht als »Materialisten« bezeichnet haben, so wenig wie dies GALILEI oder HUYGENS getan hätten.

So hat ISAAC NEWTON im späteren Alter einen Kommentar zum letzten Buche der Bibel, der Offenbarung des Johannes, herausgegeben. Diese Tatsache ist im allgemeinen unbekannt, sie besagt aber, da das Buch durchaus im positiv-christlichen Sinne geschrieben ist, daß sich Isaac Newton selbst für einen gottgläubigen Christen hielt und es in seiner Art auch war. Diese Seite Newtons blieb von der übrigen Menschheit unbeachtet und unwirksam. Wir meinen, mit Recht. Denn der Kommentar Newtons ist, soweit wir sehen, höchst unbedeutend. Auf theologischem Felde hatte Newton eben nichts wesentliches zu sagen. Auch GALILEI und HUYGENS bekannten sich voll zum Christentum der Tradition. Wirksam aber wurde von allen drei Persönlichkeiten, was sie völlig abgesondert von ihrem »Glauben« als Physiker, als Erforscher der Materie der Welt vermittelt haben. Das aber gab die Voraussetzung für die Entwicklung des naturwissenschaftlichen und weltanschaulichen Materialismus. Bestimmt würden Galilei, Huygens und Newton, wenn sie diese Folgen ihrer Lebenswerke vorausgeschaut hätten, gesagt haben: *»Das haben wir nicht gewollt.«*

James Watt

Ein klassisches Beispiel für diesen tragischen Ablauf des naturwissenschaftlichen Zeitalters liefert Leben und Werk des englischen Entdeckers JAMES WATT (1736–1819). Ihm, dem Erfinder der Dampfmaschine, hat sein Volk neben Standbildern in Glasgow und Birmingham eine Kolossalstatue aus karrarischem Marmor in der Westminster Abtei, dem englischen Pantheon zu London, errichtet. Die Inschrift zu Füßen dieses Denkmals lautet:

»Nicht um einen Namen zu verewigen, der fortleben wird, solange die friedlichen Künste blühen, wohl aber um zu zeigen, daß das Menschengeschlecht die zu ehren gelernt hat, welche am meisten seine Dankbarkeit verdienen, haben der König, seine Minister und viele von Adel und den Gemeinen (commoneres of the realm) des Reiches dies Denkmal dem

errichtet, welcher die Kraft seines originalen Genius, der sich früh in philosophischen Forschungen übte, auf Verbesserung der Dampfmaschine leitete, des Menschen Macht vergrößerte und zu einem der höchsten Plätze unter den Wissenschaftsmännern und wahren Wohltätern der Welt sich aufschwang.«

Dieser Dank des englischen Volkes an JAMES WATT, dem zu Ehren auch international die physikalische Leistungseinheit »ein Watt« benannt wurde, ist voll verständlich. Welche Annehmlichkeiten wurden durch die Dampfmaschine der Menschheit bereitet, wieviel körperliches Tun erleichtert. Man denke nur an die Dampflokomotiven der Eisenbahn und an die ungezählten Antriebsmaschinen der Industrie. Man versteht, wenn in diesem Zusammenhang oftmals begeistert vom »Segen der Technik« gesprochen und James Watt als Wohltäter der Menschheit verehrt wurde.

Und dennoch! Wie bald wurde die Kehrseite dieses »Segens« deutlich! Die gleiche Großstadt, in der das Standbild zu Ehren von JAMES WATT steht, kennt einen tödlichen Feind: den berüchtigten Smog Londons. Es wirkt wie eine Ironie des Schicksals, daß die Dunstglocke über London zugleich das Dankesdenkmal für JAMES WATT birgt, der einen nicht wesentlichen Beitrag zur Verpestung der Erdluft-Atmosphäre gegeben hat. Ein besonders greifbares und anschauliches Beispiel für den tragischen Prozeß, daß aus einem Segen sich ein Fluch für die Menschheit entwickeln kann.

GOETHE hat diese Erfahrung dem Mephistotels in den Mund gelegt:

> *»Vernunft wird Unsinn,*
> *Wohltat Plage.*
> *Weh dir, daß du ein Enkel bist.«*

Der Einfluß Schwedens

An der Entstehung der modernen Naturwissenschaft sind mehr oder weniger alle Nationen Europas beteiligt. In erster Linie wird man an Italien, Deutschland, Frankreich, Holland und England denken, in Wahrheit aber gaben auch Rußland und Polen, ebenso die Schweiz, die Tschechei und Österreich wertvolle Beiträge. Vor allem aber war Skandinavien beteiligt. Wir brauchen nur Namen zu nennen wie die Dänen Tycho de Brahe (1546–1601), Hans Christian Ørstedt (1777–1851), Niels Bohr (1885–1962) –

die Norweger Henrik Steffens (1773–1845), Fritjof Nansen (1861–1930), Roald Amundsen (1872–1928) –

und besonders die Schweden Emanuel von Swedenborg (1688–1772), Carl von Linné (1707–1778), Jöns Jakob von Berzelius (1779–1848), Svante Arrhenius (1859–1927) und Sven Hedin (1865–1952).

Sie und manche andere Forscher und Entdecker aus dem Norden haben ihre Leistungen als Beiträge zur Schaffung der modernen Naturwissenschaft und des Weltbildes unserer Zeit erbracht. Aus bestimmten Gründen seien Leben und Werk von Swedenborg und Linné besonders in unserem Zusammenhang aufgenommen.

Emanuel Swedenborg

Die drei großen Schweden des 18. Jahrhunderts, KARL XII.
(1682–1718), EMANUEL SWEDENBORG (1688–1772) und CARL
VON LINNÉ (1707–1778) lebten mehr oder weniger gleichzeitig. Doch war Linné 11 Jahre alt, als König Karl starb. So kam
es zu keiner Begegnung zwischen den beiden. Erstaunlich
aber ist, daß sich auch die Wege Swedenborgs und Linnés nie
unmittelbar berührten. Die Gründe dafür kann man nur vermuten. Swedenborg war 19 Jahre älter als Linné. Als dieser
nach drei Studienjahren in Holland sich 1738 als junger Arzt
(31) in Stockholm eine Praxis gründete, befand sich Swedenborg auf seiner dreijährigen Italienreise (1736–39). Nur im
Jahre 1740 waren sie gleichzeitig in der schwedischen Hauptstadt. Schon am 5. Mai 1741 wurde Linné auf den Lehrstuhl
für theoretische und praktische Medizin nach Uppsala berufen. Dieser äußeren Entfernung hat auch die geistige Gegensätzlichkeit beider Männer entsprochen. LINNÉ stand zu diesem Zeitpunkt am Anfang seiner wissenschaftlichen Karriere,
die ihn zu dem Begründer pflanzlicher Systematik werden
ließ. SWEDENBORG[42] war im Begriff, seine erfolgreiche Laufbahn als praktizierender Bergwerkassessor und naturwissenschaftliches Universalgenie zu beenden und seiner religiösen
Berufung zu folgen. Falls es bis dahin irgendwelche Brücken
zwischen den beiden großen Schweden gegeben haben sollte,
zu diesem Zeitpunkt waren sie bestimmt abgebrochen.

Um so bedeutsamer wurde für SWEDENBORG die Begegnung mit König KARL. Im gleichen Jahre, in dem der junge
Swedenborg (21) seine Studien in Uppsala abschloß, um sich
im nächsten Frühling auf seine vierjährige Reise nach England, Holland und Frankreich zu begeben, erlitt der geniale

Abenteurer auf dem schwedischen Thron nach anfänglichen großen Erfolgen im »Nordischen Kriege« am 8. Juli 1709 bei Poltawa in der Ukraine eine vollständige Niederlage durch das Russenheer. Mit äußerster Mühe rettete sich der selbst verwundete KARL XII. mit dem letzten Rest seiner einst in aller Welt gefürchteten Armee in Stärke von kaum 500 Mann nach Bender in der Türkei. Dort blieb er fünf Jahre in der Verbannung, bis er durch den berühmt gewordenen Parforceritt quer durch Europa am 25. November 1714 die damals der schwedischen Oberhoheit unterstehende Stadt Stralsund erreichte.

Fast gleichzeitig mit ihm kehrte SWEDENBORG in seine Heimat zurück. Der letzte Brief vom Festland trägt das Datum: 8. September 1714 – geschrieben zu Rostock.

Bis zum Tode KARLS XII. im Jahre 1718 blieben also nur noch vier kurze Jahre, in denen das Leben SWEDENBORGS weitgehend im Zeichen seines Königs stand.

Der soeben genannte Brief aus Rostock charakterisiert besser als alles andere die Seelenverfassung, in der sich der zurückkehrende Swedenborg befand. Eine Euphorie des technischen Könnens hatte ihn ergriffen. Er steckte voller hochtrabender Pläne – erschreckend verwandt den politischen Phantasien seines Königs –, die er mit übersteigertem Selbstbewußtsein vortrug.

Hier ein Auszug aus dem Brief, den er an seinen Schwager ERIC BENZELIUS gerichtet hat:

Rostock, 8. September 1714

»Ich bin sehr erfreut, jetzt an einem Orte zu leben, wo ich Zeit und Muße habe, alle meine bis jetzt ungeordneten und auf Papierblätter verstreuten Gedanken und Werke zu sammeln. Ich habe mir das immer gewünscht. Nunmehr stelle ich alles zusammen und dürfte damit bald fertig sein. Meinem

Vater versprach ich, eine akademische These zu veröffentlichen. Ich werde dazu eine meiner mechanischen Erfindungen wählen. Ferner habe ich folgendes aufs Papier gebracht:

1. Plan eines Schiffes, das mit seiner Bemannung beliebig
   unter den Meeresspiegel gehen und der feindlichen Flotte
   großen Schaden zufügen kann.

2. Neuen Plan für einen Heber, durch welchen größere
   Quantitäten Wassers in kurzer Zeit aus einem Flusse in
   höhere Lagen emporgehoben werden können.

3. Plan zum Emporheben von Gewichten mittels Wassers
   und durch dessen Heber (leichter denn durch Mechanik!).

4. Plan zum Verstellen von Schleusen an stillem Wasser.
   Beladene Schiffe können dadurch innerhalb 1 – 2 Stunden
   beliebig hoch emporgehoben werden.

5. Eine durch Feuer getriebene Wasserauswurfmaschine.
   Plan, diese an Hammerwerken mit stillem Wasser aufzu-
   stellen. Feuer und Kämme würden den Rädern genügend
   Wasser liefern.

6. Eine Zugbrücke, welche innerhalb der Tore und Mauern
   geöffnet und geschlossen werden kann.

7. Neue Maschinen, die durch Wasser Luft zusammenpres-
   sen und auspumpen. Eine neue Pumpe, welche ohne Heber durch Wasser und Quecksilber leichter arbeitet als die
   bisherigen. Noch andre neue Pläne für Pumpen.

8. Eine neue Luftflintenkonstruktion. Vermittelst eines einzigen Hebers können tausende in einem Augenblicke los-
   gefeuert werden.

9. Ein neues Musikinstrument, das selbst jeder der Musik
   völlig Unkundige, sofort nach Noten spielen kann und
   zwar alles.

10. Sciagraphia universalis. Die Kunst des Schattenzeichnens

oder eine mechanische Methode, beliebige Stiche durch Feuer auf einer Platte wiederzugeben.

11. *Eine Wasseruhr. Das Wasser versieht den Dienst eines Zeigers, stellt alle Himmelskörper dar und bewirkt noch andres Merkwürdiges.*

12. *Einen mechanischen Wagen mit allerhand Gangwerken, die durch den Tritt der Pferde in Bewegung gesetzt werden. Ferner einen fliegenden Wagen, durch welchen man sich in der Luft schwebend erhalten und durch dieselbe getragen werden kann.*

13. *Eine Methode, die Wünsche und Neigungen des Gemüts durch Analyse zu erkennen.*

14. *Neue Methoden zur Verfertigung von Seilen und Spring-federn.*

Das sind also meine mechanischen Erfindungen. Ich habe sie jetzt fast sämtlich geordnet und zur gelegentlichen Veröffentlichung fertig gemacht. Jeder ist eine algebraische und numerische Berechnung beigefügt, die alle ihre Verhältnisse, Bewegung, Zeiten und Eigenschaften enthält. Was ich von Analyse und Astronomie besitze, erfordert jedes seinen eignen Platz und seine eigne Zeit. Es ist mein heißester Wunsch, das alles Dir, mein geliebter Freund und Bruder, und Professor ELFRIUS *vorzulegen.«* [43]

Man sieht, der Heimkehrer ist besessen von technischen Projekten: Vom Unterseeboot bis zum Flugzeug sind es die Wunschprogramme der Neuzeit, die sich – im wesentlichen ohne Swedenborgs Zutun – im Laufe der beiden auf ihn folgenden Jahrhunderte mehr oder weniger auch verwirklicht haben.

So verblüffend das technische Programm SWEDENBORGS auf den ersten Blick wirkt, einmalig ist es in dieser Beziehung nicht. Am bekanntesten sind wohl die genialen Zukunftspläne von LEONARDO DA VINCIS, der ähnliche Konstruktionen programmierte. Auch Leonardo plante unter anderem Wasserhebewerke, gewaltige Armbruste als Kanoniermaschinen und Tauchapparate. Über letztere wollte er nicht mehr als eine oberflächliche Andeutung veröffentlichen *»wegen der bösen Natur der Menschen, welche Art sie zu Ermordungen auf dem Grund des Meeres anwenden würden, indem sie den Boden der Schiffe aufbrächen und selbige mitsamt den Menschen versenkten . . .«*

Exakter konnte keine »Phantasie« die Brutalität des U-Bootkrieges in beiden Weltkriegen vorausschauen, als es hier durch LEONARDO geschieht. Zu beachten ist, daß Leonardo da Vinci (1452–1519) mehr als zwei Jahrhunderte vor SWEDENBORG lebte. Dieser kam aus der englischen Atmosphäre, die durch NEWTON, HUYGENS und GALILEI geschaffen war. Auch lebte der französische Physiker DENIS PAPIN (1647–1712) gleichzeitig mit SWEDENBORG in London. PAPIN war der Erfinder des ersten durch Dampf angetriebenen Schiffes, das er – seinerzeit Professor in Marburg – erstmalig von Kassel nach Hannoversch Münden auf der Fulda fahren ließ.

So gab es manche Mathematiker und Physiker, die sich Anfang des 18. Jahrhunderts mit ähnlichen Projekten wie Swedenborg beschäftigten – allen voran der Universalgelehrte GOTTFRIED WILHELM VON LEIBNIZ (1646–1716), der damals gerade seinen Prioritätsstreit über die Integral- und Infinitesimalrechnung mit NEWTON austrug.

Wie sehr SWEDENBORG zu dieser Zeit sich das mathematisch mechanisierte Denken, das unter Newtons Führung in England florierte, zu eigen gemacht hatte, geht aus dem 13. Programmpunkt seines Briefes hervor: *»Eine Methode, die Wünsche und Neigungen des Gemüts durch Analyse zu erkennen.«* Eingekeilt zwischen dem Plan einer Flugmaschine und der Verfestigungsmethode von Seilen und Springfedern erscheint hier – in der Geschichte wohl absolut erstmalig – die Idee einer Seelen-Analyse, der *Psychoanalyse*, unter der Zusammenfassung: *»Das sind also meine mechanischen Erfindungen.«* Kein Zweifel, daß wir es hier mit einer ausgesprochen *materialistischen* Komponente im Denkgebäude Swedenborgs zu tun haben.

Dies alles macht verständlich, daß Swedenborg weder in seinem Selbstbewußtsein noch in den Augen seiner Landsleute als reiner Hochstapler erschien, wenn er mit einem solchen Programm in der Tasche zurückkehrte. Er projektierte, was sozusagen geistig in der Luft lag. Kein Wunder, daß der ehrgeizige König diese sich anbietende Intelligenzkraft seines Untertans später für sich zu sichern suchte.

Von Rostock ging SWEDENBORG nach Greifswald, wo er, wie er selbst schreibt, *»geraume Zeit verweilte. Während meines Aufenthaltes daselbst kam KARL XII. von Bender nach Stralsund.«*

Die Wogen des schwedischen Nationalgefühls schlugen hoch. Hatte Swedenborg schon während seines Aufenthaltes in der Fremde das Schicksal seines Königs mit herzlicher Anteilnahme verfolgt, so wurde er jetzt von dem allgemeinen Jubel seiner Landsleute ergriffen. Er verfaßte ein Huldigungsgedicht in lateinischer Sprache: »Festlicher Applaus zur Ankunft Karls XII., unseres Monarchen, in Pommern am 22. November 1714.« In Greifswald ließ er es drucken und überreichte es dem König in Stralsund.

Swedenborg kehrte 1714 nach Schweden zurück, Weihnachten 1715 folgte Karl der XII. nach fünfzehnjähriger Abwesenheit.

Zunächst ist Swedenborg zwei Jahre Assistent des bedeutenden Physikers POLHEM (Polhammer), 1716 ernennt ihn der König zum Bergwerksassessor am Königlichen Berg-werkkollegium zu Stockholm.

Im Jahre 1718 führt das Schicksal die beiden Männer noch einmal zusammen. Karl XII. führte Krieg mit Norwegen. Es ging um die Belagerung und Eroberung der Grenzstadt Fre-derikshall. Gleichsam als technischer Ingenieur wird Swe-denborg von seinem König um Hilfe gebeten. Nach seinen Ratschlägen gelingt es, zwei Galeeren, fünf große Boote und eine Schaluppe auf dem Landwege von Strömstad aus zum Idefjord zu befördern. Doch den König trifft auf dem Belage-rungswall eine Kugel; ob aus Feindeshand oder aus einem Hinterhalt der eigenen Reihen, blieb ungeklärt. Das Leben dieses Abenteuer suchenden Königs ist beendet. Die Liebe seines Volkes blieb ihm über den Tod hinaus trotz aller Verluste an Gut und Menschenleben, die Schweden durch den Expansionsdrang seines Königs erlitten hatte.

Obwohl Swedenborg nur sechs Jahre jünger war als Karl XII., überlebte er ihn um 54 Jahre.

Schon ein Jahr nach dem Tode des Königs erhebt dessen Nachfolgerin, die Königin Ulrike, Swedenborg in den Adelsstand. Bis zu diesem Zeitpunkt trug er den Namen seines Vaters: Swedberg, von nun ab hieß er: Emanuel von Swedenborg.

Schon bei seinem ersten Besuch Englands hatte er Newton kennengelernt, auch Halley und Flansstead. Der Geist des auf der britischen Insel damals in Reinkultur wirksamen phy-sikalischen Empirismus und Materialismus hatte sich stark auf die Forschungsmethode Swedenborgs übertragen. Seine Tätigkeit als Bergwerksassessor und Ingenieur hatte weiter-hin sein Denken und Handeln in der Richtung des Mechani-schen verstärkt. Trotzdem geht durch seine naturwissen-schaftlichen Werke, die vielseitige Anerkennung in ganz Eu-

86

ropa fanden, ein Zug von Religiosität, der aus dem Bedürfnis stammte, das Ganze der Gottheit in den Teilen der Natur wiederzufinden.

Wir nennen nur das dreibändige, zu Leipzig und Dresden 1734 erschienene Werk: »Emanuelis Swedenborgii opera philosophica et mineralia« und die »Oeconomia regni animalis, in transactiones divisa« – drei Bände, in Amsterdam nacheinander erschienen in den Jahren 1740, 1741, 1747.

Nimmt man alle Manuskripte hinzu, also auch solche von Arbeiten, die nicht mehr zu Lebzeiten Swedenborgs gedruckt wurden, so ist es ein umfassendes naturwissenschaftliches Werk, das die Genialität und Vielseitigkeit seines Verfassers spiegelt.

Stets ist SWEDENBORG bestrebt zu zeigen, daß bei allem Bemühen, die mechanischen Zusammenhänge aufzuhellen, eine »vis formativa«, eine gestaltende Lebenskraft vorausgesetzt werden muß. Für die Naturphilosophie Swedenborgs ist es dann nur ein weiterer, notwendiger Schritt, das Weltall als Ganzes nicht nur von Gott geschaffen, sondern auch weiter in ihm ruhend und geborgen zu denken. Insofern kann man schon in dem naturwissenschaftlichen Werk Swedenborgs die Keime zu seiner visionären Theologie finden.

Entscheidend aber für seinen geistigen Umbruch, durch den er vorübergehend das geistige Europa und später Amerika in staunende Bewegung versetzte, war seine Hellsichtigkeit. Von GOETHE, KANT und LAVATER bis CARLYLE und EMERSON, sie alle mußten sich mit dem Visionär SWEDENBORG gründlich auseinandersetzen. Es war geradezu eine Schockwirkung, die von dem »Geisterseher des Nordens« ausging. Stand das Jahrhundert doch im Zeichen der Aufklärung, sah sich der suchende Geist immer mehr vom Jenseits auf das Diesseits verwiesen, so trat jetzt Swedenborg auf und sprach von Geistern und von den Seelen abgeschiedener Menschen so nüchtern und selbstverständlich, wie es sonst nur im Bereich des Diesseits üblich ist.

Was war geschehen? In aller Kürze sei versucht, Sweden-borgs innere Erfahrungen zu schildern, die zu seiner »Erleuchtung« führten.

Die erste Vision wurde ihm Ostern 1744 zuteil. Er selbst befand sich damals in einer religiösen Krise. Hatte er früher betont, daß der Mensch infolge der ihm eigenen Willensfreiheit die Initiative ergreifen kann, um das Erlebnis der göttlichen Gnade zu erfahren, so wird ihm jetzt deutlich, *»daß wir selbst nicht das geringste dazu tun können . . .«,* eigener Wille und Verstand müssen totaliter ausgelöscht werden, um Gottes Gnade zu erlangen.

Da diese Überlegungen den ganzen Menschen Swedenborg ergriffen hatten, so übertrugen sich auch die Auswirkungen in sein Schlafleben. In Träumen, genauer in einer Sphäre zwischen Traum und Wachbewußtsein machten sie sich geltend. So kam die Osternacht. Er selbst berichtet:

»Um 10 Uhr ging ich zu Bett und fühlte mich etwas besser. Eine halbe Stunde darauf hörte ich einen Lärm unter meinem Kopfe. Ich glaubte, daß da der Versucher entwich. Alsogleich überkam mich ein Schauer, der vom Haupte ausging und über den ganzen Körper lief. Das wiederholte sich mehrere Male mit einigem Geräusch. – Ich merkte, daß etwas Heiliges über mir war. Darauf schlief ich ein, und ungefähr um 12, 1 oder 2 Uhr nachts überkam mich ein so starker Schauer vom Kopf bis zu den Füßen mit einem Donnergetöse, als entlüden sich viele Gewitter. Ich wurde auf unbeschreibliche Weise hin- und hergeschüttelt und auf mein Angesicht geworfen. In dem Augenblicke, als ich auf mein Angesicht geworfen wurde, war ich ganz wach und sah, daß ich hingeworfen wurde. Wunder-

te mich und überlegte, was es wohl zu bedeuten hätte. Ich sprach, als sei ich wach, merkte aber doch, daß mir die Worte in den Mund gelegt wurden: O, allmächtiger Jesus Christus, daß du es aus so großer Gnade für wert hältst, zu einem so großen Sünder zu kommen, mache mich der Gnade würdig. Ich faltete meine Hände und betete, da fühlte ich eine Hand, die meine Hand fest drückte. Gleich darauf fuhr ich in meinem Gebete fort und sagte: Du hast gelobt, alle Sünder in Gnaden aufzunehmen, du kannst nicht anders als deine Worte halten. Im selben Augenblicke saß ich in seinem Schoß und sah ihn von Angesicht zu Angesicht. Es war ein Angesicht mit so heiligen Zügen, daß es ganz unbeschreiblich war. Es lächelte und ich glaube, daß sein Antlitz zu seinen Lebzeiten auch so gewesen ist. Er sprach zu mir und fragte, ob ich einen Gesundheitspaß habe. Ich antwortete, Herr, das weißt du besser als ich. Nun, so tue es, sagte er. Dies sollte, wie ich nachher merkte, bedeuten: Liebe mich wirklich, oder tue was du versprochen. Gott gebe mir Gnade dazu. Ich fühlte, daß es nicht in meiner Macht lag und erwachte mit Schauern.« [44]

Swedenborg war von diesen Erlebnissen tief beeindruckt. Es verstärkte sich in ihm die Gewißheit, daß er nicht einen subjektiven Traum, sondern eine objektive Vision erlebt hatte. Ihm war evident, daß es der auferstandene Jesus Christus selbst war, der ihn von Angesicht zu Angesicht getröstet hatte.

Ein Jahr verging. Im Mai 1744 war Swedenborg erneut nach England gefahren. Überraschend für ihn selbst widerfährt ihm Mitte April 1745 das Folgende:

»Ich war in London und speiste etwas spät zu mittag in einem Keller, wo ich zu speisen pflegte, und hatte dort mein eigenes Zimmer, wo ich mich an Gedanken über vorhin erwähnte Fragen ergötzte. Ich war hungrig und aß mit gutem

Appetit. Gegen Ende der Mahlzeit merkte ich etwas Trübes vor meinen Augen, es dunkelte, und ich sah den Fußboden mit den scheußlichsten kriechenden Tieren bedeckt, wie Schlangen, Kröten und ähnlichen Geschöpfen. Ich wunderte mich, denn ich war völlig bei Besinnung und klarem Bewußtsein. Zuletzt nahm die Dunkelheit überhand, zerteilte sich plötzlich und ich sah in der Ecke des Zimmers einen Mann sitzen. Da ich ganz allein war, erschrak ich bei seiner Rede, als er sagte: Iß nicht so viel. Es wurde mir wieder schwarz vor Augen, erhellte sich aber ebenso schnell wieder, und ich sah mich allein im Zimmer.

Ein so unerwarteter Schrecken beschleunigte meinen Heimgang. Ich ließ dem Hauswirt nichts merken, bedachte aber genau alles was geschehen und konnte es nicht für einen Zufall halten oder glauben, es sei von physischen Ursachen hervorgerufen.

Ich ging nach Hause, aber in der Nacht offenbarte sich derselbe Mann und jetzt war ich nicht erschrocken. Er sagte, er sei Gott der Herr, der Welt Schöpfer und Erlöser, er habe mich ausersehen, den Menschen den geistigen Inhalt der Heiligen Schrift auszulegen und würde mir selber erklären, was ich über diesen Gegenstand schreiben sollte. Mir wurde in derselben Nacht zu meiner Überzeugung die Geisterwelt, die Hölle und der Himmel geöffnet, wo ich viele Bekannte desselben Standes wiedererkannte: Von dem Tage an entsagte ich aller weltlichen Gelehrsamkeit und arbeitete in geistigen Dingen, wie mir der Herr befahl zu schreiben. Seitdem öffnete mir der Herr recht oft meine leiblichen Augen, so daß ich mitten am Tage in das andere Leben hineinsehen und im wachen Zustande mit Engeln und Geistern reden konnte.«[45]

Wir bringen diese Aussagen SWEDENBORGS ungekürzt, weil sie für sein visionäres Erlebnis typisch sind. Zweifellos

hatte Swedenborg ein gewisses Hellsehen. Für den Unbetei-
ligten ist es ungewöhnlich schwer, die subjektiven und objektiven Elemente in der ›clairvoyance‹ Swedenborgs zu trennen.
Manches was er schildert, fordert einfache Traumdeutung
heraus. So bei dem obigen Visionserlebnis die Schlangen, die
er am Boden sieht. In der Regel gilt: Wer von Schlangen
träumt, hat es mit der Wahrnehmung seines eigenen Gedärms
zu tun. Wir möchten auch im Falle Swedenborgs annehmen,
daß sich seine Därme in der »Vision« bildhaft meldeten, so
daß sie – vielleicht durch einen krankhaften Zustand – an der
eintretenden »Hellsichtigkeit« nicht unbeteiligt sind. Nicht
umsonst wird ihm gesagt, daß er mit dem zu reichlichen Essen
Schluß machen soll: »Iß nicht so viel!«

Auf der anderen Seite greift Swedenborg bei Erzählung
und Interpretation seiner Visionen zumeist in geistige Hö-
hen, die kaum so – wie er es meint wahrzunehmen –, volle
Wirklichkeit, abgelöst von seinem eigenen Seelenleben, haben können. Nicht ein Bote Gottes erschien ihm im Londoner Speisekeller, sondern »*Gott der Herr, der Welt Schöpfer
und Erlöser*« selbst, theologisch gesprochen: Vater und Sohn
in einer Gestalt.

Doch prüfen wir weiter die visionären Erfahrungen, durch
welche Swedenborg Weltruf erlangte.

Am bekanntesten wurde wohl die folgende Begebenheit:
Ende September 1756 befand sich SWEDENBORG bei einem
Herrn WILLIAM CASTEL zu Gothenburg (heute Göteborg) in
einer Gesellschaft von fünfzehn Personen. Gegen sechs Uhr
abends hatte SWEDENBORG das gemeinsame Zimmer verlassen, kam aber bald darauf »entfärbt und bestürzt« wieder
zurück. Stockholm brenne, so sagte er, »*im Stadtteil Süder-
malm*« und das Feuer greife sehr um sich. »*Er sagte, daß das
Haus eines seiner Freunde, den er nannte, schon in Asche läge*

und sein eigenes Haus in Gefahr sei. Um acht Uhr, nachdem er wieder herausgegangen war, sagte er freudig: Gottlob, der Brand ist gelöscht, die dritte Tür vor meinem Hause!« [46]

Am nächsten Tage wurde SWEDENBORG zum Provinz-Gouverneur gerufen und beschrieb genau, wie der Brand entstanden sei und wie er gelöscht wurde, alles mit genauen Zeitangaben. Am Tage darauf – es gab weder Telefon noch Eisenbahn – kam eine »Estafette«, die von der Kaufmannschaft Stockholms abgeschickt worden war, mit Briefen, in denen der Brand genau geschildert wurde. Ebenso traf einen weiteren Tag darauf ein königlicher Kurier mit Briefen von Stockholm in Gothenburg ein. Alle Berichte bestätigten bis in die Einzelheiten hinein, was Swedenborg geschaut und weitergegeben hatte.

An der Wahrheit dieser Begebenheit ist nicht zu zweifeln. Man versteht, daß der abstrakte Denker KANT tief beunruhigt wurde, als er von diesem Ereignis erfuhr. Denn eine solche hellseherische Fähigkeit hatte in dem Menschenbilde Kants keinen Raum. Kant hat lange gebraucht, bis er meinte, das Phänomen »des Geistersehers im Norden« in seine Theorien einordnen zu können.

KANT selbst hat auf Grund seiner Erkundigungen in einem Brief an Fräulein CHARLOTTE VON KNOBLOCH diese Probe von SWEDENBORGS Hellsichtigkeit berichtet. In demselben Briefe beschreibt KANT eine weitere Begebenheit, die gleichfalls allgemein bekannt wurde und wie die zuerst wiedergegebene die spezifische Hellsichtigkeit Swedenborgs charakterisiert.

Madame MARTEVILLE, die Witwe des holländischen Gesandten in Stockholm, hatte von den hellsichtigen Fähigkeiten SWEDENBORGS gehört. Sie war in Nöten, da ein Goldschmied von ihr die Bezahlung für ein Silberservice verlangte, sie aber sich sicher war, daß ihr Mann vor seinem Tode die Rechnung schon bezahlt hatte. Doch sie fand keine Quittung. Da bat sie Swedenborg, von dem sie gehört hatte, daß er »mit abgeschiedenen Seelen zu reden« fähig sei, zu sich und trug ihm ihr Problem vor mit der Bitte, ihren verstorbenen Mann zu fragen, ob die Sache erledigt sei. KANT schreibt in seinem Briefe an Fräulein von KNOBLOCH wörtlich: »SWEDENBORG *war gar nicht schwierig, ihr in diesem Ersuchen zu willfahren. Drei Tage hernach hatte die gedachte Dame eine Gesellschaft bei sich zum Kaffee. Herr von Swedenborg kam hin und gab ihr mit seiner kaltblütigen Art Nachricht, daß er ihren Mann gesprochen habe. Die Schuld war sieben Monate vor seinem Tode bezahlt worden und die Quittung sei in einem Schranke, der sich im oberen Zimmer befände. Die Dame erwiderte, daß dieser Schrank ganz ausgeräumt sei, und daß man unter allen Papieren diese Quittung nicht gefunden hätte. Swedenborg sagte, ihr Gemahl hätte ihm beschrieben, daß, wenn man an der linken Seite eine Schublade herauszöge, ein Brett zum Vorschein käme, welches weggeschoben werden müßte, da sich dann eine verborgene Schublade finden würde, worin seine geheimgehaltene holländische Korrespondenz verwahrt wäre und auch die Quittung anzutreffen sei. Auf diese Anzeige begab sich die Dame in Begleitung der ganzen Gesellschaft in das obere Zimmer. Man eröffnet den Schrank, man verfuhr ganz nach der Beschreibung und fand die Schublade, von der sie nichts gewußt hatte, und die angezeigten Papiere darinnen, zum größten Erstaunen aller, die gegenwärtig waren.«* [47] KANT selbst stellt in dem Briefe noch die Frage: »*Was kann man wider die Glaubwürdigkeit dieser Begebenheit(en) anführen?*« Kant muß es offenlassen, so gerne er auch Swedenborg widerlegt hätte. So bleibt ihm der Wunsch, der sich ihm aber nicht erfüllte: »*Wie sehr wünsche ich, daß ich diesen*

sonderbaren Mann selbst hätte fragen können.« Später
schreibt er dann die gegen Swedenborg gerichtete Schrift:
»Die Träume eines Geistersehers.«

Allem intellektuellen Rationalismus zum Trotz wurde
SWEDENBORG nie widerlegt. Johann HEINRICH JUNG genannt
STILLING kam zu dem Urteil: »SWEDENBORG *war kein Betrü-
ger, sondern ein frommer christlicher Mann . . . Drei Beweise,
daß er mit Geistern Umgang hatte, sind allgemein von ihm
bekannt.«*[48] JUNG-STILLING zitiert zu den beiden von KANT
berichteten eine dritte Begebenheit, die sich in Verbindung
mit der schwedischen Königin zutrug. Auch in diesem Falle
lag die Bestätigung der Wahrheit vor, durch die Königin
selbst.

Bekannt ist, wie tief LAVATER von SWEDENBORG beeindruckt war, während GOETHE nach gründlicher Beschäftigung sich deutlich von SWEDENBORG distanzierte, aber selbst
auch nicht an der Wahrheit der Berichte zweifelte.

THOMAS CARLYLE (1795–1881) war von Swedenborg hell
begeistert: »SWEDENBORG *ist ein Mann von großer, unbe-
streitbarer Geistesbildung. Mehr Wahrheiten sind niederge-
legt in seinen Schriften als in allen andern. Er ist einer der
erhabensten Geister, eine der geistigen Sonnen, welche glänzender scheinen, je mehr die Jahre dahinschwinden.«* Schließlich sei noch RALPH WALDO EMERSON (1803–1882) genannt,
der in seinem Buche »Vertreter der Menschheit« ein Kapitel
über Swedenborg schreibt, dem wir das Folgende entnehmen: »SWEDENBORG *erwies der Menschheit einen doppelten
Dienst, den man erst jetzt zu erkennen beginnt. Auf dem
Gebiet des wissenschaftlichen Experiments und praktischer
Nutzanwendung machte er seine ersten Schritte: er beobachtete und beschrieb die Naturgesetze, und, von Stufe zu Stufe
allmählich empordringend, gelangte er von den Erscheinun-*

94

gen zu ihren höchsten Äußerungen und Ursachen. Da entbrannte er in frommer Begeisterung ob der Harmonien, die er ahnte, und überließ sich seiner Freude und Verehrung. Dies war der erste Dienst. Wenn seine Augen den Glanz der Glorie nicht zu ertragen vermochten, wenn er im Taumel der Verzückung strauchelte, so ist darum das Schauspiel, das er sah, nur um so erhabener: Durch ihn funkeln und glänzen uns die Wirklichkeiten des Alls, und diese wollen wir uns durch keine Schwäche des Propheten verdunkeln lassen. So leistet er der Menschheit einen zweiten unbewußten Dienst, der nicht geringer als der erste – vielleicht im großen Kreislauf des Daseins und in der geistigen Natur, die alles wieder vergilt, auch für Swedenborg selber nicht weniger ruhmvoll und schön ist.«[49]

Es war notwendig, daß wir uns mit diesem großen Outsider des europäischen Nordens relativ ausführlich beschäftigten, ehe wir jetzt seinen Beitrag zur Bewußtseinsentwicklung der Neuzeit kritisch zu erfassen versuchen. Dabei haben wir noch zu berühren, daß SWEDENBORG nach seiner »Erleuchtung« in den fast drei Jahrzehnten, die er noch wirksam sein konnte, auf »göttlichen Ruf und Auftrag« hin zum Begründer einer »Neuen Kirche« wurde, durch welche das »Neue Jerusalem« der Apokalypse des Johannes auf Erden in Erscheinung treten sollte. Treue Anhänger suchen auch heute noch diesem Ziele Swedenborgs zu dienen.

Gerade im Zusammenhange dieses Buches muß SWEDENBORG auf den ersten Blick als paradoxes Phänomen wirken. Dem Zuge des Jahrhunderts folgend, hilft er nach Kräften mit, daß das Denken und die Phantasie der Menschheit sich vom Jenseits dem Diesseits zuwendet. Man erinnere sich nur an das oben mitgeteilte Programm seiner Pläne, in dem bis zum Unterseeboot und Flugzeug die technischen Erfindungen des 20. Jahrhunderts gedanklich vorausgenommen wurden. Auch sein wissenschaftliches Werk lag trotz aller religiösen Einbindung zugleich auch in der von BACON und NEWTON inspirierten Richtung. Denn seiner Bewußtseinshaltung nach war SWEDENBORG zunächst der Typus eines *intellektuellen Rationalisten*. Darum ist es so interessant zu verfolgen, wie die religiöse Krise über ihn hereinbricht, als er zu erkennen meint, daß zum Empfang der gnadenvollen Offenbarung der Mensch *völlig* auf eigene Initiative im Willen und Denken verzichten müsse. An diesem für jede »höhere Entwicklung« entscheidenden Punkte ist Swedenborg einer Halbwahrheit verfallen, die sein ganzes weiteres Schicksal mitbestimmt hat.

Mit dem gleichen Gewicht, das in der Aussage liegt: »Der Mensch muß vollkommen schweigen, auf daß er die Stimme Gottes vernehme«, gilt die andere Wahrheit: »Wer nicht seine ganze Willens- und Gedankenkraftinitiative einsetzt, wird nie die Stimme der Gottheit vernehmen.« Beide Wahrheiten werden zu einer, wenn begriffen wird, was »Wandlung durch die Kraft Christi« bedeutet.

Wollen, Fühlen und Denken sind von Natur aus bei jedem Menschen egoistisch getönt. Solange sie dies sind, kann keine höhere Macht sich ihrer gültig bedienen. Darum ist es die Aufgabe des »Ich«, so an den drei Seelengliedern zu arbeiten, daß sie selbstlos-durchlässig werden. Das ist die unabdingbare Forderung an jeden Menschen, wenn er »Erkenntnisse höherer Welten« sucht oder zum Gefäß für die soziale Liebeskraft des Auferstandenen im Erd- und Menschheitszusammenhang werden möchte. Dem widerspricht nicht, daß es auch ein Ergriffenwerden durch den Geist gibt – *»ohn' all unser Verdienst und Würdigkeit«*. Denn es gibt auch eine partielle Gottwerdung des Menschen, die im wesentlichen von seinem Willen unabhängig ist. In jedem Falle ist es nicht Sache des einzelnen zu bestimmen, wann und wie er der göttlichen

Gnade teilhaftig wird, so wenig er den eigenen Reifezustand vollgültig beurteilen kann. Das ist nicht Angelegenheit der Individualität, sondern Gottes.

Damit ist aber, wir schließen den Kreis unserer Überlegungen, nicht gesagt, daß die Hände in den Schoß gelegt werden dürfen und die Frage einer »Erleuchtung« allein der göttlichen Gnade überlassen bleibt. Der Mensch muß das Seine tun, wenn er zum Instrument Gottes auf Erden werden will. Der Weg zum Ziele zeigt das Richtungswort: *Wandlung*. Das aber birgt stets die polare Tatsache in sich: der Verwandelnde und das Verwandelte. Es macht die Freiheit des Menschen aus, daß er zu seiner Verwandlung auch nein sagen kann. Darum ist sein bewußtes Ja so wertvoll.

Nun zurück zu Swedenborg. Er ahnte, daß sein irdischer Wille und sein intellektueller Rationalismus einer göttlichen Offenbarung hindernd im Wege standen. Da es ihm nicht gelang, beides zu verwandeln, so suchte er sie in das Unbewußte zu verdrängen. Er suchte, in seiner Bewußtseinssphäre leer zu werden, konnte aber nicht verhindern, daß seine – im Grunde bedeutsame – Intelligenz an seinen visionären Schauungen unbewußt erheblichen Anteil nahm. Dies mag erklären, warum all seine Darstellungen von Vorgängen in der »geistigen Welt« so unübersehbar an irdische Vorgänge erinnern.

Seinem Buche »Die wahre christliche Religion – enthaltend: Die ganze Theologie der Neuen Kirche« fügte Swedenborg eine »Zugabe« hinzu.[50] In dieser beschreibt Swedenborg den Seelenzustand im nachtodlichen Leben von bestimmten Persönlichkeiten und von völkischen, beziehungsweise kirchlichen Gruppen. So widmet er ein Kapitel den verstorbenen: Luther, Melanchthon und Calvin; dann den Holländern, den Engländern, den Deutschen, unter denen die Hamburger besonders erwähnt werden. Schließlich folgen die Päpstlichen, die Mohammedaner, Afrikaner und Juden – alle beschrieben, wie sie nach dem Tode in der »geistigen Welt« leben, leiden und hoffen.

Niemals hätte SWEDENBORG diese Darstellungen geben können, wenn er – der kluge und gebildete Europäer – sich nicht selbst in seinem früheren Tagesbewußtsein ausgiebig mit den betreffenden Persönlichkeiten, Völkern und Religionen befaßt hätte. Unverkennbar gestaltet dieses sein eigenes intellektuelles Wissen erheblich am Inhalte des Visionären. Wenn LUTHER in der geistigen Welt intensiv damit beschäftigt ist, das Irrende in seiner »Rechtfertigung allein aus dem Glauben« zu korrigieren oder MELANCHTHON drüben betont, daß die »Liebetätigkeit« in seiner Lehre auf Erden zu kurz gekommen sei, so erkennt man unschwer wieder, wie SWEDENBORG als Theologe über beide gedacht hat. Das gleiche gilt für alle die »Berichte aus der Geistigen Welt«. Leuchtet es nicht spontan ein, daß die verstorbenen »Hamburger« auch nach dem Tode nicht – wie andere Städtebewohner – in einer Gesellschaft versammelt sind, sondern zerstreut und unter die Deutschen in verschiedene Gegenden vermischt leben? Woran das liegt, fragt SWEDENBORG und erhält die Antwort, *»es sei die Folge des beständigen Hinausblickens und gleichsam Wanderns ihrer Gemüter außerhalb ihrer Stadt und des gar wenigen Beschäftigens mit den Dingen innerhalb derselben.«* Swedenborg war halt mehrfach in Hamburg gewesen und hat das wahrgenommen, was heute zu dem stolzen Satz geführt hat: *»Hamburg – das Tor zur Welt.«* Nimmt's wunder, daß ihm diese Erfahrung in seiner Vision wiederkehrt? Nicht alles, aber manches seiner subjektiven Erlebnisse spiegelt sich so in einem mehr oder weniger objektiv-visionären Bilde.

Um das ganze Phänomen EMANUEL VON SWEDENBORG für unseren Zusammenhang sowohl in seiner eigenen Taktik wie in seiner anregenden Bedeutung zum Beispiel für GOETHE deutlich zu machen, sei hier hinzugefügt, was RUDOLF STEINER über Swedenborg ausgeführt hat:

»SWEDENBORG *war bis zu seinem vierzigsten Jahre ein tonangebender, repräsentativer, naturforschender Gelehrter seiner Zeit; er war es aus dem Grunde, weil in ihm synthetisierende Ideen gelebt haben, durch die er größere Zusammenhänge des Naturgeschehens konstatieren konnte. Dann wurde er in einer gewissen Weise krank; und in einen kranken Organismus hinein ergossen sich diejenigen Begriffsformationen, die er früher für das Naturerkennen ausgebildet hatte. Dasjenige, was gewisse mystische Naturen an Swedenborg verehren, das ist dessen vorherige wissenschaftliche Seelenverfassung in ihrer Erkrankungsmetamorphose. So wie Swedenborg kann gesundes geistiges Anschauen die geistigen Welten nicht sehen, nicht in diesen Personifikationen, in diesen ganz und gar aus der eigenen Konstitution hervorgeholten Bildern, die mit einigen Änderungen eigentlich dem irdischen Leben voll gleichen, wenn man diesem nur eine gewisse Schwere nimmt . . . Immerhin kann von höchstem Interesse sein, was Swedenborg als Seher geleistet hat, weil sich in dies hinein etwas ergossen hat, was aus einer großen, umfassenden, wissenschaftlich denkenden Seele gekommen ist.*

Von demjenigen, was bei SWEDENBORG in dieser Art begrifflicher Synthese auftauchte, wurde GOETHE im höchsten Sinne schon als junger Mann angeregt, und er bildete für seine Morphologie, für die charakteristisch-wissenschaftliche Durchdringung des Pflanzenwesens, dasjenige gesund aus, was Swedenborg als krankhaftes Sehen ausgebildet hat.

Dieses Verhältnis von GOETHE zu SWEDENBORG ist im

höchsten Grade interessant, weil hier ein Weg gegangen wor-
den ist, den der eine nach der kranken, der andere im intensiv-
sten Sinne nach der gesunden Richtung hin gegangen ist.«[51]

Wer die Werke SWEDENBORGS gründlich studiert, wird auf
Schritt und Tritt diese Diagnose RUDOLF STEINERS bestätigt
finden.

So wenden wir uns nun dem anderen großen Schweden zu,
der so nachhaltigen Einfluß auf die Entwicklung der Biologie
nahm: KARL VON LINNÉ.

Carl von Linné

In GOETHES »Geschichte meines botanischen Studiums« findet sich der Satz: *» Vorläufig aber will ich bekennen, daß nach*
SHAKESPEARE *und* SPINOZA *auf mich die größte Wirkung von*
LINNÉ *ausgegangen, und zwar gerade durch den Widerstreit,*
zu welchem er mich aufforderte.«

Es mag zunächst Erstaunen hervorrufen, LINNÉ mit
SHAKESPEARE und SPINOZA in einem Atemzug genannt zu
hören. Wer aber mit GOETHES naturwissenschaftlichen Intentionen vertraut ist, wird sich über die Bedeutung, die
LINNÉ in seinem Leben einnimmt, nicht verwundern.

Die moderne Biologie ist ohne CARL VON LINNÉ (1707–
1778) nicht denkbar. Sein »System der Natur« hat Übersicht
und Ordnung geschaffen, indem er jedes Tier und jede Pflanze in den ihnen entsprechenden Zusammenhang von Art,
Gattung, Familie usw. einzugliedern suchte. Man tut Linné
Unrecht, wenn man bei Nennung seines Namens nur an das
unbefriedigende »Staubfaden-Zählen« im Schulunterricht

denkt. Die Art, wie er die Überfülle von Organismen in ein
überschaubares System gebracht hat, war genialisch. Spätere
Forscher – im Bestreben, der Natur nicht durch künstliche
Gliederung Gewalt anzutun und ein möglichst ›natürliches‹
System zu erarbeiten – haben manche Veränderung und Be-
reicherung des Linnéschen Systems bewirkt. Aber die
Grundlage ist von Linné geschaffen, und das geschah aus
starkem Einfühlungsvermögen heraus in die natürlichen Ver-
wandtschaften, also keineswegs nur aufgrund äußerer Zahlenverhältnisse der Kelch-, Blüten-, Staub- und Frucht-
blätter.

LINNÉ wurde als CARL LINNAEUS am 23. Mai 1707 in
Råshult, gelegen in der südschwedischen Provinz Småland,
geboren.[52] Der Vater, NILS LINNAEUS, war Geistlicher. Als
ein Bauernsohn geboren, trug er zunächst den Namen NILS
INGEMARSSON. Nach der damaligen Sitte gab es keinen eigentlichen Familiennamen, sondern man wurde nach dem Vornamen des Vaters genannt: Nils, der Sohn des Ingemar. Dies
war in der Folgezeit ein Anlaß, bei Ausübung eines akademischen Berufes einen lateinischen Familiennamen zu wählen.
So wählte Nils schon als Schüler mit dem Blick auf sein
Berufsziel als Geistlicher den Namen LINNAEUS – im Anden-
ken an eine alte, von der Familie geliebte Linde des Hofes.

Mit wenig Beglückung absolvierte Carl die Schule in der
Kleinstadt Växjö, erhielt Privatunterricht durch einen Arzt
und Lehrer der Physik, ROTHMANN, und bezog mit zwanzig
Jahren 1727 die Universität in Lund. Ein Jahr später ließ er
sich in Uppsala immatrikulieren. Hier erhielt er 1730 noch als
Student seine erste Anstellung als stellvertretender Dozent
und Demonstrator am Botanischen Garten. 1732 folgte seine
erste, für ihn selbst wissenschaftlich höchst ertragreiche Er-
kundungsfahrt nach Lappland.

1735 reiste er nach Holland und promovierte dort in Hardewijk zum Doktor der Medizin. Als Vorsteher einer großen Gartenanlage des Bankiers CLIFFORD in Hastekamp fand er die Muße, sein »Systema naturae« auszuarbeiten. Noch im gleichen Jahre wurde der Druck ermöglicht. Das Buch erschien, und der Name CARL LINNÉS war mit einem Schlage weltbekannt. Dies alles erfolgte in seinem achtundzwanzigsten Lebensjahr.

Die Jahre 1736 und 1737 nutzte er für die schriftstellerische Gestaltung seiner wissenschaftlichen Arbeiten. In schneller Reihenfolge erschienen: »Bibliotheca botanica« mit den Teilen: Fundamenta botanica; Flora lapponica; Genera plantarum; Hortus Cliffortianus.

Die drei fruchtbaren Jahre in Holland beschloß er mit einer Reise nach England. Über Frankreich, wo er Gast im Hause JUSSIEU war, fuhr er 1738 mit einem Segelschiff von Rouen aus nach Schweden. Als ein mehr oder weniger Unbekannter hatte er die Heimat verlassen, als Gelehrter von Weltruf kehrte er zurück.

In Stockholm nahm er 1739 sogleich mit gutem Erfolg eine Praxis als Arzt auf. Gleichzeitig begründete er mit einem Kreis von Gelehrten die schwedische Akademie der Wissenschaften und wurde ihr erster Präsident. Seine Heirat mit SARAH ELISABETH MOREA erfolgte im gleichen Jahre.

1741 wird er als Professor für Anatomie und Medizin nach Uppsala berufen. Bis zu seinem Tode wird für ihn diese nördlichste Universitätsstadt Europas das Zentrum seines Wirkens. 1758 erwirbt er das 10 km vor Uppsala gelegene Landgut Hammerby, wohin er sich fortab oft zur stillen Arbeit zurückzieht.

Bevor er nach Uppsala übersiedelte, unternahm er noch ein viertel Jahr lang eine Forschungsreise durch Øland und nach

Gotland. Später folgten Reisen mit gleicher Aufgabenstellung nach Västergötland (1746) und durch Schonen (1749). Wohl nie zuvor waren die Landschaften Schwedens so gründlich erforscht worden wie durch CARL LINNÉ. Durch diese Vorarbeiten war er geradezu prädestiniert, die »Flora svecica« und die »Fauna svecica« zu schreiben. 1751 ergänzte er sein »Systema naturae« durch die »Philosophia botanica«, 1753 durch »Species plantarum« und schließlich 1760 durch »Politia naturae«.

1762, also mit 55 Jahren, erhielt CARL LINNAEUS den Adelstitel CARL VON LINNÉ. Zwölf Jahre später (1774) trifft ihn ein Schlaganfall, durch den er die letzten vier Jahre seines Lebens gelähmt und zunehmend leiblich und geistig geschwächt – viel im Hammerby lebend – durchleiden mußte. Der Tod am 10. Januar 1778 bedeutete für ihn die Erlösung aus völliger Hilflosigkeit.

Soweit in aller Kürze der Lebenslauf dieses großen Schweden. Es bestand – wie schon angedeutet – keine Veranlassung, an irgendeiner Stelle den Namen des sechs Jahre vor LINNÉ verstorbenen EMANUEL VON SWEDENBORG zu nennen. So groß auch der fast gleichzeitige Einfluß der beiden bedeutenden Nordländer auf das Geistesleben Europas war, wir wissen von keiner Begegnung der beiden, nicht einmal eine schriftliche Äußerung über einander ist uns bekannt.

Doch kehren wir zu GOETHE zurück, der sich so ausgiebig mit Linné beschäftigt hat. In der oben erwähnten Darstellung der Geschichte seines botanischen Studiums begründet GOETHE im speziellen den Einfluß, den Linné auf ihn genommen hat: »LINNÉS *Philosophie der Botanik war mein tägliches Studium, und so rückte ich immer weiter vor in geordneter Kenntnis, indem ich mir möglichst anzueignen suchte, was mir eine allgemeinere Umsicht über dieses weite Reich verschaffen konnte.*»[53] GOETHE hatte sich ein Heft angelegt, in dem er die Grundelemente der Linnéschen Botanik und dessen Terminologie aufgezeichnet hatte. Erklärungen von JOHANN GESSNER (1709–1790) über das Linnésche System waren diesen Aufzeichnungen hinzugefügt. GOETHE sagt wörtlich, daß dieses Heft ihn *»auf Wegen und Stegen begleitete.«* *»Noch heute erinnert mich ebendasselbe Heft an die frischen, glücklichen Tage, in welchen jene gehaltreichen Blätter mir zuerst eine neue Welt aufschlossen.«*

Selbstverständlich war es für GOETHE nicht möglich, auf die Dauer nur von LINNÉ zu lernen und sich dessen Beschreibungen des Pflanzenreiches einfach anzueignen. Dazu reichte die – von Goethe aus gesehen – beschränkte Geistigkeit Linnés nicht aus. Der Widerstreit, zu welchem er ihn aufforderte, wird von Goethe deutlich motiviert: *»Denn indem ich sein scharfes, geistreiches Absondern, seine treffenden, zweckmäßigen, oft aber willkürlichen Gesetze in mich aufzunehmen versuchte, ging in meinem Innern ein Zwiespalt vor: das, was er mit Gewalt auseinanderzuhalten suchte, mußte nach dem innersten Bedürfnis meines Wesens zur Vereinigung anstreben.«*[54]

Wer einmal Goethes »Metamorphose der Pflanzen« gelesen und sich angeeignet hat, wird diesen hier angedeuteten Gegensatz Linné – Goethe spontan verstehen.

LINNÉ mußte, um sein System als Ordnungsprinzip der Naturreiche darzustellen, sich an äußere Merkmale halten und sich dabei der intellektuellen Verstandessprache bedienen. GOETHE ging es ausschließlich darum, das Wesen der »Urpflanze«, des »Urtieres« geistig zu erfassen. Die Hilfe, die ihm durch Linné wurde, sich im Irrgarten der ungezählten Arten und Gattungen zurechtzufinden, nahm er dankbar und anerkennend an. Doch die Ziele seines spirituellen Erkenntnisbemühens ließen ihn weit über Linné hinausgehen. Er selbst schreibt darüber, daß er es nicht unterlassen hatte, »*auf dem von* LINNÉ *bezeichneten Wege fortzuschreiten, auf welchem jedoch manches mich, wo nicht irre machte, doch zurückhielt. Botanische Terminologie auf die Gegenstände anzuwenden, war mein gewissenhaftes Bemühen; dabei fand ich leider sehr oft große Störung.*«

GOETHE fand, daß das Pflanzenreich in seinen lebendigen Gegebenheiten so dynamisch-beweglich und variierend sich zeigt, daß im Grunde alles im steten Übergang begriffen ist und sich der rationellen Einteilung entzieht. Versucht man dennoch zu trennen, was in Wirklichkeit verbunden und in ständigem Fluß ist, so tut man der Natur Gewalt an. Im Bilde versucht er seine Distanznahme zum Linnéschen System zu begründen: »*Ich glaubte daher deutlich zu erkennen, daß* LINNÉ *und seine Nachfolger sich wie Gesetzgeber betragen, die, weniger bekümmert um das, was ist, als das, was sein sollte, keineswegs die Natur und das Bedürfnis der Staatsbürger beachten, sondern vielmehr die schwere Aufgabe zu lösen bemüht sind, wie so viele unbändige, von Haus aus grenzenlose Wesen zusammen einigermaßen bestehen könnten.*«[55]

GOETHE betont, daß diese Einsicht in die Begrenztheit des Linnéschen Systems seine Ehrfurcht und Hochachtung für denselben und seine Nachfolger keineswegs geschmälert habe. Aber um so mehr ging ihm auf: »*Da konnte mir denn ein ruhiger, bescheidener Blick sogleich die Einsicht gewähren, daß ein ganzes Leben erforderlich sei, um die unendlich freie Lebenstätigkeit eines einzigen Naturreichs zu überschauen und zu ordnen, gesetzt auch, ein eingeborenes Talent berechtige, begeistere hiezu.*« In aller Bescheidenheit fühlte sich Goethe zur Lösung der hier angedeuteten Aufgabe berufen. Dies wird im Kapitel »Goethe« weiter auszuführen sein.

Wir bleiben zunächst bei LINNÉ. Bei allem Rationalismus, mit dem er sein Natur-System von Mineral, Pflanze und Tierreich zur Darstellung brachte, ist sein naturwissenschaftliches Werk von einer starken, zuweilen fast aufdringlichen Religiosität durchzogen. Linnés eigenes Bewußtsein war, daß es ihm von Gott geschenkt sei, den Schöpfungsplan nachdenken zu dürfen. So schreibt der alternde Carl von Linné über sich selbst: »*Gott hat ihn lassen hineinlauschen in seine geheime Ratskammer; Gott hat ihm vergönnt, mehr seiner geschaffenen Werke zu sehn, als irgend einem Sterblichen vor ihm; Gott hat ihm die größte Einsicht in die Naturkunde verliehen, größer als irgend einer gewonnen; der Herr ist mit ihm gewesen, wo er hingegangen ist und hat alle Feinde vor ihm ausgerottet, und hat ihm einen großen Namen gemacht, wie der Name der Großen auf Erden.*«[56]

So sprach LINNÉ im Stile der Bibel über sich und sein Schicksal. Zweifellos zeugen diese Zeilen nicht nur von Religiosität, sondern auch von einem ungewöhnlich hohen Selbstbewußtsein.

Wenn man bedenkt, was primär damals in das sich entwickelnde naturwissenschaftliche Bewußtsein von seiten Linnés eingeflossen ist, so ist dies alles andere als eine religiöse Deutung des göttlichen Schöpfungsplanes. Sein Beitrag beruhte im wesentlichen auf einer brauchbaren äußeren Erfassung der Gliederung der Naturreiche. Verglichen mit dem Selbstbewußtsein, das Linné mit seiner Sendung verband, müssen wir diese Spannung zwischen Gewolltem und tatsächlich Bewirktem als *tragisch* empfinden.

Einer seiner Biographen, KNUT HAGBERG, berührt diese Seite im Wesen Linnés mit den Sätzen: »LINNAEUS *meinte bisweilen, er sei der einzige, der diese Deutung«* (gemeint: der Natur als Schöpfung Gottes) *»recht durchführen könne. Sein Systema naturae sei eine Erklärung der Welt.*

Sie hat eine gewisse Ähnlichkeit mit Mohammeds Lehre von dem einen Gott: Es gibt keinen Gott außer der Natur, und Linnaeus ist sein Prophet.«

Zur Begründung dieser These zitiert HAGBERG Sätze aus einer späteren Auflage des »Systema naturae«, wo es in der Vorrede heißt: *»Zweck der Erschaffung der Welt ist das bewundernde Erkennen Gottes, wie er sich offenbart im Werke der Natur, gedeutet allein von Menschen. – Finis creationis telluris est gloria Dei ex opere naturae per hominum solum.«*[57]

Eine großartige Aussage! Die Tragik allein besteht in der starken Diskrepanz zwischen LINNÉS äußerlichem Rationalismus, aus dem sein System der Natur geschaffen wurde, und dem spirituellen Vermögen LINNÉS, im Buche der Natur als Offenbarung Gottes selbst wirklich zu lesen.

Wir mußten sagen: Das ganze Lebenswerk Linnés ist von Religiosität durchzogen. Auch wenn man gewohnt ist zu hören: *»Religion ist Privatsache«*, gilt es auf das Grundsätzliche zu blicken. Denn Religion ist nicht gleich Religion. So haben wir das Spezifische der Religiosität der Hindus, der Buddhisten, der Mohammedaner, der Christen zu unterscheiden. Das gilt nicht etwa nur für die verschiedenen dogmatischen Inhalte, sondern auch für das unterschiedliche religiöse Verhalten der Umwelt gegenüber. Ein gläubiger Buddhist hat ein anderes Verhältnis zur Natur als ein gläubiger Christ. Doch das sind noch verhältnismäßig grobe Unterscheidungen. Auch innerhalb des Christentums kann die substantielle Glaubenshaltung zu erheblichen Verhaltensunterschieden gegenüber der Natur führen. So wird es allgemeine

Zustimmung finden, wenn man das Christentum des Mittelalters als wesentlich stärker jenseitsbetont empfindet als das der Gegenwart.

Demgegenüber gilt für die Naturwissenschaft der Neuzeit, daß sie bemüht ist, das religiöse Element völlig zu eliminieren. ALBERT EINSTEIN war ein frommer Jude, MAX PLANCK ein gläubiger Christ. Ihre jeweiligen Atomtheorien haben nach ihren eigenen Worten mit ihrer Religion nichts zu tun. Während die Naturkunde von SCOTUS ERIGENA und ALBERTUS MAGNUS in das christliche Weltbild voll eingebettet war, suchen moderne Physiker ihre Forschung restlos getrennt von ihrem religiösen Glauben durchzuführen. Von den damit verbundenen Problemen wird später die Rede sein müssen. In unserem Zusammenhang ist wichtig zu sehen, daß beide Schweden, EMANUEL VON SWEDENBORG und CARL VON LINNÉ, zwischen Mittelalter und Gegenwart in der Mitte stehen. Beide sind um Objektivität bemüht, möchten aber zugleich ihre christliche Weltanschauung in ihren Werken zum Ausdruck bringen. Dies gelingt SWEDENBORG in seiner Art nur in der zweiten Lebenshälfte, in welcher er praktisch auf alle Naturwissenschaft verzichtet. LINNÉ bleibt bis zum Lebensende bemüht, sein Werk religiös zu durchdringen, doch kann er das dadurch entstehende heterogene Element seiner Weltanschauung nicht verhindern.

Dabei ist es für Linné charakteristisch, daß der Gottes-Sohn, der Christus-Name kaum von ihm ausgesprochen wird. HAGBERG trifft den Kern, wenn er schreibt: »*Der Gott des* LINNAEUS ist der Schöpfergott des Alten Testamentes.«

So wird man durch LINNÉ nicht auf den konkreten Geist in der Natur aufmerksam gemacht, wie wir es später mit den Augen von NOVALIS und GOETHE erfahren werden, sondern stets nur zum allgemeinen Staunen über den Reichtum

der Schöpfung – einschließlich aller Widerwärtigkeiten angeregt. So führt LINNÉ aus: »*Vor Gott ist alles schön und gut und
gerecht. Nur die Menschen wähnen, das eine sei unrecht, das
andere recht.*«[58] Daraus zieht er die Folgerung: »*Man fragt
sich dann aber, weshalb ist alles auf dem ganzen Erdball allein
um des Menschen willen geschaffen? Er stirbt ja und ist der
Auflösung unterworfen, genau wie alle anderen Tiere und
natürlichen Dinge. Welche höheren Eigenschaften besitzt er?
Doch er hat etwas Besonderes vor jenen voraus – daß er
nämlich nicht allein wie jene hören, sehen, riechen, schmecken
und alles fühlen kann, sondern auch die wunderliche Zusammensetzung aller natürlichen Dinge, ihre besonderen Eigenschaften betrachten und daraus auf ihren hohen und merk-
würdigen Meister schließen kann.*«[59]

LINNÉ hat, wie kaum ein Mensch zuvor, gründliche Kenntnisse von den drei Naturreichen und deren Zusammenspiel.
Er weiß auch um den »brutalen Kampf um's Dasein«, der
später DARWIN zu seiner Weltanschauung veranlaßte. Doch
seine religiöse Sicht läßt ihn sagen: »*Wollen wir nun . . . den
Zweck dieser Einrichtung der Natur, daß einige Tiere nur zu
Plage und Verderb der übrigen geschaffen sind, suchen, so
öffnet sich uns wieder ein herrlicher Schauplatz von Gottes
Weisheit.*«

Dabei verschließt er keineswegs seine Augen vor den elementaren Zerstörungsmächten in der Natur. Aber sein Opti-
mismus ordnet alles in die göttliche Harmonie ein, die alles
überschwebt und zusammenfaßt, auch den tödlichen Biß einer Kobra oder einer Klapperschlange.

Sucht man durch die zahlreichen religiösen Äußerungen
LINNÉS hindurchzuhören, um den Grund zu vernehmen, aus
dem sie – für Linné selbst unbewußt – stammen, meint man,
wie gesagt, mehr die Stimme eines frommen Anhängers Mo-

hammeds zu hören als die eines Christen. Er sieht den Kampf aller gegen alle, aber das ist für ihn selbst Vordergrund. Der Hintergrund, den er aufspürt, ist der einige, große Gott. Weil dieser die Widersprüche selbst geschaffen hat und weiter in sich birgt, sagt Linné von ihm: »*Aber darum ist Gott, der alles lenkt, groß.*« Doch »*dieser Gott*«, so sagt HAGBERG, »*hat mehr von dem Begriff fatum an sich als von dem Begriff Vater*« – und: »*Aber seine Frömmigkeit ist nicht die eines Christen.*« Man scheut sich, einem Menschen, der sich selbst für einen wahren Christen hielt – auch noch zweihundert Jahre nach seinem Tode –, die substantielle Christlichkeit abzusprechen. Aber um der reinen Erkenntnis willen müssen diese Aussagen HAGBERGS als Tiefeneinsichten bestätigt werden. So wenig wie durch BACON VON VERULAM sprach durch CARL VON LINNÉ ein Christ – wohl aber ein frommer Anhänger des Islam.

Diese Vermutung erhärtet sich, wenn man zwei Lebensthemen Linnés genauer anschaut: die »Lachesis naturae« und die »Nemesis divina«.

Lachesis ist in der griechischen Mythologie die Parze, welche die Lebenslose verteilt und dadurch Schicksal schafft. LINNÉ hat den Namen Lachesis für ein Vorlesungs-Manuskript gewählt, in dem alle menschlichen Probleme von der Ernährung, Kleidung, Geschlechtlichkeit, Körperbewegung bis zu den Bereichen von Glück, Tod und Gott zur Behandlung kommen. Als Untertitel wählte er dementsprechend die Formulierung »Philosophia humana«.

Unter dem Motto »naturalia non sunt turpia« (alles Natürliche ist nicht anstößig) greift Linné mutig und drastisch alle Lebensprobleme an und kommt sehr bald auf das Todes-Rätsel zu sprechen: »*Der Tod ist das Fürchterlichste von allem Fürchterlichen*« – (Mors est omnium terribilium terribilissi-

mum). LINNÉ weiß nichts vom vorgeburtlichen und nachtodlichen Leben. Er betont: »*Auf daß ich Gott, den Allwissenden
und Allmächtigen, in seiner Majestät erschaue, bin ich auf
diese Welt gekommen, wo ich weder war, noch nachher sein
werde.*« Man glaubt die Nähe des Korans zu fühlen, wenn
man dieses Bekenntnis zu Gott dem Allmächtigen hört, nach
dem der einzelne Mensch wie ein vorübergehend getrennter
Tropfen stets wieder in das göttliche All-Meer mit dem Tode
zurückrinnt. Gute Worte findet LINNÉ über Kindheit und
Erziehung. »*Gewohnheit ist die halbe Natur*«, so lesen wir
bei Linné. »*Von Kindheit an sollte man an vieles gewöhnt
werden. Glücklich der, welcher eine gute consuetudo, Gewohnheit, im Anfang und in der Jugend erhält . . . sich in der
Jugend an Arbeit zu gewöhnen, erzeugt starke Kräfte.*« Viel
gute Lebenserfahrung teilt Linné in dieser »Lachesis naturae«
mit. Auch nicht ohne Humor sind diese Vorlesungen, die er
vor schwedischen Studenten hielt, gewesen. So, wenn er sein
eigenes Volk als ein Volk von Nachäffern (simia) beschreibt:
denn der Schwede »*ißt wie ein Engländer, trinkt wie ein
Deutscher, kleidet sich wie ein Franzose, baut wie der Italiener, raucht wie der Holländer, schnupft wie der Spanier, säuft
Branntwein wie der Russe.*«[60]

Mit der »Nemesis divina«[61] berühren wir ein letztes
Grundproblem Linnés. Sucht LINNÉ in der »Lachesis natu-
rae« zu zeigen, durch welche Maßnahmen der Mensch das
natürliche Leben zu einem »humanen« erheben kann, so ringt
Linné in der »Nemesis« um Verständnis des unerbittlichen
Schicksals und seiner Gesetze. Unbewußt tastet er in der
Richtung, was die Inder Karma, die Mohammedaner Kismet
genannt haben: das unabwendbare Schicksal.

LINNÉ hat über dieses Thema nichts veröffentlicht. Doch
hat er für sich durch lange Jahre hindurch auf einer Fülle von

Zetteln eine Sammlung von seltsamen Begebenheiten angelegt. Diese Aufzeichnungen gingen nach Linnés Tode durch
verschiedenen Privatbesitz, bis sie in der Universitätsbiblio-
thek Uppsala landeten.

Anstelle des äußerst schwierigen Unterfangens, aufzuklä-
ren, was Linné unter der »Nemesis divina« verstand, und um
was es ihm bei seiner Sammlung ging, sei ein einziges, wie wir
meinen charakteristisches Beispiel wiedergegeben.

Von einem Grafen und Reichsratssohn hat LINNÉ die folgende Begebenheit notiert: »*Er trifft auf dem See einen Bauern, der mit seinem Knecht gegen seinen Schlitten fährt. Der
Graf gibt dem Bauern einen Schlag über den Kopf, so daß
dieser stirbt. Der Graf wälzt die Sache von sich ab, indem er
sagt, daß der Bauer schlafend gegen den Schlitten des Grafen
gefahren sei. Nach einigen Jahren reist der Graf den gleichen
Weg über das Eis. In der Nacht vorher hatte sich eine Wake
(dünne Stelle) im Eise gebildet. Genau an derselben Stelle
versank der Graf, wo einst der Bauer von ihm erschlagen
worden war. Der Knecht kommt leicht heraus und das Pferd
auch. Der Knecht versucht dem Grafen auf jegliche Weise zu
helfen, hat aber keinen Erfolg. Der Graf ruft:* ›*Ich sehe Gottes
Rache an diesem Ort*‹ *und ertrinkt.*«[62] Das ist die göttliche
Rache, die »Nemesis divina«.

LINNÉ muß der Überzeugung gewesen sein, daß er dem
göttlichen Vergeltungsgesetz im Schicksal auf der Spur war.
So findet sich auf einem Zettel der Vermerk Linnés, daß er
Gott dafür dankt, daß »*du mich in deine geheimen Urteils-
sprüche Einblick gewinnen ließest*«.

Auf jeden Fall war es für Linné ein tiefstes Lebensbedürf-
nis, in die Geheimnisse der Gesetzlichkeit in der Natur *und*
im menschlichen Schicksal einzudringen. Im Sinne des Christentums gesprochen: Die Welt des Vaters erlebte er, und er

suchte sie zu verstehen. Die Welt des Sohnes, die Sphäre der Freiheit in Christo, war ihm weithin verborgen, so daß es ihm auch nicht gegeben war, im Sinne von PARACELSUS, JAKOB BÖHME, GOETHE und NOVALIS durch seine Naturkunde heilenden Geist für die Bewußtseinsentwicklung der Neuzeit beizutragen.

Sucht man eine Bestätigung für diese Auffassung, so wird man sie durch das Verfolgen der Auswirkungen des Werkes LINNÉS finden. Es fanden sich zwar viele Schüler Linnés, die sein wissenschaftliches Werk ausbreiteten. Linné selbst nannte sie seine »Apostel«. Der Impuls, durch Expeditionen die ganze Erde so zu erforschen, wie Linné selbst es für die Provinzen Schwedens durchgeführt hatte, war in seinen Schülern ungewöhnlich lebendig. Manche mußten diesen Drang in die Welt mit ihrem Leben bezahlen. So starb TÄRNSTRÖM auf dem Wege nach China, FORSSKÅL an Malaria im Jemen, HASSELQUIST in der Nähe von Smyrna, LÖFLING in den Tropen Süd-Amerikas, FALCK bei einer Expedition durch Turkestan und die Mongolei in Kasan durch Selbstmord. Soweit LINNÉ diese tragischen Schicksale noch miterlebte, hat er sehr an ihnen gelitten.

Wirkliche Bedeutung erlangte von Linnés Schülern nur CARL PETER THUNBERG (1743–1828). Ihm wurde auch nach Linnés Sohn der Lehrstuhl seines Lehrers zu Uppsala anvertraut. HEINZ GOERKE, der wohl bislang letzte Biograph LINNÉS sagt von ihm: »*Auffallend ist an* THUNBERGS *Werk die nüchterne Sachlichkeit. Sein Interesse an der Natur war rein wissenschaftlich. Weder suchte er auf Reisen das Abenteuer, noch scheinen ihn die Schönheit der fremden Landschaften, die Eigenarten neuer Pflanzen und das Erlebnis des Entdeckens sonderlich berührt zu haben. Den praktischen Nutzen seines Vorhabens stellte er voran, und mit vorurteilsloser Ob-*

jektivität hat er fremde und unbekannte Landschaften und ihre Menschen betrachtet.«

Mit anderen Worten: Von dem Enthusiasmus und der Religiosität LINNÉS hatte THUNBERG nichts bewahrt. Statt dessen trat der Typus des modernen Biologen an seine Stelle.

Die Biologie in Frankreich
im 18./19. Jahrhundert

In dem gleichen Jahre wie LINNÉ in Schweden, wurde in Frankreich GEORGE LOUIS LECLERC DE BUFFON geboren: 1707. Durch ihn, seine Mitarbeiter und Nachfolger wurde Paris, und in Paris der »Jardin du Roi«, zum ausstrahlenden Mittelpunkt der europäischen Biologie in der zweiten Hälfte des 18. Jahrhunderts und darüber hinaus. Wir brauchen uns nur an die Namen und Lebenszeiten der französischen Biologen zu erinnern, um diese Behauptung innerlich zu verifizieren: an DE BUFFON (1707–1788), DAUBENTON (1716–1800), LAMARCK (1744–1828), CUVIER (1769-1832), GEOFFROY SAINT-HILAIRE (1772–1844) und an den französischen Schweizer AUGUSTIN CANDOLLE (1778–1841).[63] Sie alle gaben Beiträge, die zur Entwicklung der biologischen Wissenschaft in Europa wesentlich waren.

GEORGE LOUIS LECLERC DE BUFFON stammte aus Burgund. Sein Vater gehörte zum einflußreichen Beamtenadel in der Provinz Dijon. Dementsprechend wuchs der junge Buffon in einem äußerst gepflegten Milieu auf und erhielt eine gediegene Schulbildung. So stand ihm, als es um die Berufswahl ging, die Welt offen. Zunächst studierte er in Dijon Jura. Doch das Schicksal führte zu einer Begegnung und Freundschaft mit einem jungen Engländer, LORD KINGSTON, den – und dessen naturwissenschaftlich gut geschulten Hauslehrer – er auf einer Reise durch Italien begleitete. Die Folge für DE BUFFON war, daß in ihm ein äußerst reges Interesse für Naturwissenschaft geweckt wurde. Anstatt sich nach der Rückkehr aus Italien von seinen englischen Freunden zu trennen, begleitete er sie in deren Heimat. So lernte er das England kennen, in dem unter Führung von NEWTON die Wissenschaften Mathematik und Physik in Blüte standen, aber auch unter JOHN RAY die Botanik gepflegt wurde. Wie sehr DE BUFFON gerade in seiner ersten Entwicklung als Biologe vom Geiste Englands her geprägt worden war, bekundete er selbst in zwei Übersetzungen englischer Werke in die französische Sprache. Zunächst war es die Arbeit des Botanikers HALES: »Pflanzenstatik« (1735) und dann die Schrift ISAAC NEWTONS: »Fluxionsrechnung« (1740), die BUFFON auf diese Weise seinen Landsleuten zugänglich machte.

Es ist, als ob BUFFON der besondere Schützling einer hilfreichen Schicksalsgöttin war. Einen »Kampf um's Dasein« hat er nie durchstehen müssen. Schon mit 25 Jahren verfügte er, der Sohn eines wohlhabenden Mannes, über ein eigenes ansehnliches Vermögen. So konnte er ohne Mühen um Broterwerb ausschließlich seinen wissenschaftlichen Neigungen folgen. Diese galten zunächst der Mathematik und Physik, später der Biologie.

Schon im Jahre 1739, also mit 32 Jahren, wurde er in die französische Akademie der Wissenschaften gewählt und gleichzeitig zum »Intendant du jardin du roi« ernannt. Neben anderen Ehren wurde er in den Grafenstand (comte) erhoben. Äußerlich wird er als eine stattliche, hochgewachsene Erscheinung geschildert, die durch sorgfältige und gewählte Kleidung auf ihre Umwelt einen besonderen Eindruck machte. Als kluger und gewandter Redner mit glänzender Darstellungsgabe war er so eine besonders repräsentative Vertretung französischer Eleganz und beweglicher Klugheit.

Dieser BUFFON wurde zu dem eindeutigsten Antagonisten

Linnés. Von Bacon und Newton inspiriert, versuchte de Buffon eine »natürliche Schöpfungsgeschichte« zu entwerfen. Man kann ihn als einen Vorläufer Haeckels ansehen, obwohl ihm die entscheidende Evolutionsidee noch fehlte. Alles, was nach betonter Religiosität oder Mystik neigte, lehnte de Buffon innerhalb der Biologie ironisch ab. Aber auch die ihm willkürlich erscheinende Einteilung der Natur durch Linné bekämpfte er. So schreibt Nordenskiöld über ihn: »*Besonders gegen* Linné *wendet sich* Buffon *mit großer Schärfe und fragt ironisch, wozu sein Sexualsystem tauge, wenn die Pflanzen ausgeblüht hätten. Im Grunde war die ganze Linnésche Artsystematik Buffon aufrichtig zuwider, denn sie erschien ihm wie ein willkürliches Zerhacken der einheitlichen Natur in kleine Stücke. Linnés Bestreben, ein natürliches System zu schaffen, und sein Hervorheben der Unvollkommenheit der systematischen Einteilung, worin er gar nicht so sehr von Buffons eigenen Anschauungen abweicht, hat dieser einfach übersehen . . .*«

Auf jeden Fall ist Buffon derjenige Biologe, der das englische Programm des Empirismus, gegründet auf Beobachtung, Beschreibung und Experiment unter Ausschließung jeder »Spekulation« konsequent auf das Studium der Lebewesen von Pflanzen, Tieren und Menschen anzuwenden gefordert hat.

Dabei muß beachtet werden, daß Buffon im Gegensatz zu Linné die Entstehung der Lebewesen nicht als Resultat eines Schöpfungsaktes auffaßte. »*Das Leben sei, sagte er, kein metaphysisches Merkmal der Lebewesen, sondern eine physische Eigenschaft der Materie*« (Nordenskiöld). Sein Bemühen galt dem Verstehen der Erde und ihrer Naturreiche als Teile eines nach mechanischen Gesetzen sich bewegenden Weltalls.

An der Seite von Buffon stand als nächster Mitarbeiter

Louis Daubenton, der auf alles Theoretisieren verzichtete, aber um so mehr als hervorragender Anatom tätig war. Zusammen legten Buffon und Daubenton den Grund für eine auf jeden Ideengehalt verzichtende Biologie und bereiteten dem heraufziehenden Materialismus auch auf biologischem Felde den Weg vor.

Im Sinne der Grundintention dieses Buches darf schließlich nicht verschwiegen werden, daß der mit allen irdischen Gütern so wohl ausgestattete »Materialist« Graf de Buffon in seinem Temperament einen starken Melancholiker trug, der zu tiefstem Pessimismus neigte. Wenn er auch bestrebt war, die Welt »*als ein Ganzes, entwickelt und zusammengehalten von rein mechanischen Gesetzen*« darzustellen, so gibt es auch von ihm eine Abhandlung über den Menschen »Homo duplex«, in welcher der Mensch selbst ausgesprochen dualistisch dargestellt ist. Hier spricht Buffon von einem materiellen und einem geistigen Prinzip, die beide im Menschen miteinander ringen. Das materielle Prinzip ist nach Buffon zuerst als Naturgrundlage wirksam, das geistige wird durch Erziehung und Unterricht in das menschliche Leben eingeführt. Da uns diese Schrift Buffons nicht zugänglich war, geben wir hier den Inhalt nach dem Bericht von Nordenskiöld [64] wieder: »*Der Gegensatz von Geistigem und Materiellem tritt nach seiner Ansicht am ehesten bei Anfällen von Schwermut und Verzagtheit hervor, wenn man nichts zu beschließen wagt und wenn man ›tut, was man nicht will und will, was man nicht tut‹, wenn man empfindet, als ob die Persönlichkeit gleichsam in zwei geteilt wäre, von denen die eine, die vernünftige, die andere anklagt, ohne ihren Widerstand besiegen zu können. Bisweilen siege die Vernunft, und man tue seine Pflicht mit Freuden, bisweilen siege das Körperliche und man ergebe sich dem Genusse; dann aber kämen wieder jene un-*

glücklichen Stunden und Tage, wo die Spaltung herrsche. Besonders ergreifend schildert BUFFON, *wie die Liebe, die die Tiere beglücke, bloß den Menschen unglücklich mache. In Worten leidenschaftlicher Verzweiflung schildert er das Eitle und Unvernünftige dieser Leidenschaft, die freilich körperliche Befriedigung schaffe, aber moralisch wertlos sei und bloß Eifersucht und andere niedrige Gefühle hervorrufe.«*

Die Frage liegt nahe: Ist der Ursprung für die Melancholie, für den tiefen Pessimismus BUFFONs, der sich in solchen Überlegungen ausspricht, nicht in dem Materialismus seiner Forschung zu suchen, die jede Sinn-Gebung aus geistiger Zielsetzung ausschließt? Stumpfe oder robuste Menschen vermögen ihr Leben wohl gleichsam vegetierend, auch ohne moralisch-spirituelle Erfüllung zu führen. Menschen aber wie Buffon, an dessen hohem Niveau kein Zweifel besteht, verkümmern seelisch, wenn sie nur die materielle Seite der irdischen Existenz anerkennen. So wird man den Pessimismus·Buffons als eine seelische Reaktion auf sein geistentleertes Weltbild ansehen müssen, als eine Art psychische Erkrankung, wie wir sie später im Leben von CHARLES DARWIN wieder auftreten sehen und von diesem selbst geschildert erhalten. So wird Buffon, der als »Glückskind« geboren ist und heranwächst, im Alter zu einem Melancholiker ohne Hoffnung.

Der zweite überragende Forscher Frankreichs, der wie BUFFON auf die Entwicklung der internationalen Biologie wesentlichen Einfluß nahm, war der Baron von CUVIER (1769–1832). Wie Buffon in seinem Werdegang stark von England aus inspiriert wurde, so stand Cuvier in seiner Jugend unter der Einwirkung deutscher Mentalität. Geboren war er in einer französischen Hugenottenfamilie zu Mömpelgard (Montbéliard), einer Kleinstadt in der Nähe von Belfort, die damals zu Württemberg gehörte. Später besuchte Cuvier die Karlschule in Stuttgart. Sein Biologielehrer war dort KARL FRIEDRICH KIELMEYER, der einige Zeit darauf Professor in Tübingen wurde und zu den bewußt geistsuchenden Naturforschern im Sinne HERDERS gehörte: »CUVIER *machte bei ihm eine gründliche Schulung durch und erhielt viele wertvolle Anregungen, deren er sich während seines ganzen Lebens dankbar erinnerte*« (NORDENSKIÖLD). Im Gegensatz zu so vielen Naturforschern seiner Zeit griff CUVIER mit großem Gewinn auf ARISTOTELES zurück und verschaffte sich dadurch ein solides Fundament für seine eigene Arbeit. Souverän ließ er das zeitbedingte Unzureichende des großen Griechen beiseite und schöpfte um so mehr aus seinen überzeitlich gültigen Arbeiten.

Unter Anleitung von KIELMEYER hatte CUVIER die Anfangsgründe der vergleichenden Anatomie studiert und sich dann autodidaktisch weitergeschult. Als Hauslehrer in einer protestantischen Familie in der Normandie nahm er die Gelegenheit wahr, an der Kanalküste die Meeresfauna zu studieren. Vor allem Fische, aber auch Mollusken, Würmer und Seesterne boten ihm reiches Material für die vergleichende Anatomie. Was er fand, wurde seziert und mit geschickter Hand abgezeichnet. Durch Vermittlung eines Bekannten gelangten solche Zeichnungen nach Paris und dort in die Hände eines Nachfolgers von BUFFON: GEOFFROY SAINT-HILAIRE. Man erkennt die hohe Begabung CUVIERS für vergleichende Anatomie und schon wird er als Professor für dieses Fach nach Paris berufen, wo außer SAINT-HILAIRE auch LAMARCK tätig war. Damit hatte die von BUFFON begründete biologische Aera Frankreichs ihre würdige Nachfolge gefunden.

Novalis
Friedrich von Hardenberg

»Alles ist Samenkorn«
NOVALIS

Wenn man von KOPERNIKUS, GALILEI, NEWTON, LINNÉ und BUFFON her seinen Weg genommen hat und nun den geistigen Raum des FRIEDRICH VON HARDENBERG (1772–1801) betritt, den man seit seinen letzten drei Lebensjahren NOVALIS nennt, so bedarf es einer erheblichen inneren Umstellung. Im Grunde ist Novalis mit niemandem zu vergleichen. Natürlich haben auch ihn andere große Geister zu seinen eigenen Gedanken angeregt, so JAKOB BÖHME, FICHTE, GOETHE. Aber der eigentliche NOVALIS ist originär und historisch von niemandem ableitbar. Das gilt für seine Christlichkeit wie für seine Naturweisheit.[65]

Die wichtigsten Stationen seines Lebens sind in Kürze mitteilbar. Am 2. Mai 1772 wurde er in Oberwiederstedt am Südostrande des Harzes in der Grafschaft Mansfeld als zweitältestes von elf Geschwistern geboren. An die 13 Jahre wuchs der Knabe, eingetaucht in das Landleben eines Gutshofes, in der Atmosphäre einer Frömmigkeit im Geiste des Herrnhuter Pietismus heran. Im Dezember 1784 wurde sein Vater zum kursächsischen Salinendirektor mit dem Sitz in Weißenfels ernannt. Die Familie folgte ihm dorthin 1785.

Nach kurzem Besuch des Gymnasiums in Eisleben ließ sich Novalis am 23. Oktober 1790 an der Universität Jena immatrikulieren. Dort entstanden die ersten Beziehungen zwischen NOVALIS und SCHILLER. In schneller Folge wechselte er dann die Universitäten:

1791 nach Leipzig. Erste Begegnung mit FRIEDRICH SCHLEGEL.

1793 nach Wittenberg, wo er das erste juristische Examen ablegt.

1794 übernimmt er eine Berufsstellung als Archivarius beim Kreisamt in Tennstedt. Im nahegelegenen Grüningen hat er eine erste Begegnung mit der noch 12jährigen SOPHIE VON KÜHN, mit der er sich später verlobt.

Im Jahre 1795 begegnet er JOHANN GOTTLIEB FICHTE und FRIEDRICH HÖLDERLIN in Jena. Ende des Jahres wird NOVALIS als Mitarbeiter an die Salinendirektion Weißenfels berufen, wo er – nur unterbrochen von einer Studienzeit an der Berg-Akademie zu Freiberg – bis zum Tode seinen Wohnsitz hatte.

Die Nähe zu Jena erlaubte ihm einen regen Verkehr mit den dort führenden Romantikern, vor allem mit LUDWIG TIECK, der ihm zum Freunde wird. Es kommt auch zu vier Begegnungen mit GOETHE, sowohl in Jena wie in Weimar. Besuche in Dresden bewirken starke Beziehungen zu den dortigen Künstlern.

Der Tod seiner Verlobten am 19. März 1797 greift zutiefst in das Leben des NOVALIS ein. Die Auswirkungen dieses Schicksalsschlages, trotzdem er sich im Dezember 1798 neu mit JULIE VON CHARPENTIER verlobt, bleiben spürbar bis zu seinem Tode.

In den beiden letzten Lebensjahren, in denen er beruflich als Salinen-Assessor tätig ist und am 6. Dezember 1800 zum Supernumerar-Amtshauptmann im Kreise Thüringen ernannt wird, ist er schriftstellerisch ungewöhnlich produktiv. Es entstehen »Die Geistlichen Lieder«, »Die Christenheit oder Europa«, »Heinrich von Ofterdingen«, »Die Hymnen an die Nacht« und andere Werke. Am 25. März 1801 ereilt ihn

– also noch vor Vollendung des 29. Lebensjahres – zu Weißenfels der Tod.

Gleichzeitig mit NOVALIS – d. h. nur zwei Jahre zuvor
geboren – lebte FRIEDRICH HÖLDERLIN (1770 – 1843). Höl-
derlins Lebenswerk ist getragen von einer einzigen Sehnsucht
nach dem verlorenen Paradies, und dieses war für ihn das
klassische Hellas, – das Leben, die Kunst und Weisheit des
griechischen Volkes. Fast alles, was von diesem tragischen
Genius Schwabens, der mit zweiunddreißig Jahren umnach-
tet wurde, ausging, war bezogen auf eine versunkene *Vergangenheit*, verbunden mit einer besonders innigen Christus-
Sehnsucht.

NOVALIS hingegen wird nur dem verständlich, der die Fülle
der in seinem Werk veranlagten *Zukunftskeime* wahrnimmt
und mit ihnen geheimen Umgang pflegt. *»Alles ist Samenkorn«* – diese drei Worte, welche er selbst seinen Fragmenten
als Motto vorausschickt, umfassen Wesen, Leben und Lehre
dieses anderen »Frühvollendeten«.

1929 erschien erstmalig, von ERNST KAMNITZER [66] herausgegeben, eine vollständige Sammlung der »Fragmente« des
NOVALIS. Nicht weniger als 2378 Fragmente sind in einem
Band enthalten, einschließlich der Schrift »Christenheit oder
Europa«, die Novalis selbst »Ein Fragment« genannt hat, und
einiger »Unbekannter Fragmente«, die nächträglich aufge-
funden wurden. Würde man »Die Lehrlinge zu Sais« (1798
erarbeitet, erst 1802 gedruckt) hinzufügen, so hätte man das
ganze Saatgut beieinander, das insbesondere in unserem Zusammenhang wichtig erscheinen muß.

FRIEDRICH VON HARDENBERG war keineswegs blind für
die Naturwissenschaft seiner Zeit. Durch intensive autodi-
daktische Arbeit und durch die Studien an der Bergakademie
in Freiberg unter dem hervorragenden Geologen ABRAHAM

Gottlob Werner war er insbesondere ein Experte der Geologie seiner Zeit geworden. Darüber hinaus hatte er in Mathematik und Physik gute Kenntnisse. So durchschaute er auch das Unzulängliche, wenn aus nur äußeren naturwissenschaftlichen Erfahrungen heraus der Versuch unternommen wurde, eine Weltanschauung zu bilden, wie es die Materialisten seiner Zeit taten.

Auf diesem Hintergrunde müssen seine Fragmente gesehen werden. Sowohl auf dem Felde der Theologie wie dem der Naturwissenschaft im letzten Jahrzehnt des 18. Jahrhunderts kannte sich Novalis aus, aber er bewahrte beiden Bereichen gegenüber eine spirituelle, überlegene Distanz.

Einen Teil der Sammlung von Fragmenten gab Novalis den Namen »Blütenstaub«. Damit traf er das Wesen und die Absicht seiner Aufzeichnungen. So minimal an körperlicher Gestalt das einzelne Staubkorn einer Blüten-Anthere ist – das sogenannte Pollenkorn –, enthält es doch die Kraft zur Gestaltung einer ganzen Pflanze – *wenn* es das Fruchtblatt befruchtet und nicht vom Winde verweht wird.

So lautet das erste Fragment:

»Freunde, der Boden ist arm, wir müssen reichlichen Samen streuen, daß uns doch nur mäßige Ernten gedeihen.«

Aus der Fülle der Fragmente seien einige zitiert, durch die das Samenkornartige dieser Aussaat des Novalis evident werden möge.

1. *Gedanken über das Leben des Menschen:*

»Leben ist der Anfang des Todes. Das Leben ist um des Todes willen. Der Tod ist Endigung und Anfang zugleich.«

»Jeder Mensch kann seinen jüngsten Tag durch Sittlichkeit herbeirufen. Unter uns währt das tausendjährige Reich beständig. Die Besten unter uns, die schon bei ihren Lebzeiten zu der Geisteswelt gelangten, sterben nur scheinbar; sie

124

lassen sich nur scheinbar sterben; so erscheinen auch die guten Geister, die bis zur Gemeinschaft mit der Körperwelt ihrerseits gelangten, nicht, um uns nicht zu stören. Wer hier nicht zur Vollendung gelangt, gelangt vielleicht drüben, oder muß eine abermalige Laufbahn beginnen.
Sollte es nicht auch drüben einen Tod geben, dessen Resultat irdische Geburt wäre?«
»Wenn ein Geist stirbt, wird er Mensch.
Wenn ein Mensch stirbt, wird er Geist.«

2. Mathematik und Erkennen

»Nach innen geht der geheimnisvolle Weg. In uns oder nirgends ist die Ewigkeit mit ihren Welten, die Vergangenheit und Zukunft. Die Außenwelt ist die Schattenwelt, sie wirft ihren Schatten in das Lichtreich.«

»Das willkürlichste Vorurteil ist, daß dem Menschen das Vermögen, außer sich zu sein, mit Bewußtsein jenseits der Sinne zu sein, versagt sei. Der Mensch vermag in jedem Augenblick ein übersinnliches Wesen zu sein. Ohne dies wär' er nicht Weltbürger – er wäre ein Tier.«

»Je borniter ein System ist, desto mehr wird es den Weltklugen gefallen. So hat das System der Materialisten, die Lehre des HELVETIUS und auch LOCKE, den meisten Beifall unter dieser Klasse erhalten. So wird KANT jetzt noch immer mehr Anhänger als FICHTE finden.«

»Der Begriff der Mathematik ist der Begriff der Wissenschaft überhaupt.«

»Alle Wissenschaften sollen daher Mathematik werden.«

»Die jetzige Mathematik ist wenig mehr, als ein speziell empirisches Organon. Sie ist eine Substitution zur bequemen Reduktion, ein Hilfsmittel des Denkens. Ihre vollständige Anwendbarkeit ist ein notwendiges Postulat ihres Begriffes.«

»Die reine Mathematik ist die Anschauung des Verstandes als Universum.«

»Das höchste Leben ist Mathematik.«

»Man kann ein großer Rechner sein, ohne die Mathematik zu ahnen.«

»Reine Mathematik ist Religion.«

»Das Leben der Götter ist Mathematik.«

3. *Durch Moralität zur Religion*

»Es gibt nur einen Tempel in der Welt, und das ist der menschliche Körper. Nichts ist heiliger als diese hohe Gestalt. Das Bücken vor Menschen ist eine Huldigung dieser Offenbarung im Fleisch... Man berührt den Himmel, wenn man einen Menschenleib betastet.«

»Jede unrechte Handlung, jede unwürdige Empfindung ist eine Untreue gegen die Geliebte, ein Ehebruch.«

»Neigungen zu haben und sie zu beherrschen ist rühmlicher als Neigungen zu meiden.«

»Man kann durch das künftige Leben das vergangene Leben retten und veredeln.«

»Mit Recht können manche Weiber sagen, daß sie ihren Gatten in die Arme sinken. – Wohl denen, die ihren Geliebten in die Arme steigen.«

»Noch ist keine Religion. Man muß eine Bildungsloge echter Religion erst stiften. Glaubt ihr, daß es Religion gebe? Religion muß gemacht und hervorgebracht werden durch die Vereinigung mehrerer Menschen.«

»Alles Gute in der Welt ist unmittelbare Wirksamkeit Gottes. In jedem Menschen kann mir Gott erscheinen.«

»Gott will Götter.«

4. *Zum Christentum*

»Wer hat die Bibel für geschlossen erklärt? Sollte die Bibel nicht noch im Wachsen begriffen sein?«

»Es gibt keine Religion, die nicht Christentum wäre.«
»Das Neue Testament ist uns noch ein Buch mit sieben Siegeln.«
»Der heilige Geist ist mehr als die Bibel. Er soll unser Lehrer des Christentums sein – nicht toter, irdischer, zweideutiger Buchstabe.«
»Die Lehre von der Gnade und die Lehre vom freien Willen widersprechen sich gar nicht, wenn sie recht verstanden werden; beides gehört zu einem Ganzen und oft nezessitieren (bedingen) sie sich.«
»Beten ist in der Religion, was Denken in der Philosophie ist. Beten ist Religion machen.«
»Ein wahrhaft gottesfürchtiges Gemüt sieht überall Gottes Finger und ist in steter Aufmerksamkeit auf seine Winke und Fügungen.«
Aus *»Die Christenheit oder Europa«:*
»Das Christentum ist dreifacher Gestalt. Eine ist als Zeugungselement der Religion, als Freude an aller Religion. Eine als Mittlertum überhaupt, als Glauben an die Allfähigkeit alles Irdischen, Wein und Brot des ewigen Lebens zu sein. Eine als Glauben an Christus, seine Mutter und die Heiligen. Wählt, welche ihr wollt; wählt alle drei, es ist gleichviel, ihr werdet damit Christen und Mitglieder einer einzigen, ewigen, unaussprechlichen Gemeinde.«
». . . das alte Papsttum liegt im Grabe, und Rom ist zum zweite Male Ruine geworden. Soll der Protestantismus nicht endlich aufhören und einer neuen dauerhaften Kirche Platz machen?«
5. *Zur Kosmologie und Erdentwicklung*
»Alles Sichtbare haftet am Unsichtbaren, das Hörbare am Unhörbaren, das Fühlbare am Unfühlbaren. Vielleicht das denkbare am Undenkbaren?«

»Die Körperwelt verhält sich zur Seelenwelt, wie die festen Körper zu den luftigen oder besser den Kräften.«

»Die Welt ist ein gebundener Gedanke. Wenn sich etwas konsolidiert, werden Gedanken frei. Wenn sich etwas auflöst, werden Gedanken gebunden.«

»Das Äußere ist ein in Geheimniszustand erhobenes Innere. (Vielleicht auch umgekehrt.)«

»Sollten die Weltkörper Versteinerungen sein? Vielleicht von Engeln?«

»Wenn Gott Mensch werden konnte, kann er auch Stein, Pflanze, Tier und Element werden, und vielleicht gibt es so auf diese Art eine fortwährende Erlösung der Natur.«

»Einst soll keine Natur mehr sein. In eine Geisterwelt soll sie allmählich übergehen.«

»Auch unsere Gedanken sind wirksame Faktoren des Universums.«

»Die Menschheit ist der höhere Sinn unseres Planeten, der Nerv, der dieses Glied mit der obern Welt verknüpft, das Auge, was er gen Himmel hebt.«

»Wir sind auf einer Mission. Zur Bildung der Erde sind wir berufen.«

Wir möchten hier auf jeden Kommentar zu diesen Fragmenten verzichten. Sie sind tatsächlich geistige Samenkörner für die Zukunft, die keiner äußeren Bestätigung bedürfen. Sie tragen sich gegenseitig durch ihren Wahrheitsgehalt. Jeder Versuch, aus dem angebotenen Reichtum ein System zu machen, würde Verengung bedeuten. Denn sie sind fern aller Abstraktion, aus Lebensweisheit geschöpft und sprechen durch sich selbst. Man wird an das Christuswort erinnert: *»Denn wer aus der Wahrheit ist, höret meine Stimme«* (Joh. 18,37).

Und schließlich: Der alle diese Gedanken aussprach und

niederschrieb, starb im Alter von nicht ganz 29 Jahren. Seine Stimme aber wird noch nach Jahrhunderten gehört werden! In seiner Weisheit ist aller Materialismus überwunden.

Goethe contra Newton

Als NOVALIS geboren wurde, stand GOETHE (1749–1832) in seinem dreiundzwanzigsten Lebensjahre. Nach dem Tode des Novalis lebte Goethe noch weitere einunddreißig Jahre auf Erden. In diesen Zahlen spiegelt sich die Polarität des Geistes des so »Frühvollendeten« Novalis und des Lebensreichtums Goethes, entsprechend wie ein Samenkorn einer reifen Frucht.

Aus der Fülle seines Schaffens kristallisiert sich nach und nach das naturwissenschaftliche Werk GOETHEs heraus, bis es vor allem durch seine Farbenlehre und Pflanzenkunde am Lebensende vollendet wie ein Bollwerk gegen den Materialismus dastand. Die Tat eines einzigen Mannes.[67]

Während das Streben der offiziellen Wissenschaft von Generation zu Generation zunehmend darauf gerichtet war, die Welt des Organischen, des Lebendigen nach den im Unorganischen – dem Toten – wirkenden mechanischen Gesetzen zu erklären, suchte Goethe eine Methode zu entwickeln, durch welche das Spezifische des Organischen erkannt werden kann. Darum schrieb RUDOLF STEINER: »GOETHE *ist der* KOPERNIKUS *und* KEPLER *der organischen Welt.«*

Intensiv hat sich GOETHE mit der Pflanzenwelt beschäftigt. Seine Schrift: »Die Metamorphose der Pflanzen« enthält das Resultat seiner Bemühungen auf diesem Felde.

Auf der anderen Seite ist es das Wesen des Lichtes und der Farben, dem er lebenslang sein Interesse zugewandt hat.

Zeugnis von dieser Seite seiner Studien legen ab: »Beiträge zur Optik« (1791), »Versuch, die Elemente der Farbenlehre zu entdecken« (1794), »Entwurf einer Farbenlehre«, »Enthüllung der Theorie Newtons«, »Materialien zur Geschichte der Farbenlehre« (1810), »Entoptische Farben« (1817), »Paralipomena zur Chromatik« (1817–1832).

Es kann nicht unsere Aufgabe in diesem Buche sein, den »Goetheanismus« als naturwissenschaftliche Erkenntnismethode ausführlich darzustellen. Dies geschah mit aller Gründlichkeit durch die Herausgabe und Kommentierung von »Goethes Naturwissenschaftlichen Schriften« durch RUDOLF STEINER in fünf Bänden, die seinerzeit (ab 1883) in Kürschners Nationalliteratur erschienen sind. Ergänzt wurde dieses gediegene Werk durch zwei Schriften Steiners: »Grundlinien einer Erkenntnistheorie der Goetheschen Weltanschauung« (1886) und »Goethes Weltanschauung« (1897). Wer substantiell erfassen will, was zum Thema »Goethe contra Newton« gehört, kann sich von einem eingehenden Studium dieser Werke nicht entbinden. Wir müssen uns hier auf das Folgende beschränken.

Die Methode von GALILEI und NEWTON läßt sich definieren, nicht aber die von GOETHE. So weit wie nur möglich die gegenständliche Welt nach Maß, Zahl und Gewicht zu erfassen, ist das Ziel der sich selbst so nennenden »exakten Naturwissenschaft«. KANT hat für dieses quantitative Forschungsprinzip die entsprechende Erkenntnistheorie geliefert. Diese Wissenschaft ist an die Sinneswahrnehmung und den Verstand gebunden. Sie vermag die *Erscheinungen der Dinge* in Raum und Zeit zu begreifen, nicht aber das *Wesen* der Gegenstände, das »Ding an sich«.

Demgegenüber ist GOETHE durchdrungen davon, daß es auch Erkenntniswege gibt, auf denen nicht nur die *Quantität*, sondern auch die *Qualität* der Erscheinungen objektiv wesenhaft erfahrbar ist.

Durch die KANTsche Trennung in die »Welt der Erscheinung«, welche dem reflektierenden, diskursiven Verstande als Wissen zugänglich ist, und in die wesenhafte Welt der »Dinge an sich«, welche nach Kant nur durch den Glauben erfaßt werden kann, wurde der verhängnisvolle Abgrund zwischen Wissen und Glauben legitimiert, der neben dem reinen Materialismus unheilvoll für die Bewußtseinsentwicklung bis in die Gegenwart gewirkt hat. Gerade dieser Bewußtseinsspaltung, dieser neuzeitlichen Schizophrenie suchte GOETHE entgegenzutreten. Sein naturwissenschaftliches Werk ist ein einziger Versuch, den von Kant aufgerissenen Abgrund zu überbrücken.

GOETHE hat KANT, auch wenn ihm dessen Gedankenstil zuwider war, gründlich studiert, insbesondere seine »Kritik der Urteilskraft«. Darin stieß er auf folgende Absätze: »*Wir können uns einen Verstand denken, der, weil er nicht wie der unsrige diskursiv, sondern intuitiv ist, vom Synthetisch-Allgemeinen (der Anschauung eines Ganzen als eines solchen) zum Besondern geht, das ist, von dem Ganzen zu den Teilen. . . . Es ist hierbei gar nicht nötig zu beweisen, daß ein solcher intellectus archetypus möglich sei, sondern nur, daß wir in der Dagegenhaltung unseres diskursiven, der Bilder bedürftigen Verstandes (intellectus ectypus) und der Zufälligkeit einer solchen Beschaffenheit auf jene Idee eines intellectus archetypus geführt werden, diese auch keinen Widerspruch enthalten.*«

In der Ergänzung zu seiner Metamorphosenlehre hatte GOETHE unter dem Kennwort »Verfolg« eine Schrift beigefügt, die manche seiner Grundgedanken erläutert. Dieselbe enthält einen Abschnitt »Anschauende Urteilskraft«, in dem Goethe sich mit der Kantschen Lehre und insbesondere mit dem Inhalt dieser oben zitierten Absätze auseinandersetzt. Goethes Antwort lautet: »*Zwar scheint der Verfasser hier auf einen göttlichen Verstand zu deuten, allein wenn wir ja im Sittlichen durch Glauben an Gott, Tugend und Unsterblichkeit uns in eine obere Region erheben und an das erste Wesen annähern sollen, so dürft' es wohl im Intellektuellen derselbe Fall sein, daß wir uns durch das Anschauen einer immer produktiven Natur zur geistigen Teilnahme an ihren Produkten würdig machten. Hatte ich doch erst unbewußt und aus innerem Trieb auf jenes Urbildliche, Typische rastlos gedrungen, war es mir sogar geglückt, eine naturgemäße Darstellung aufzubauen, so konnte mich nunmehr nichts weiter verhindern, das Abenteuer der Vernunft, wie es der Alte vom Königsberge selbst nennt, mutig zu bestehen.*«[68]

Dieses »Abenteuer der Vernunft« ist das zentrale Anliegen GOETHES. Seine Meinung ist, daß der Mensch im Naturverstehen zwar jeweilig seine Grenze hat und diese auch beachten muß, daß diese Grenze aber beweglich ist. Durch das Wachstum der *inneren* Wahrnehmungsfähigkeit und der gesteigerten Denkkraft wächst zugleich auch der Umkreis der von Menschen geistig durchschauten Natur. Ein stumpfer Mensch sieht und erkennt nur wenig, ein aufgeschlossener, fragender Mensch viel. In diesem Sinne sind die Zeilen gemeint, die er als »Freundlichen Zuruf«[69] seinen botanischen Schriften eingliedert:

> »*Ins Innere der Natur –*«
> *O, du Philister! –*
> »*Dringt kein erschaffner Geist.*«
> *Mich und Geschwister*
> *Mögt ihr an solches Wort*
> *Nur nicht erinnern.*
> *Wir denken: Ort für Ort*

Sind wir im Innern.
»Glückselig, wem sie nur
Die äußere Schale weist!«
Das hör' ich sechzig Jahre wiederholen
Und fluche drauf, aber verstohlen;
Sage mir tausend tausend Male,
Alles gibt sie reichlich und gern;
Natur hat weder Kern
Noch Schale,
Alles ist sie mit einem Male;
Dich prüfe du nur allermeist,
Ob du Kern oder Schale seist!

Oft und oft hat sich GOETHE in gleicher Richtung ausgesprochen. So in dem Gedicht »Epirrhema«

»Müsset im Naturbetrachten
Immer eins wie alles achten
Nichts ist drinnen, nichts ist draußen;
Denn was innen, das ist außen.«

Stets geht es ihm um die Erfassung der »Ganzheit«, welche den Teilen zugrunde liegt. Bei aller Anerkennung der Detailforschung sieht er doch das Unzureichende, wenn es um das Verstehen des Ganzen geht.

So schreibt er in der Einleitung zur »Metamorphose der Pflanzen«: *»Wenn wir Naturgegenstände, besonders aber die lebendigen, dergestalt gewahr werden, daß wir uns eine Einsicht in den Zusammenhang ihres Wesens und Wirkens zu verschaffen wünschen, so glauben wir zu einer solchen Kenntnis am besten durch Trennung der Teile gelangen zu können, wie denn auch wirklich dieser Weg uns sehr weit zu führen geeignet ist. Was Chemie und Anatomie zur Ein- und Übersicht der Natur beigetragen haben, dürfen wir nur mit wenig Worten den Freunden des Wissens ins Gedächtnis zurückru-*

fen.« Dieses ist eine der relativ wenigen Stellen, an denen GOETHE seine Achtung vor der analytischen Methode ungeschmälert betont. Um so mehr fühlt er sich veranlaßt fortzufahren: *»Aber diese trennenden Bemühungen, immer und immer fortgesetzt, bringen auch manchen Nachteil hervor. Das Lebendige ist zwar in Elemente zerlegt, aber man kann es aus diesen nicht wieder zusammenstellen und beleben. Dieses gilt schon von vielen anorganischen, geschweige von organischen Körpern.«* Hier schreibt Goethe in Prosa, was im Faust I. lautet:

> *»Wer will was Lebendig's erkennen und beschreiben,*
> *Sucht erst den Geist herauszutreiben,*
> *Dann hat er die Teile in seiner Hand.*
> *Fehlt leider! nur das geistige Band.«*

Im gleichen Sinne hat Faust in seiner Einsamkeit – im »gothischen Zimmer« – kurz bevor er nach der Giftschale greift, die Worte gesprochen:

> *»Geheimnisvoll am lichten Tag*
> *läßt sich Natur des Schleiers nicht berauben,*
> *Und was sie deinem Geist nicht offenbaren mag,*
> *Das zwingst du ihr nicht ab mit Hebeln*
> *und mit Schrauben.«*

Durch reine Sinnesbeobachtung, auch nicht durch exakte Experimente, wird der Mensch – so sucht Goethe es bewußt zu machen – nie in das Geheimnis der Natur eindringen. Einer grob äußerlich gestellten Frage gegenüber verschließt sie sich. Wessen Geist nicht in der Lage ist, das unsichtbar Wesenhafte der Natur zu erfahren, dem hilft kein noch so gescheit angestellter Versuch. Wer hingegen seine »anschauende Urteilskraft« entwickelt hat und den voreiligen Verstand im Zaume zu halten vermag, für den gilt: *»Alles gibt sie reichlich und gern.«*

Immer erneut versucht GOETHE zu charakterisieren – nicht zu definieren! –, worin sich der wahre Naturforscher von dem nur die Außenseite der Natur Erfassenden unterscheidet. So unter dem Stichwort: »Problem und Erwiderung«: *»Unsere ganze Aufmerksamkeit muß aber darauf gerichtet sein, der Natur ihr Verfahren abzulauschen, damit wir sie durch zwängende Vorschriften nicht widerspenstig machen, aber uns dagegen auch durch ihre Willkür nicht vom Zweck entfernen lassen.«*

Für Goethe waren diese Zusammenhänge klar und durchsichtig. In seiner Pflanzen- und Farbenlehre hat er seine eigene Methode des Erkennens gründlich und konkret praktiziert. Zugleich aber mußte er erleben, daß seine Bemühungen um intuitive Naturerfassung und seine Forschungsmethode von vielen seiner Zeitgenossen gar nicht oder nur äußerst mangelhaft verstanden wurde. Darunter hat er sehr gelitten. So klagt er bei Behandlung des »Schicksal der Druckschrift«: *»Zu meiner Art mich auszudrücken wollte sich niemand bequemen. Es ist die größte Qual, nicht verstanden zu werden, wenn man nach großer Bemühung und Anstrengung sich endlich selbst und die Sache zu verstehen glaubt; es treibt zum Wahnsinn, den Irrtum immer wiederholen zu hören, aus dem man sich mit Not gerettet hat, und peinlicher kann uns nichts begegnen, als wenn das, was uns mit unterrichteten, einsichtigen Männern verbinden sollte, Anlaß gibt zu einer nicht zu vermittelnden Trennung.«*

Noch eine andere Erfahrung mußte Goethe erleiden: den Verdruß durch verschenkte Exemplare seiner Bücher. Gerade in solchen Fällen erlebte er, daß das Echo seiner Freunde *»keineswegs von schonender Art«* war. Im Gegenteil: *»Kommt jemandem ein Buch durch Zufall oder Empfehlung in die Hand, er liest es, kauft es auch wohl; überreicht ihm* aber ein Freund mit behaglicher Zuversicht sein Werk, so scheint es, als sei es darauf abgesehen, ein Geistesübergewicht aufzudringen. Da tritt nun das radikale Böse in seiner häßlichsten Gestalt hervor, als Neid und Widerwille gegen frohe, einer Herzensangelegenheit vertrauende Personen. Mehrere Schriftsteller, die ich befragte, waren mit diesem Phänomen der unsittlichen Welt auch nicht unbekannt.«

Wahrscheinlich liegt in diesen bitteren Erfahrungen auch der Grund dafür, daß Goethe so oft bemüht war, das gleiche Thema mit immer neuen Worten auszusprechen und gleichzeitig so behutsam wie nur irgend möglich vorzugehen. So erhält sein erstes Heft »Zur Morphologie« gleich drei Einleitungen:

»Das Unternehmen wird entschuldigt.«

»Die Absicht eingeleitet«

»Der Inhalt bevorwortet.«

Von außen gesehen erscheint dieser Stil umständlich, ja fast senil. Doch wer sich auf den dreifachen Einsatz zur Einleitung innerlich einläßt, wird gerade durch die Behutsamkeit des Vorgehens auf das Substantielle der Intentionen Goethes gelenkt werden.

Diese tastende Behutsamkeit, mit welcher Goethe versucht, mitgehendes Interesse für seine Pflanzenstudien zu wecken, sei noch an einem anderen Beispiel aufgezeigt.

Dem ganzen seines Werkes wie den einzelnen Teilen schickt er jeweils ein Motto voraus. So steht unter dem zusammenfassenden Gesamttitel »Bildung und Umbildung organischer Naturen« ein Vers aus dem Hiob-Buch:

> »Siehe er geht vor mir über
> ehe ich's gewahr werde,
> und verwandelt sich
> ehe ich's merke.«

(Hiob 9 Vers 11)

137

Goethe liebte es nicht, Texte der Bibel häufig im Munde zu führen. Er ging mit Zitaten aus dem Alten und Neuen Testament höchst sparsam um. Aber in diesem Fall war ihm offenkundig kein geeigneteres Wort gegenwärtig, als diese Hiob-Zeilen. Deuten sie doch auf das verborgene gemeinsame Prinzip der Gottheit und der Natur hin. Beiden ist wesenhaft zu eigen, was nur für den Aufmerksamen zu erspüren ist: die stille Wandlung der Erscheinung.

Die nächste Seite trägt den Titel »Zur Morphologie«, und wieder folgt ein Leitwort. War das erste dem Geiste des Judentums entnommen, so spricht Goethe nun durch das Griechentum: Ταράσσει τοὺς ἀνθρώπους οὐ τὰ πράγματα,

ἀλλά τὰ περί τῶν πραγμάτων δόγματα.

GOETHE selbst gab in einem Briefe an SCHILLER (v. 15. Dez. 1795) eine deutsche Übersetzung: »*Leider sind es öfter die Meinungen über die Dinge als die Dinge selbst, wodurch die Menschen getrennt werden.*«

Das dritte Motto steht auf der ersten Innenseite von »Die Metamorphose der Pflanzen«. Es ist der »Prolepsis plantarum« LINNÉS entnommen und lautet in lateinischer Sprache: »Non quidem me fugit nebulis subinde hoc emersuris iter offundi, istae tamen dissipabuntur facile, ubi plurimum uti licebit experimentorum luce; natura enim sibi semper est similis, licet nobis saepe ob necessariarum defectum observationum a se dissentire videatur.«

Linnai Prolepsis plantarum, Diss. I

Das bedeutet in der deutschen Übersetzung: »Es entgeht mir jedenfalls nicht, daß dieser Weg sich dadurch trübt, daß immer wieder Nebel sich bilden werden. Leicht jedoch werden sich diese zerstreuen, wo man sich in großem Umfange des Lichtes der Versuche wird bedienen dürfen. Denn die

Natur ist sich immer ähnlich, mag sie uns auch oft wegen des Mangels an notwendigen Beobachtungen mit sich selbst im Widerspruch zu stehen scheinen.«

Und schließlich: Auch der »Geschichte meines botanischen Studiums« schickte GOETHE ein Leitwort voraus: »Voir venir les choses est le meilleur moyen de les expliquer.«

TURPIN

GOETHES eigene Übersetzung lautet: *»Die Sachen herankommen sehen, ist das beste Mittel sie zu erklären.«*

Vier Leitworte in vier verschiedenen Sprachen! Überdies ist das erste in deutscher Sprache mitgeteilte dem jüdischen Volksgeiste (Hiob) entnommen, im dritten bedient sich ein Schwede (LINNÉ) der lateinischen Sprache. Es dürfte nicht zufällig sein, sondern durchaus den Intentionen GOETHES entsprechen, daß auf diese Weise sechs Völker bei den Leitworten mitreden: Deutsche, Juden, Griechen, Römer, Schweden und Franzosen. Wie unvermerkt sind auf diese Weise die morphologischen Schriften als Menschheitsgut gekennzeichnet, was sie ihrem Inhalte nach sind.

In seine Geschichte der Farbenlehre schaltet GOETHE »Betrachtungen über Farbenlehre und Farbenbehandlung der Alten« ein, in denen sich ein Konzentrat der Weltanschauung Goethes befindet, das hier wiedergegeben sei: *»Da im Wissen sowohl als in der Reflexion kein Ganzes zusammengebracht werden kann, weil jenem das Innere, dieser das Äußere fehlt, so müssen wir uns die Wissenschaft notwendig als Kunst denken, wenn wir von ihr irgend eine Art von Ganzheit erwarten. Und zwar haben wir diese nicht im Allgemeinen, im Überschwenglichen zu suchen, sondern, wie die Kunst sich immer ganz in jedem einzelnen Kunstwerk darstellt, so sollte* *die Wissenschaft sich auch jedesmal ganz in jedem einzelnen Behandelten erweisen.*

Um aber einer solchen Forderung sich zu nähern, so müßte man keine der menschlichen Kräfte bei wissenschaftlicher Tätigkeit ausschließen.

Die Abgründe der Ahndung, ein sicheres Anschauen der Gegenwart, mathematische Tiefe, physische Genauigkeit, Höhe der Vernunft, Schärfe des Verstandes, bewegliche sehnsuchtsvolle Phantasie, liebevolle Freude am Sinnlichen, nichts kann entbehrt werden zum lebhaften fruchtbaren Ergreifen des Augenblicks, wodurch ganz allein ein Kunstwerk, von welchem Gehalt es auch sei, erstehen kann.«

GOETHE machte sich keine Illusionen darüber, daß es äußerst schwer sein würde, alle die geforderten Eigenschaften in einem Geiste wirksam werden zu lassen. Er wußte, daß das Ideal des Naturwissenschaftlers gekennzeichnet ist durch »sicheres Anschauen« der Objekte, durch »physische Genauigkeit« und »Schärfe des Verstandes« – oder mit anderen Worten: durch exakte Beobachtungen, welche vom Intellekt verarbeitet werden. Über »mathematische Tiefe« und »Höhe der Vernunft« hatte Goethe seine eigenen Auffassungen, in denen er dem Geiste des NOVALIS nahestand. Aber das andere, was GOETHE nennt: die »Ahndung«, »bewegliche, sehnsuchtsvolle Phantasie«, »liebevolle Freude am Sinnlichen« – gehört zur subjektiven Seite des Forschers und hat nach Überzeugung der Gegner Goethes in der Forschung selbst zu schweigen.

Selbstverständlich war Goethe wach genug, die Berechtigung der Forderung nach Ausschaltung der subjektiv-persönlichen Reaktionen im Wissenschaftsbetriebe anzuerkennen. Doch zugleich wußte er: Es gibt auch objektive Ahnungen, objektive Vernunft und Phantasie, welche zentral der

Forschung dienen können, wenn der Forschende selbst seiner eigenen Innenwelt gegenüber sachlich-distanziert wie einer objektiven Umwelt gegenüber sich verhalten kann. Und damit berühren wir das für alle Naturforschung entscheidende Problem, das den Kampf GOETHES gegen NEWTON ausmachte. Das gilt es zu verstehen.

GOETHE selbst war der Überzeugung, daß von der Art, wie die Menschheit das Licht und die Farbenwelt erkennt, unsagbar viel abhängt. Sieht man in dem Lichte, »dem heiligen, dem bewegten«, wie er es nannte, nichts anderes als ein physisches Phänomen, aus dem nach mechanisch bestimmbaren und zahlenmäßig berechenbaren Gesetzen die Farben gleichsam heraussplittern, wird man meinen, auch die Sonne in gleichem Sinne »erklären« zu können. Dann ist unser Planetensystem ein gewaltiger, aber doch toter Mechanismus, in dessen Mitte ein Gasball wirkt, von dem alles Leben auf Erden abhängt. Zu keinem Zeitpunkt konnte sich Goethe dieses nach KANT und LAPLACE genannte Weltbild zu eigen machen. Darum aber auch glaubte er in seiner Licht- und Farbenlehre den Schlüssel gefunden zu haben, den Materialismus der NEWTONschen Physik zu überwinden.

Bei allem hohen Selbstbewußtsein, das GOETHE zu eigen war, darf man ihn dennoch nicht unbescheiden nennen. Auch dann nicht, wenn er selbst seine Leistung über die anderer stellt. Er tat dies nur dann, wenn er von der Wahrheit seiner Selbstauffassung zutiefst überzeugt war. Dies gilt besonders für seine Position gegenüber NEWTON und dessen Nachfolgern.

ECKERMANN berichtet unter dem Datum vom 19. Februar 1829 – GOETHE stand damals also in seinem 80. Lebensjahr – von einer solchen Äußerung des hohen Selbstbewußtseins Goethes: »*Auf alles, was ich als Poet geleistet habe, bilde ich*

*mir gar nichts ein. Es haben treffliche Dichter mit mir gelebt,
es lebten noch trefflichere vor mir, und es werden immer ihrer
nach mir sein. Daß ich aber in meinem Jahrhundert in der
schwierigen Wissenschaft der Farbenlehre der einzige bin, der
das Rechte weiß, darauf tue ich mir etwas zugute, und ich
habe daher ein Bewußtsein der Superiorität (Überlegenheit)
über viele.«*

Anstelle sich über den vermeintlichen Hochmut Goethes,
der sich mit dieser Selbstbeschreibung bekunde, zu entrüsten,
gilt es hier die Wahrheitsfrage zu stellen: Trifft es zu, was
Goethe über die Bedeutung seiner Farbenlehre zu Eckermann gesagt hat, oder gilt: Hier irrte Goethe?

Eine befriedigende Antwort läßt sich nur finden, wenn
man sich der Mühe unterzieht, die Licht- und Farbenlehre
GOETHES wenigstens soweit zu studieren, daß das Grundsätzliche seiner Anschauung NEWTON und damit aller »klassischen« Physik gegenüber eingesehen wird. Ein solcher Versuch sei im Folgenden unternommen.[70]

Das Leitmotiv seiner Licht- und Farbenkunde formuliert
GOETHE in der Einleitung zu seinem »Entwurf einer Farbenlehre« wie folgt: *»Das Auge hat sein Dasein dem Licht zu
danken. Aus gleichgültigen tierischen Hilfsorganen ruft sich
das Licht ein Organ hervor, das seinesgleichen werde, und so
bildet sich das Auge am Licht fürs Licht, damit das innere
Licht dem äußeren entgegentrete.«*

Goethe bezieht sich, indem er diese untrennbare und un-
leugbare Verwandtschaft von Auge und Licht zum Aus-
gangspunkt seiner Bemühungen nimmt, auf die griechische
Philosophie und auf die christliche Mystik. Aus griechischem
Geiste stammt der Satz: Gleiches wird durch Gleiches erkannt, d. h. durch das Augenlicht das Licht in der Welt.
ANGELUS SILESIUS und JAKOB BÖHME haben oftmals auf den

142

Zusammenklang des inneren und äußeren Lichtes verwiesen. Diese Grundstimmung von Griechen und Mystikern nimmt GOETHE auf und formt sie als Dichter:

> »*Wär' nicht das Auge sonnenhaft,*
> *Wie könnten wir das Licht erblicken?*
> *Lebt' nicht in uns des Gottes eigne Kraft,*
> *Wie könnt' uns Göttliches entzücken?*«

Dann fährt Goethe in seinem Prosa-Text fort: »*Jene unmittelbare Verwandtschaft des Lichtes und des Auges wird niemand leugnen; aber sich beide zugleich als eins und dasselbe zu denken, hat mehr Schwierigkeit. Indessen wird es faßlicher, wenn man behauptet, im Auge wohne ein ruhendes Licht, das bei der mindesten Veranlassung von innen oder von außen erregt werde. Wir können in der Finsternis durch Forderungen der Einbildungskraft uns die hellsten Bilder hervorrufen. Im Traume erscheinen uns die Gegenstände wie am vollen Tage. Im wachenden Zustande wird uns die leiseste äußere Lichteinwirkung bemerkbar; ja, wenn das Organ einen mechanischen Anstoß erleidet, so springen Licht und Farben hervor.*«

Was später JOHANNES MÜLLER und HERMANN HELMHOLTZ zu der Formulierung des Gesetzes von der *subjektiven* Sinnesempfindung führt, das nimmt GOETHE zum Ausgang einer *objektiven* Lichterkenntnis: die Tatsache, daß das Auge nicht nur durch Licht von außen die Lichtwahrnehmung vermittelt erhält, sondern *in sich selbst Licht erzeugt.* Seine Überzeugung ist eindeutig. Wenn der Mensch selbst ein lichterzeugendes Organ besitzt, liegt es doch nahe, durch Studium dieses »inneren« Lichtes sich dem Wesen des in der Welt leuchtenden äußeren Lichtes anzunähern.

Konsequent ist auf diesen Gedanken die Disposition seiner Farbenlehre aufgebaut:

1. Die Farben, insofern sie dem Auge angehören und auf einer Wirkung und Gegenwirkung desselben beruhen:
Die physiologischen Farben.

2. Die Farben, die aus dem Licht in farblosen Medien wie der Luft entstehen und vergehen:
Die physischen Farben

3. Die Farben, welche an den Gegenständen haften:
Die chemischen Farben.

Diesen drei Abteilungen über die Farben sind noch drei weitere hinzugefügt.

In der vierten faßt er die aus den ersten drei Betrachtungen gewonnenen Resultate zusammen. Er selbst meint in der Einleitung, daß er »*dadurch eigentlich den Abriß einer künftigen Farbenlehre entworfen*« habe.

In der fünften Abteilung spricht GOETHE sich über die »Nachbarlichen Verhältnisse« aus zur

Philosophie
Mathematik
Technik des Färbens
Physiologie und Pathologie
Naturgeschichte
Allgemeinen Physik
Tonlehre
Sprache und Terminologie.

Die sechste Abteilung gilt der »sinnlich-sittlichen Wirkung der Farbe«. Damit schließt sich der Kreis. Der Ausgang war vom Menschen, seinem Auge genommen. Der Weg führte durch alle Gefilde der Welt, in denen Licht und Farben erscheinen, und führt am Ende wieder zum Menschen, seiner sinnlich-sittlichen Persönlichkeit zurück.

Der aus GOETHES Farbenlehre wohl am häufigsten zitierte Satz lautet: »*Die Farben sind Taten des Lichts, Taten und*

Leiden« – zumeist abgekürzt als: »*Die Farben sind Taten und Leiden des Lichtes.*«

Selten jedoch wird die Tragweite dieser Aussage Goethes so verdeutlicht, daß damit auch das Grundsätzliche seiner Naturwissenschaft zutage tritt.

Wie gesagt: Goethe durchschaute das Unzureichende von Definitionen in Kurzfassung. Er wußte, daß das Bedürfnis zum Definieren dem intellektuellen Verstande entspringt, der von vornherein darauf verzichtet, das Wesen der Dinge zu erfassen, und sich nur mit der äußeren Erscheinung beschäftigt.

Darum schickt er dem Satz von den Farben als »Taten und Leiden des Lichtes« die folgende Überlegung voraus: »*Denn eigentlich unternehmen wir umsonst, das Wesen eines Dinges auszudrücken. Wirkungen werden wir gewahr, und eine vollständige Geschichte dieser Wirkungen umfaßt wohl allenfalls das Wesen jenes Dinges. Vergebens bemühen wir uns, den Charakter eines Menschen zu schildern; man stelle dagegen seine Handlungen, seine Taten zusammen, und ein Bild des Charakters wird uns entgegentreten.*«

Durch Definition lassen sich nur Einseitigkeiten aussprechen. Sie haben den Vorzug, einfach und überschaubar zu sein. Aber sie bedürfen der Ergänzung. Selbst tote Stoffe werden durch Definitionen nie wesenhaft erfaßt. Selbstverständlich muß ein Chemiker die Atomgewichte der Stoffe kennen, deren Verbindungen er zu erforschen sucht. Solche Definitionen wie: Das Atomgewicht von Kohlenstoff ist $= 12$ (genau: $12{,}01115$), vom Sauerstoff $= 16$ (genau $15{,}994$) u.s.w. sind für den Forscher wichtig und heute unerläßlich. Aber für eine Wesenskunde, für eine umfassende Phänomenologie ist es ein Kennzeichen neben vielen. Gilt dies schon für die unorganische Welt, so um so mehr für alle Lebewesen. Die gegenwärtige »Verhaltensforschung« hat in diesem Sinne vor allem in der Zoologie einen erheblichen Schritt in der Richtung zum Goetheanismus vollzogen. Tiere sind geradezu klassische Beispiele für die vorliegende Problematik – sie sind in ihrem Verhalten nicht zu definieren, sondern nur zu charakterisieren. So allein vermag man das Wesen einer Tierart zu erfassen.

Goethe verlangt, daß diese Einstellung auch dem Lichte und den Farben gegenüber gewonnen und praktiziert wird. *Ihm geht es um die Erkenntnis des Wesens des Lichtes.* Es widersteht ihm – nicht aus subjektiven, sondern aus objektiven Gründen – dem Lichte sich primär mit Apparaturen zu nähern. Seine Überlegung geht von der Tatsache aus, daß alles Leben auf Erden, alles Dasein des Menschengeschlechtes nur in dem Lichte der Sonne entstehen und gedeihen konnte. Durch die Sonne ist unser Planetensystem von Licht erfüllt. Alles irdische Dasein erfährt die Wirkung des Lichtes, indem dieses Helligkeit und Farben erzeugt. Darum darf Goethe dem Satz von den Taten und Leiden des Lichtes hinzufügen: *»In diesem Sinne können wir von denselben Aufschlüsse über das Licht erwarten.«*

Ehe wir in dem Versuch fortfahren, das Prinzipielle der Naturwissenschaft GOETHES zu charakterisieren, müssen wir uns jetzt um Verständnis der Grundhaltung ISAAK NEWTONS bemühen. Schon früher haben wir ausgeführt, daß Newton sich niemals für einen Materialisten hielt. Er wäre tief betroffen, wenn er noch zu Lebzeiten hätte hören müssen, daß seine Physik wesentlich zur Entstehung des weltanschaulichen Materialismus beigetragen hat. Seine erschrockene Antwort wäre sicherlich gewesen: *»Das habe ich nicht gewollt!«*

Auch hätte er darauf verweisen können, daß er mit präzisen Aussagen das Vorhandensein Gottes und einer transzendentalen Welt als Postulat seiner Physik bezeichnet habe. So in einem Brief an Dr. BENTLEY (1693):[71] *»In meinen früheren Briefen habe ich dargelegt, daß die täglichen Umdrehungen der Planeten nicht aus der Gravitation abgeleitet werden können, sondern einer göttlichen Hand bedürfen, die ihnen die Bewegungen einprägte. Die Gravitation könnte wohl den Planeten eine Fallbewegung gegen die Sonne hin erteilen, entweder in direkter oder mit einer geringeren schiefen Richtung, jedoch bedurften die transversalen Bewegungen, vermöge deren die Planeten in ihren verschiedenen Kreisbahnen laufen, der göttlichen Hand, die ihnen eine Bewegung in Richtung der Tangenten dieser Kreise auferlegte.«* NEWTON will sagen, daß die Gravitation (die Kraft der gegenseitigen Anziehung von Massen) zur Erklärung der Bewegungen der Planeten nicht ausreiche. Als eine zusätzliche Kraft nennt er »die göttliche Hand« – und hört an dieser Stelle auf zu denken. Er fordert, daß die physikalische Hypothese der Gravitation durch die Annahme einer »übernatürlichen Macht« ergänzt werde. *»Nur dann lassen sich diese Hypothesen miteinander in Einklang bringen. Daraus folgt, daß es eine Gottheit gibt.«* Es ist dieses wohl der intellektuellste Versuch eines »Gottesbeweises«, den hier Newton unternimmt, und welcher zeigt, wie »dualistisch«, besser wohl gesagt zwiespältig, Newton dachte.

In dem Brief an BENTLEY fährt NEWTON fort: *»Denn wenn es eine der Materie innewohnende Anziehungskraft gibt, wäre es – ohne eine übernatürliche Macht – der Materie der Erde, der Planeten und der Sterne jetzt unmöglich, von diesen wegzufliegen und sich im ganzen Weltraum zu verbreiten. Und sicherlich könnte sich das, was hernach nicht ohne göttliche Macht stattfinden kann, auch niemals vordem ohne diese selbe Macht begeben haben.«* Auf Grund solcher Äußerungen Newtons versteht man, daß der Astronom LALANDE in

Opposition zu NEWTON den Satz prägte: »*Ich habe den Himmel überall durchsucht und nirgends die Spur Gottes gefunden.*« Auch die Antwort von LAPLACE auf NAPOLEONS Frage, warum in seinem System nirgends von Gott die Rede sei, gehört hierher: »*Sire, je n'avais pas besoin de cette hypothèse*« – »*ich hatte diese Hypothese nicht nötig*«.

Im Gegensatz zu GOETHE sucht NEWTON Gott nicht in den Dingen waltend, sondern als absolut jenseitiges Wesen: »*Er ist weder die Ewigkeit noch die Unendlichkeit, aber er ist ewig und unendlich; er ist weder die Dauer noch der Raum, aber er währt fort und ist gegenwärtig, er existiert stets und überall, er macht den Raum und die Dauer aus. Gott ist überall und beständig ein und derselbe Gott. Es ist klar, daß der höchste Gott notwendig existiere, und vermöge derselben Notwendigkeit existiert er überall und zu jeder Zeit. Hieraus folgt auch, daß er durchaus sich selbst ähnlich ist, ganz Ohr, Auge, Gehirn, Arm, Gefühl, Einsicht und Wirksamkeit auf eine keineswegs menschliche, noch weniger körperliche, sondern durchaus unbekannte Weise. Ebenso wie der Blinde keine Idee von den Farben hat, haben wir auch durchaus keine Idee von der Weise, wie der weiseste Gott fühlt und alle Dinge erkennt.*«[72] So ist über die Gottes-Auffassung NEWTONS in seiner »Philosophiae naturalis principia mathematica« (1696) zu lesen. Nie hätte GOETHE so sprechen können. Daß der Menschen Vermögen nicht ausreicht, die Fülle des Göttlichen zu erfassen, war auch ihm selbstverständlich. Aber um so mehr war er bestrebt, Gott wahrzunehmen, »*wo und wie auch immer er sich offenbare*«. Darum suchte er stets und an allen Orten *in* der Materie den Geist zu finden, während Newton die Materie allein mit materiellen Mitteln zu erforschen bemüht war und den Geist als »das ganz Andere« – wie KARL BARTH in seiner ursprünglichen Theologie Gott benannte – außerhalb seiner Forschung ließ.

In der Sprache der Philosophie ist der Gegensatz GOETHE – NEWTON angedeutet, wenn man sagt: GOETHE suchte in aller Natur den immanenten Gott zu erkennen und im übrigen den transzendenten Gott still zu verehren. NEWTON sah keine Möglichkeit, im physikalischen Bereich die Innewohnung Gottes zu erkunden, sondern forderte theoretisch die Existenz des transzendenten Gottes – jenseits aller Erscheinung.

Nach diesem Ausblick auf die Polarität Goethe – Newton in bezug auf ihre religiöse Grundhaltung kehren wir zur Farbenlehre zurück. Wenn GOETHE von den Farben als Taten und Leiden des Lichtes spricht, hat er stets den Gegensatz von Licht und Finsternis im Auge. Beide sind für ihn real, das heißt die Finsternis bedeutet für ihn nicht nur »*Abwesenheit von Licht*«, sondern sie ist für ihn durchaus die selbständige Gegenmacht zum Lichte. Indem nun das Licht gezwungen wird, mit der Finsternis zu kämpfen, entstehen die Farben. Sie sind nicht als einzelne schon im Lichte enthalten, wie NEWTON es annimmt, sondern entstehen als Folge der Auseinandersetzung beider Mächte nach bestimmbaren Gesetzen, die sowohl im Menschen, insbesondere im Auge, wie in der Welt erfahrbar sind.

Dementsprechend bilden sich die Farben ihrerseits in der Polarität: näher zum Licht und näher zur Finsternis. Das Licht als solches ist keine Mischung von Farben – wie Newton vermeint – sondern ist als »*höchstenergisches Licht, wie das der Sonne*« oder als Phosphor, der im Sauerstoff verbrennt, »*blendend und farblos. So kommt auch das Licht der Fixsterne meistens farblos zu uns.*« Legt sich vor das Licht ein Schatten der Finsternis – GOETHE nennt es die Trübe – so erscheint das Gelb. »*Nimmt die Trübe eines solchen Mittels zu oder wird seine Tiefe vermehrt, so sehen wir das Licht nach und nach eine gelbrote Farbe annehmen, die sich endlich bis zum Rubinroten steigert.«*

Am anderen Pole, der Finsternis, geht es um die Aufhellung derselben. Hier erscheint durch Minderung der Dunkelheit und Trübe die blaue Farbe. So sehen wir *»die Finsternis des unendlichen Raumes durch atmosphärische, vom Tageslicht erleuchtete Dünste hindurch«* in blauer Farbe.

Dementsprechend repräsentieren die Farben Polaritäten, die in aller sichtbaren Welt wirksam sind.

Die einzelne Farbe als solche zeigt sich *»jederzeit spezifisch, charakteristisch bedeutend«. »Im allgemeinen betrachtet entscheidet sie sich nach zwei Seiten. Sie stellt einen Gegensatz dar, den wir Polarität nennen und durch ein + und ein − recht gut bezeichnen können.*

Plus	Minus
Gelb	Blau
Wirkung	Beraubung
Licht	Schatten
Hell	Dunkel
Kraft	Schwäche
Wärme	Kälte
Nähe	Ferne
Abstoßen	Anziehen
Verwandtschaft	Verwandtschaft
mit Säuren	mit Alkalien.«

GOETHE führt den Weg, auf dem die Polaritäten in Erscheinung treten, vom Menschen durch die Welt zum Menschen zurück. Er zeigt, wie diese Prinzipien der Lichtwirkung in allen Daseinsschichten wesenhaft gültig sind.

So denkt Goethe seine Farbenlehre konsequent in den Begriffen von Polarität und Steigerung: *»Wie wir das Gelbe* *sehr bald in einer Steigerung«* – vom Gelben über Orange ins Rote – *»gefunden haben, so bemerken wir auch bei dem Blauen dieselbe Eigenschaft«.* Sie führt vom entgegengesetzten Pole vom Blauen über das Blaurote gleichfalls zum Roten.

In der Mitte zwischen Gelb und Blau steht das reine Rot. *»Man entferne bei dieser Benennung alles, was im Roten einen Eindruck von Gelb oder Blau machen könnte. Man denke sich ein ganz reines Rot . . . Wir haben diese Farbe ihrer hohen Würde wegen manchmal Purpur genannt . . .«*

»Die Wirkung dieser Farbe ist so einzig wie ihre Natur. Sie gibt einen Eindruck sowohl von Ernst und Würde als von Huld und Anmut.«

Und schließlich das Grün: *»Wenn man Gelb und Blau, welche wir als die ersten und einfachsten Farben ansehen, gleich bei ihrem ersten Erscheinen, auf der ersten Stufe ihrer Wirkung zusammenbringt, so entsteht diejenige Farbe, welche wir Grün nennen.*

Unser Auge findet in derselben eine reale Befriedigung. Wenn beide Mutterfarben sich in der Mischung genau das Gleichgewicht halten, dergestalt, daß keine von der anderen bemerklich ist, so ruht das Auge und das Gemüt auf diesem Gemischten wie auf einem Einfachen. Man will nicht weiter, und man kann nicht weiter.« So beruht die wohltuende Wirkung von grünen Wiesen und Wäldern nicht nur auf subjektiven Empfindungen, sondern auf der objektiven Ausstrahlung des Wesens der grünen Farbe.

In dem Kapitel »Sinnlich-sittliche Wirkung der Farbe« kommt dieses Resultat überzeugend zum Ausdruck. Hier nur einige Beispiele: *»Die Farben von der Plusreihe sind Gelb, Rotgelb (Orange), Gelbrot (Mennig, Zinnober). Sie stimmen regsam, lebhaft, strebend.«* Das Gelb: *»Es ist die nächste Farbe am Licht. Sie entsteht durch die gelinderte Mäßigung* desselben . . .« »Sie führt in ihrer höchsten Reinheit immer die Natur des Hellen mit sich und besitzt eine heitere, muntere, sanft reizende Eigenschaft.« Wenn man »in grauen Wintertagen eine Landschaft durch gelbes Glas ansieht . . .«, wird »das Auge erfreut, das Herz ausgedehnt, das Gemüt erheitert; eine unmittelbare Wärme scheint uns anzuwehen.«

Auf der Gegenseite: »So wie Gelb immer ein Licht mit sich führt, so kann man sagen, daß Blau immer etwas Dunkles mit sich führe.« »Das Blaue steigert sich sehr sanft ins Rote und erhält dadurch etwas Wirksames, ob es sich gleich auf der passiven Seite befindet.« Blau »ist als Farbe eine Energie; allein sie steht auf der negativen Seite und ist in ihrer höchsten Reinheit gleichsam ein reizendes Nichts. Es ist etwas Widersprechendes von Reiz und Ruhe im Anblick.« »Wie wir den hohen Himmel, die fernen Berge blau sehen, so scheint eine blaue Fläche auch vor uns zurückzuweichen.« »Wie wir einen angenehmen Gegenstand, der vor uns flieht, gern verfolgen, so sehen wir das Blaue gern an, nicht weil es auf uns dringt, sondern weil es uns nach sich zieht.« »Das Blaue gibt uns ein Gefühl von Kälte, sowie es uns auch an Schatten erinnert.« »Blaues Glas zeigt die Gegenstände im traurigen Licht.«

Zum Schluß seines Entwurfes einer Farbenlehre wagt Goethe noch einen kühnen Gedanken auszusprechen. Er meint, wenn man sich wirklich auf das vom Geiste kündende Wesen der Farben einläßt, so erlauben sie auch eine mystische Deutung. »Wenn man erst das Auseinandergehen des Gelben und Blauen wird recht gefaßt, besonders aber die Steigerung ins Rote genugsam betrachtet haben, wodurch das Entgegengesetzte sich gegeneinander neigt und sich in einem Dritten vereinigt, dann wird gewiß eine besondere geheimnisvolle Anschauung eintreten, daß man diesen beiden getrennten, einander entgegengesetzten Wesen eine geistige Bedeutung *unterlegen könne, und man wird sich kaum enthalten, wenn man unterwärts das Grün und oberwärts das Rot hervorbringen sieht, dort an die irdischen, hier an die himmlischen Ausgeburten der Elohim zu gedenken.«*

Goethe wußte, wie »exakte Naturwissenschaftler« auf solche Aussagen der Ahnung und geistigen Vermutung zu reagieren pflegen. Darum schließt er den letzten Absatz des ganzen Entwurfes seiner Farbenlehre mit den Worten: *»Doch wir tun besser, uns nicht noch zum Schlusse dem Verdacht der Schwärmerei auszusetzen, um so mehr, als es, wenn unsre Farbenlehre Gunst gewinnt, an allegorischen, symbolischen und mystischen Anwendungen und Deutungen dem Geiste der Zeit gewiß nicht fehlen wird.«*[73]

Wir aber sind dankbar, daß Goethe diesen letzten Hinweis auf die »Elohim«, die oberen und unteren Götter, gegeben hat. Wird damit doch noch einmal der Gegensatz zu Newtons Optik extrem deutlich. Nie und nimmer hätte Newton mit einem solchen aus dem Ganzen seiner Optik hervorgehenden Satz schließen können!

Im Juni 1911 hielt Rudolf Steiner in Kopenhagen drei Vorträge unter dem Thema: »Die geistige Führung des Menschen und der Menschheit.«[74] Im letzten Vortrag dieser Reihe wagte er, den vorbereiteten Zuhörern unerhörte Perspektiven für die Zukunft zu geben. Er hatte gezeigt, wie sich in der Gegenwart der Geist der ägyptisch-chaldäischen Zeit spiegelt. Damals wurde die Menschheit gelöst von ihrer Einbettung in die göttliche Welt und zum Ergreifen der materiellen Welt geleitet. Dieser Prozeß wird auch noch in der neuzeitlichen Naturwissenschaft fortgesetzt. Doch hat inzwischen die Kraft, die von dem Mysterium auf Golgatha ausgeht, zu wirken begonnen. Rudolf Steiner sprach in Kopenhagen aus, daß es an der Zeit sei, daß diese Kraft auch die Naturwissenschaft zu ergreifen und zu durchdringen beginne: *»Und so sonderbar es erscheinen mag: Künftig werden Chemiker und Physiker kommen, welche Chemie und Physik nicht so lehren, wie man sie heute lehrt . . ., sondern welche lehren werden: ›Die Materie ist aufgebaut in dem Sinne, wie der Christus sie nach und nach angeordnet hat!‹ Man wird den Christus bis in die Gesetze der Chemie und Physik hinein finden. Eine spirituelle Chemie, eine spirituelle Physik ist das, was in der Zukunft kommen wird. Heute erscheint das ganz gewiß vielen Leuten als eine Träumerei oder Schlimmeres. Aber was oft die Vernunft der kommenden Zeiten ist, das ist für die vorhergehenden Torheit.«*

Sehr verändert hat sich die allgemeine Bewußtseinslage in den fast siebzig Jahren seit 1911 nicht. Auch heute wird eine Mehrheit, die sich dafür als kompetent ansieht, die Aussagen RUDOLF STEINERS für Schwärmerei oder Torheit ansehen. Doch leben auch andere, die seiner Zukunftsprognose schon wirkliches Verständnis entgegenbringen. Für diese ist die Forderung nach einer »Durchchristung der Naturwissenschaft« eine höchst aktuelle Angelegenheit, für die gerade GOETHE entscheidende Wegbereiterdienste geleistet hat.

Es gehört zu den zu überwindenden Vorurteilen, daß GOETHE kein Christ gewesen sei. Die Betreffenden, die das behaupten, pflegen sich gern auf Goethes Selbstbezeichnung als »dezidierten Nichtchristen« zu berufen. Doch ist von mancher Seite, am überzeugendsten wohl von RUDOLF MEYER in seinem Buch »Goethe der Heide und der Christ«[75] aufgezeigt worden, daß die Substanz der Bestrebungen Goethes zutiefst christlich ist. GOETHE fühlte sich durch die Naturfeindlichkeit des Kirchen-Christentums seiner Zeit abgestoßen. In Wahrheit war gerade er es, der unter anderem den Christen

geholfen hat, die Worte aus dem Prolog des Johannes-Evan-
geliums wieder ernst zu nehmen, daß *»alles wes geworden ist,
aus Gott geworden ist«* – durch das schöpferische Wortwesen
Gottes, den göttlichen Logos. Denn nichts anderes wollte
Goethe, als den Spuren der Gottheit in aller Kreatur nachge-
hen. So suchte er in seiner Pflanzenkunde die »Idee« der
Pflanze schlechthin, in seiner Farbenlehre das Wesen des
Lichtes zu erfassen.

Mehr instinktiv als bewußt kannte er die beiden Gefahren
der Abirrung von dem Forschungswege. Aus Furcht vor
subjektiver Vermenschlichung, vor Anthropomorphismus,
gerät der Forscher nur zu leicht in den luftleeren Raum »objektiver« Abstraktionen, welche das Wesen der Dinge nicht
zu erfassen vermögen. Auf der anderen Seite hatte Goethe nur
zu oft erlebt, wie der Hang »romantischer« Seelen durch
Intensivierung der eigenen Gefühle zur Schwärmerei führt
und wieder nicht zum Erfassen des Wesens der Dinge. Demgegenüber war Goethe lebenslang bemüht, in der Mitte zwischen verhärtender Veräußerlichung (Ahriman) – er nannte es
»scheidende Pedanterie« – und auflösender Schwärmerei
(Lucifer) – Goethe sprach hier von »verflößender Mystik« –
den Gratweg seiner Forschung innezuhalten. Auch wenn er
den hohen Namen dafür nicht in Anspruch nahm, so ist es
doch der »Christusweg«, den die Naturwissenschaft der Zukunft zu nehmen hat.

Der hohe Beitrag, den die bisherige Wissenschaft geleistet
hat, darf nicht verlorengehen. Denn auf dem Weg aus der Zeit
des KUSANERS und des KOPERNIKUS bis in die Gegenwart
wurde die Fähigkeit zu objektiver, sachlicher Forschung erworben. Der Forscher selbst mußte den Verzicht auf jegliches
Wunsch- und subjektives Phantasieleben leisten. Ob er diese
oder jene Pflanzenblüte für schöner hielt als andere, durfte

seine Erkenntnisbemühung ebensowenig berühren wie etwa die lyrische Stimmung, welche ein Natureindruck in ihm hervorrief. Wir wiederholen: Diese gewonnene objektive Sachlichkeit darf in Zukunft nicht verloren gehen. Doch wurde sie bislang nur an der Außenseite der Dinge geübt und gepflegt. Nun aber gilt es auch in das »Innere der Natur« erkundend einzudringen.

Dieser Neuaufbruch, zu dem GOETHE erstmalig aufrief und Wege zeigte, verlangt dreierlei: Mut, Selbstlosigkeit und innere Intensität.

Mut gehört zu allem Anstreben von unbekannten Zielen. Hier aber geht es um den Mut zum konkreten Erkennen der unsichtbaren Mächte, die aller Natur zugrunde liegen. Damit ist nicht gemeint ein allgemeines Gerede von »vitalen Lebenskräften«, wie es schon im vorigen Jahrhundert durch die sogenannten »Vitalisten« geschah, sondern unterscheidendes Erfassen der differenzierten Tatbestände der sichtbaren wie der unsichtbaren Natur und des Menschen. Solange der Verstand sich an die äußerlich wahrnehmbaren Dinge, die er messen, zählen und wägen kann, zu halten vermag, bedarf es keines besonderen Mutes. In dem Augenblick aber, wo die äußeren Stützen schwinden, wie etwa beim Tode eines Menschen, wenn der Leichnam abfällt und nun alles darum geht, dem Unsichtbaren der individuellen Seele und dem Geiste des Verstorbenen zu folgen, bedarf es des spirituellen Mutes, jener Kraft, die seit je mit dem Wesen des Erzengel Michael verbunden gedacht worden ist.

Dieser Mut verlangt aber zugleich – soll er nicht zum »Über-Mut« werden – eine erhöhte Selbstlosigkeit. Genau wie bei der physischen Forschung hat auf diesem Gebiete alles nur Subjektive, Wunsch und Begierde, zu schweigen. Wahrzunehmen auf übersinnlichem Felde vermag nur, wer die naturwissenschaftliche Sachlichkeit auch im Geistgebiet zu wahren vermag.

Zu diesen beiden substantiellen Fähigkeiten muß nun die dritte sich gesellen: die kraftvolle Intensität des spirituellen Strebens. Heute ist weitaus häufiger als noch vor 20 Jahren die Rede von »Meditation«. Soll diese Entdeckung, daß durch meditative Übungen das diesseitige Leben an Ruhe und Kraft zu gewinnen vermag, nicht zu einer Phraseologie führen, müssen sie mit ausdauerndem Ernst auf lange Sicht praktiziert werden. Wer hier schnelle Erfolge erwartet, wird nur Scheinerfolge erleben und am Ende scheitern. Da bedarf es der inneren Intensität des kontinuierlichen Willens, der über alle erfahrenen Mißerfolge hinweg das Ziel im Auge behält.

Für alles dies hat GOETHE einen Anfang gesetzt. Mit Goethes Augen Steine, Pflanzen, Tiere, Gebirge und Sterne zu sehen versuchen, kann einen heutigen Menschen auf den Weg bringen. Dann wird er gewiß nicht bei Goethe stehen bleiben. Denn schließlich sind seit seinem Tode schon wieder fast anderthalb Jahrhunderte vergangen, in denen die Menschheit wesentliche Veränderungen erfuhr. Doch mit Goethe seinen Weg beginnen, kann auch heute äußerst fruchtbar werden.

Alexander von Humboldt

Im Herzen von Berlin, am 14. September 1769 – im gleichen Jahre wie NAPOLEON – geboren und am 6. Mai 1859 in Berlin gestorben, gehört ALEXANDER VON HUMBOLDT[76] zu den Sternen erster Größe am Himmel des vorigen Jahrhunderts. Das Geistesleben der Hauptstadt Preußens wurde durch ihn zum Leuchten gebracht, so daß Berlin vorübergehend sogar Paris den Rang streitig machen konnte, Hauptstadt des geistigen Europas zu sein. Stets wird man die Brüder ALEXANDER und WILHELM VON HUMBOLDT mit JOHANN GOTTLIEB FICHTE, SCHELLING und HEGEL zusammen nennen, wenn man an die Blütezeit des deutschen Idealismus denkt.

ALEXANDER VON HUMBOLDT war einer der ersten Europäer von Weltformat. 19 Jahre Gelehrtenleben in Paris ließen ihn in Frankreich ebenso heimisch werden, wie er es in seinen Jugend- und Altersjahren in Berlin war. Lebte er in Paris, sprach und schrieb er französisch, in Berlin deutsch. Zwei Weltreisen gaben seinem Leben die entscheidende Prägung. Von 1799 bis 1804 durchquerte er weite Strecken von Südamerika: die Quellgebiete des Orinoko und Amazonas im heutigen Venezuela, das Grenzgebiet von Brasilien, das Land des Magdalenenstromes – Kolumbien, Ekuador, Peru. Heimwärts ziehend, erforschte er als erster gründlich Mexiko und kehrte über Nordamerika (Philadelphia) nach Frankreich zurück.

Später unternahm er von Berlin aus, als bereits 60jähriger (1829), eine zweite Weltreise, nun in den Osten. Von St.

Petersburg (dem heutigen Leningrad) über Moskau führt ihn der Weg bis an die chinesische Grenze, zurück über die Kirgisensteppe und an das Kaspische Meer, bis er wieder St. Petersburg erreichte.

Seine im Anschluß an die Reisen gehaltenen öffentlichen Vorträge in der Sing-Akademie zu Berlin werden zu Sensationen für das gebildete Europa. Noch nie zuvor hat ein Forscher die Quintessenz seiner Reiseergebnisse dem Geiste seines Zeitalters so vermitteln können. Und auch die nachfolgenden großen Erdteil-Erforscher wie LIVINGSTONE, STANLEY, FRIDTJOF NANSEN, SVEN HEDIN u. a. vermochten nicht ein gleiches Maß von geistiger Wirksamkeit aus ihren Reisen herauszuholen. Mit seltener Anschaulichkeit ließ HUMBOLDT für die Gebildeten seiner Zeit ein erstes Gesamtbild der Erde im Weltall erstehen. Die Spannung und Gegensätzlichkeit von Asien und Amerika, von Ost und West, wird durch Wort und Schrift dieses großen Mannes für viele erstmalig zum Erlebnis. Was er vorträgt – sei es über Pflanzen, Mineralien, Tiere, Völker –, alles entstammt eigener Erfahrungs-Substanz. Er hat es mit eigenen Augen gesehen. Er hat die Luft der fernen Länder geatmet, ihre Berge bestiegen, in den Behausungen ihrer Bewohner gelebt. Aber dies alles schildert er nicht in der Art eines Globetrotters – und sei dieser noch so interessant –, sondern erlebt und dargestellt aus dem Geiste heraus, als farbenleuchtende Sinnenwirklichkeit von Ideen durchdrungen. Das ist das einzig Große an ihm, das ihn so hoch über ungezählte Nachfolger erhebt: ein Idealist als Naturwissenschaftler, dem man nicht, wie SCHELLING, den Vorwurf machen konnte, er vergewaltige die Naturwirklichkeit um der Ideen willen.

So weit war er schon von dem modernen Wissenschaftsbewußtsein durchdrungen, daß er lieber schwieg und seine Gedanken zurückhielt, als daß er durch voreilige Formulierungen den physischen Tatsachen Gewalt antat. Man darf WILHELM BÖLSCHE zustimmen, wenn er von HUMBOLDTS Werken schreibt: *»Sie gehören zum eisernen Bestand der Naturwissenschaft als ihr dienlichstes und unentbehrlichstes* pädagogisches *Handwerkszeug.«*

Man braucht nur einen Blick in das Verzeichnis seiner Werke zu tun, um einen Eindruck von der umfassenden Größe dieses Geistes zu bekommen. Es sind von ihm u. a. erschienen:

1793 Beiträge zur Flora Freibergs

1797 Versuche über die gereizten Muskel- und Nervenfasern

1799 Vom Wesen giftiger Gase und den Luftverhältnissen in Bergwerken

1805 Versuch einer Analyse der Atmosphäre zusammen mit Gay-Lussac

1806 Ideen zur Physiognomik der Gewächse

1807 Ideen zur Geographie der Pflanzen

Von 1807 ab erscheinen in Paris in Abständen die 30 Bände über die Reise, die ALEXANDER VON HUMBOLDT gemeinsam mit dem Franzosen AIMÉ BONPLAND durch Südamerika und Mexiko von 1799 bis 1804 unternommen hatte.

Diese Arbeit wird zwischen 1809–14 ergänzt durch fünf Bände in deutscher Sprache über die politischen Zustände des »Königreiches Neu-Spanien«. Es ist die erste umfassende Abhandlung über die geographischen und politischen Verhältnisse von Mexiko.

1817 Die Isothermen und die Verbreitung der Wärme auf der Erde

1823 Geognostischer Versuch über die Lagerung der Gebirgsarten

1828 Eine geographische und volkswirtschaftliche Studie
über die Insel Kuba

1832 Fragmente einer Geologie und Klimatologie Asiens

1843–44 Zentralasien

Und schließlich krönt er sein Lebenswerk durch fünf Bände (der letzte blieb Fragment und erschien erst nach Humboldts Tode), in denen er eine zusammenfassende Darstellung des Naturwissens seiner Zeit gab unter dem Titel: »Kosmos. Entwurf einer physischen Weltbeschreibung«.

Alexander von Humboldt hat als erster und bis heute als letzter es gewagt, das naturwissenschaftliche Weltbild unter weitgehender Beherrschung des Spezialwissens seiner Zeit in einer Sicht zu geben. Er selbst betätigte sich als Anthropologe, Astronom, Botaniker, Zoologe, Geograph, Geologe, Geophysiker, Meteorologe und Ozeanograph. Auf allen diesen Gebieten hatte er ein genügendes Spezialwissen, um sogar mit den Spitzenforschern seiner Zeit mitzuhalten. Doch die Feder führte in ihm nicht der Spezialist, sondern der Erkenntnis suchende Mensch, der zugleich Künstler war. So kommt es, daß fast alle seine Bücher, die heute, zumeist wissenschaftlich überholt, eigentlich nur noch historischen Wert haben, durch den künstlerischen Stil der Darstellung immer noch höchst lesenswert sind. Wir denken zum Beispiel an die »Ansichten der Natur«, in denen eine Reihe früherer Arbeiten zusammengefaßt und mit wissenschaftlichen Erläuterungen versehen wurden.

Alexander von Humboldt dachte groß von den Menschen und der Menschheit. Er wußte, daß der wahre Mensch nur dann zur Erscheinung kommt, wenn ein Zeitalter der Freiheit anbricht, in dem die Rassen- und Standesvorurteile überwunden werden. Obwohl er selbst aus adeligem Hause stammte und stets in den ersten Kreisen verkehrte, in Berlin mit großer Selbstverständlichkeit vom König von Preußen herangezogen wurde, gehörte er doch zu den bewußten Vorkämpfern, welche die Ideale der Französischen Revolution aus dem Geiste heraus zu verwirklichen trachteten. Abhold allen Phrasen, die sich üblicherweise auf diesem Gebiete sofort anbieten, war er von einem starken Glauben an die hohen Aufgaben der Menschheit beseelt:

»*Wenn wir eine Idee bezeichnen wollen, die durch die ganze Geschichte hindurch in immer mehr erweiterter Geltung sichtbar ist; wenn irgendeine die vielfach bestrittene, aber noch vielfacher mißverstandene Vervollkommnung des ganzen Geschlechtes beweist, so ist es die Idee der Menschlichkeit: das Bestreben, die Grenzen, welche Vorurteile und einseitige Ansichten aller Art feindselig zwischen die Menschen gestellt, aufzuheben, und die gesamte Menschheit ohne Rücksicht auf Religion, Nation und Farbe als einen großen, nahe verbrüderten Stamm, als ein zur Erreichung eines Zweckes, der freien Entwicklung innerlicher Kraft, bestehendes Ganzes zu behandeln. Es ist dies das letzte, äußerste Ziel aller Geselligkeit und zugleich die durch seine Natur selbst in ihn gelegte Richtung des Menschen auf unbestimmte Erweiterung seines Daseins.*«

Dabei darf eine Tragik im Leben ALEXANDER VON HUMBOLDTS nicht übersehen werden. Er war nicht nur ein Morgenstern am Geisteshimmel des Abendlandes, sondern gleicherweise ein Abendstern, ein Letzter vor Anbruch der Nacht des Materialismus. Und auch dieser hatte schon seine Schatten in das Werk Humboldts geworfen.

Gewiß nicht zufällig verband ihn eine herzliche Zuneigung mit dem großen Gelehrten der Berliner Universität JOHANNES MÜLLER. HUMBOLDT sieht in JOHANNES MÜLLER, den er mit »mein innigst verehrter Freund und Kollege« brieflich anredet, den ersten Anatom und Physiologen von Europa, ja den »ersten Gelehrten unserer Zeit«, den zu besitzen Berlin das Glück habe. Ein Jahr vor seinem eigenen Tode – 1858 – hält der greise Humboldt dem verstorbenen Freunde Johannes Müller am Grabe die Gedächtnisrede. Ihm gegenüber stehen die Sargträger, einer unter ihnen ist ERNST HAECKEL – der spätere Repräsentant des heraufziehenden Materialismus. Wenige Wochen nach dem Tode von ALEXANDER VON HUMBOLDT (1859) erscheint DARWINS Buch über »Die Entstehung der Arten« und eröffnet auch in der Biologie den Siegeszug des geistverdunkelnden Materialismus. Das Schicksal des Abendlandes nahm seinen Lauf.

Größe und Tragik im Leben und Werk ALEXANDER VON HUMBOLDTs bestand darin, daß er, der auf seiten der Idealisten stand, selbst die Periode des Idealismus ausleitete und zugleich wider Willen – dem Menschheitsschicksal unterworfen – dem Materialismus den Weg mitbereiten half!

Die Materialisten
in der Offensive

Fast gleichzeitig mit GOETHE und ALEXANDER VON HUM-
BOLDT, mit den Idealisten und Naturphilosophen HEGEL,
SCHELLING, FICHTE, NOVALIS, OKEN, CARUS u. a. lebten und
wirkten auch die Begründer des philosophischen und naturwissenschaftlichen Materialismus. Allen vorauf ging der
Franzose JULIEN OFFRAY DE LA METTRIE (1709–1751), der
auch für die ihm nachfolgenden Gesinnungsfreunde durch
sein Buch »Der Mensch – eine Maschine« (1748) eine zusammenfassende Programmschrift geliefert hat.[77]

Wie so viele der später führenden Naturwissenschaftler
und Philosophen sollte und wollte DE LA METTRIE, geboren
in Saint Maló am 25. Dezember 1709, zunächst Theologe
werden. Er studierte dann Medizin, wurde Arzt, gab aber
bald seine Praxis wieder auf, um in Holland an der Universität
Leyden bei dem hervorragenden Mediziner HERMANN BOER-
HAVE (1668–1738) sich weiter auszubilden. Nach einer kurzen Praxis in seinem Heimatort St. Maló siedelte er 1742 nach
Paris über. Infolge seiner für die damalige Zeit höchst ketzeri-
schen Anschauungen wurde er, obwohl er als leitender Mili-
tärarzt voll anerkannt war, von den Pfarrern der katholischen
Kirche schärfstens angegriffen. Eine Schrift von ihm wurde
am 9. Juli 1746 öffentlich vom Henker verbrannt. Um seine
geistige Freiheit zu behalten, begab sich de la Mettrie erneut
nach Leyden, wo sein Hauptwerk »Der Mensch – eine Maschine« veröffentlicht wurde. Doch auch dort hörten die

Verfolgungen nicht auf, so daß er gezwungen war, ohne jegliche Mittel weiter zu flüchten. In dieser Notstunde kam ihm ein Ruf des Preußenkönigs FRIEDRICH DER GROSSE, dem Freunde VOLTAIRES und aller Freigeister, als erlösende Hilfe entgegen. Der König schrieb damals an MAUPERTUIS: *»Ich möchte den* la METTRIE *hier haben, von dem Sie mir sprachen. Er ist ein Opfer der Pfaffen und der Narren, bei mir könnte er in Freiheit schreiben; ich habe eine mitfühlende Liebe für die verfolgten Philosophen. Ich wäre auch einer, wenn ich kein König wäre.«* Dieser Brief hat dokumentarischen Charakter. Was in dem Kardinal VON KUES und dem Domherrn zu FRAUENBURG jeweilig noch in einer Seele vereint war: das Streben nach Freiheit und die Sinnfindung des Lebens mit Hilfe der christlichen Botschaft, hatte sich in zwei Lager getrennt, in das der »Freigeister« und das der »Pfaffen«.

Selbstverständlich folgte DE LA METTRIE gern dem Ruf des Königs. Im Oktober 1746 gelangte er nach Berlin. Doch bereits im Alter von 42 Jahren stirbt er dort nach einem Gastmahl im Hause des französischen Gesandten am 11. November 1751.

»LA METTRIE *ist vielleicht der entschiedenste Materialist, den die Geschichte der Philosophie kennt,*« schrieb der Herausgeber seiner Standardschrift in deutscher Sprache, MAX BRAHN (1909). Jedenfalls suchte DE LA METTRIE konsequent durch den Inhalt seines kleinen Werkes dem Titel, daß der Mensch eine Maschine sei, gerecht zu werden. Alle Gründe, die auch später zum Beweis für den Ursprung der mechanistisch erklärten Leiblichkeit und für die Abhängigkeit der sogenannten Seele und der geistigen Funktionen vom Körper geltend gemacht wurden, hat de la Mettrie bereits vorausgenommen: Materialismus par excellence!

Die Grundlage für diese extreme Sicht bildete die von den

Engländern und von BUFFON, DAUBENTON u. a. vorzüglich ausgebildete Kunst des Sezierens tierischer und menschlicher Körper und die auf den daraus gewonnenen Kenntnissen beruhende vergleichende Anatomie. War es doch im ganzen Mittelalter streng von der Kirche verboten gewesen, einen menschlichen Leib mit dem Messer zu öffnen. Nun hatte sich der Wissensdrang der Forscher jedoch gegen jeden Widerstand durchgesetzt, und in Umkehrung des bislang Gültigen wurde der denkende Mensch als geistiges Wesen entthront und das *Gehirn* als selbsttätiges Denkorgan an dessen Stelle gesetzt.

Einige Sätze aus der Schrift DE LA METTRIES »Der Mensch – eine Maschine« mögen das schon Gesagte ergänzen:

»Der menschliche Körper ist eine Maschine, die ihre Feder selbst aufzieht . . .«

»Alles hängt von der Art ab, wie unsere Maschine aufgezogen ist.«

»Die Seele folgt den Fortschritten des Körpers, wie denen der Erziehung.«

»Man sieht, daß es überhaupt nur eine Substanz auf der Welt gibt und daß der Mensch ihr vollkommenster Ausdruck ist.«

»Von zwei Ärzten ist nebenbei bemerkt meiner Ansicht nach immer derjenige der bessere und vertrauenswürdigere, der in der Physik und Mechanik des menschlichen Körpers bewandert ist und die Seele und alle Besorgnisse, die dieses Hirngespinst den Narren und Nichtwissern einflößt, beiseite läßt und sich nur um die reinen Naturwissenschaften bekümmert.«

»Ich halte das Denken so wenig für unvereinbar mit der organisierten Materie, daß es mir vielmehr eine ihrer Eigenschaften, ebenso gut wie die Elektrizität, die Bewegungsfähig-

166

keit, die Undurchdringlichkeit, die Ausdehnung usw. zu sein scheint.«

»Folgern wir also kühn, daß der Mensch eine Maschine ist, und daß es auf dem ganzen Weltall nur eine einzige verschieden modifizierte Substanz gibt.«

Indem de la Mettrie alle Abhängigkeiten des menschlichen »Seelenlebens« von Trank (Kaffee, Alkohol, Opium und Nahrungsmitteln), von der physischen Umgebung und dem Klima, wie von der eigenen Leiblichkeit (Geschlecht, Hunger, Durst usw.) schildert, fühlt er sich in seinem Materialismus bestätigt und hält alle Andersdenkenden für Narren.

Wie gesagt, Mitte des 18. Jahrhunderts tritt mit de la Mettrie der naturwissenschaftliche Materialismus als Weltanschauung klar in Erscheinung und hat alle grundsätzlichen Gedanken bereits vorgebildet. Im Laufe der nächsten beiden Jahrhunderte wurde aus diesem Keim eine Weltmacht, die in jedes Volk und in jeden einzelnen Menschen eindrang.

Rund hundert Jahre später griffen LUDWIG FEUERBACH[78] (1804–1872), DAVID FRIEDRICH STRAUSS (1806–1874), CARL VOGT (1817–1895) und vor allem LUDWIG BÜCHNER (1824–1899) das Thema des weltanschaulichen Materialismus auf und machten diesen populär. Fast gleichzeitig mit ihnen treten KARL MARX (1818–1883) und FRIEDRICH ENGELS (1820–1895) auf den Plan und entwickeln die materialistische Geschichtsauffassung als Grundlage für das ökonomische System ihres wissenschaftlichen Sozialismus, den »Marxismus«.

MARX und ENGELS waren anfänglich Schüler des »Idealisten« HEGEL, doch unter dem Einfluß des christlichen Apostaten LUDWIG FEUERBACH wechselten sie in das Gegenlager über. Gemeinsam schufen sie den dialektischen Materialismus und verfaßten das »Kommunistische Manifest«.

167

Auch LUDWIG FEUERBACH war zunächst Schüler von HE-
GEL in Berlin gewesen. Wie auch MOLESCHOTT, BÜCHNER
und VOGT scheiterte FEUERBACH am Anfang seiner akademischen Lehrtätigkeit als Privatdozent in Erlangen an der Un-
duldsamkeit seiner Zeit und zog sich früh als Privatgelehrter
in seine Behausung nach Bruckberg bei Ansbach zurück. Von
dort aus entfaltete er eine höchst wirksame Tätigkeit als
Schriftsteller und gelegentlich als Vortragender – so 1848 vor
Heidelberger Studenten – über philosophisch-theologische
Themen. Sein Buch »Das Wesen des Christentums« gehört zu
den umstrittensten und wirksamsten Werken des 19. Jahrhunderts.

Feuerbach vollzog die Metamorphose vom linken Flügel
des Hegelismus zum extremen Materialismus. Das wohl am
häufigsten zitierte populäre Wort von ihm lautet: *»Der
Mensch ist, was er ißt.«*

LUDWIG FEUERBACH und DAVID FRIEDRICH STRAUSS haben einen nachhaltigen Einfluß auf die Theologie genommen.
ALBRECHT RITSCHL, SÖREN KIERKEGAARD, ALBERT KALT-
HOFF u. a. hatten allen Anlaß, sich mit ihnen auseinanderzu-
setzen. Die »Leben-Jesu-Forschung«, durch die in erster Linie der Einbruch des Materialismus in die protestantische
Theologie geschah, hätte ohne FEUERBACH und STRAUSS nicht
jenen Verlauf genommen, der von der Christologie zur aus-
schließlichen Jesulogie geführt hat und damit eine grundle-
gende Verfälschung des Christentums bewirkte.

In seinem Buche: *»Der alte und der neue Glaube«* stellt
DAVID FRIEDRICH STRAUSS die Frage: *»Sind wir noch Chri-
sten?«* und gibt ehrlicherweise für sich die klare Antwort:
»Wir sind keine Christen mehr.«

Angesichts der Unfähigkeit, die biblischen Texte mit den
Gedanken des Materialismus wirklich zu verstehen, konnte

keine andere Antwort gegeben werden. Wir brauchen nur an das zentrale Ereignis der Inkarnation und des Todes Jesu Christi zu denken, an die Auferstehung am Ostermorgen, um deutlich zu erkennen, daß das Wesen des Christentums von den Männern der »Leben-Jesu«-Forschung bis hin zu HARNACK nicht mehr erfaßt werden konnte. Nicht alle besaßen die Ehrlichkeit von FEUERBACH und STRAUSS, sich dies auch selber einzugestehen. In Wahrheit aber hatte sich ein Abgrund zwischen den im christlichen Glaubensbekenntnis ausgesprochenen »Heilstatsachen« und der modernen Theologie aufgetan, der bis heute innerhalb der Kirchen nicht voll überbrückt worden ist.

STRAUSS kennt kein christliches Tabu. Schonungslos reißt er alle Schutzwände frommer Gläubigkeit ein und anerkennt nur, was vor den Augen seines Materialismus bestehen kann. So spricht er es aus: An der »*Auferstehung Jesu, als äußere Tatsache betrachtet, war auch nicht das mindeste dran. Selten ist ein unglaubliches Factum schlechter bezeugt, niemals ein schlecht bezeugtes an sich unglaublicher gewesen.*« Alle Mitteilungen des Neuen Testamentes über die Auferstehung Jesu sind für ihn völlig grundlos. So bezeichnet er sie als »*welthistorischen Humbug*«.

Als einen der »großen Materialisten« wollen wir auch LUDWIG BÜCHNER nennen. Er machte vor HAECKEL den Materialismus als naturwissenschaftliche Weltanschauung populär. Vom Winde des Zeitgeistes getrieben, drangen seine Werke mehr oder weniger in jedes Haus und wurden zur geistigen Nahrung der »Gebildeten« wie der »Ungebildeten«.

LUDWIG BÜCHNER, geboren am 29. März 1824 in Darmstadt, ist der jüngere Bruder des schon im 23. Lebensjahr verstorbenen GEORG BÜCHNER (1813–1837), dem Verfasser des Trauerspiels »Dantons Tod«.

Schon bei der Diskussion anläßlich seiner Promotion in Gießen zum Dr. med. verteidigte LUDWIG BÜCHNER u. a. die These: *»Die persönliche Seele ist ohne ihr materielles Substrat undenkbar.«*

Die politischen Verhältnisse in Darmstadt ließen es nicht zu, daß er dort nach einem ersten Versuch eine Praxis auf Dauer einrichtete. So begab er sich auf Wanderschaft, zunächst nach Würzburg, wo VIRCHOW lehrte, dann nach Wien, wo unter SKODA, ROKITANSKI u. a. die Medizin blühte. Wieder kehrte er in seine Vaterstadt zurück, um aber 1852 in Tübingen an der medizinischen Klinik eine Assistentenstelle, verbunden mit der Tätigkeit als Privatdozent, anzunehmen. Nach Kenntnisnahme einer Schrift von MOLESCHOTT (1822–1893) schrieb er in Tübingen das Buch seines Lebens: »Kraft und Stoff«, das 1855 erschien, eine überraschend starke Verbreitung fand und ein ungewöhnliches Echo – vor allem in Deutschland – hervorrief. Für BÜCHNER selbst hatte das Buch die bittere Folge, daß er seinen Lehrstuhl in Tübingen aufgeben mußte. Jetzt kehrte er endgültig nach Darmstadt zurück, wo er als Fünfundsiebzigjähriger starb.

Neben DARWIN und HAECKEL galt BÜCHNER in dem Deutschland der zweiten Hälfte des vorigen Jahrhunderts als der Wortführer der geistigen Revolution. Er selbst gründete den so überaus aktiven »Deutschen Freidenkerbund«, dessen Leitung er persönlich übernahm. Durch zahlreiche Vortragsreisen – eine solche führte ihn auch in etwa dreißig Städte der Vereinigten Staaten von Nord-Amerika – sorgte Büchner selbst für die Ausbreitung der neuen Ideen und fand auch weithin enthusiastische Aufnahme. Der freisinnige Herzog ERNST VON SACHSEN-COBURG-GOTHA verlieh ihm sogar den Titel »Professor« auf Lebensdauer.

Man darf in LUDWIG BÜCHNER den Prototyp eines »Materialisten« sehen, der zwar alles tat, was in seinen Kräften stand, um den Materialismus als Weltanschauung auszubreiten, seiner Lebensführung nach aber ethischer Idealist war. So setzte sich Büchner in beiden Kriegen, 1866 und 1870/71, sowohl an der Front wie in der Heimat intensiv für die Kranken und Verwundeten beider Feldzüge ein. Auch die soziale Betreuung der Invaliden und Soldatenfamilien mit Hilfe durch ihn selbst in Amerika eingeworbener Gelder lag ihm am Herzen und wirkte sich hilfreich aus.

Da LUDWIG BÜCHNER besondere Anregungen von JAKOB MOLESCHOTT empfing, sei auch dieser kurz berührt. Auch Moleschotts Weg führte in gerader Linie von HEGEL zu FEUERBACH und dann zur Ausbildung des eigenen Materialismus. Sein Hauptwerk trug den Titel: »Der Kreislauf des Stoffes« (1852). Die Quintessenz dieses Buches spricht der Satz aus: »So ist der Mensch die Summe von Eltern und Amme, von Ort und Zeit, von Luft und Wetter, von Schall und Licht, von Kost und Kleidung. Sein Wille ist die notwendige Folge aller jener Ursachen, gebunden an ein Naturgesetz, daß wir aus seiner Erscheinung erkennen, wie den Planet an seiner Bahn, wie die Pflanze am Boden.«

Noch radikaler gab KARL VOGT (1817–1895) seiner materialistischen Anschauung Ausdruck. Nach ihm verhalten sich die Gedanken genauso zum Gehirn, wie die Galle zur Leber, der Urin zu den Nieren. 1855 erschien sein gegen den christlichen Glauben gerichtetes aufreizendes Werk: »Köhlerglaube und Wissenschaft.«

Im Alter muß er gespürt haben, daß im Materialismus die Tendenz liegt, durch Fanatismus für bestimmte Seinsbereiche blind zu werden. Jedenfalls bezweifelte er die Beweiskraft dies Darwinismus und bekämpfte den Dogmatismus HAEKKELS.

Rückblickend auf die Reihe der führenden Materialisten wird deutlich, welche entscheidende Rolle die »idealistische« Philosophie HEGELs sowohl für den politischen Marxismus wie für den philosophischen und theologischen Materialismus in deren Entstehungsgeschichte einnimmt. Es gehört zu den Paradoxien der Geistesgeschichte des 19. Jahrhunderts, daß am Anfang der materialistischen Bewegung der Verkünder des »reinen Geistes« steht. Vor allem Schüler von Hegel sind es, welche zur absoluten Leugnung des »reinen Geistes« gelangen und mit Begeisterung sich als Märtyrer für den Materialismus einsetzen. Der Sog zur Tiefe, d. h. zum ungeistigen Verständnis der Welt, beherrschte zunehmend die führenden Forscher. GOETHE, NOVALIS, HUMBOLDT, FICHTE, SCHELLING – sie alle wurden in den Hintergrund gedrängt. Statt dessen trat JOHANNES MÜLLER in die Arena. Er und seine Schüler verkörperten durch Lebenslauf und Lehre in der Folgezeit geradezu repräsentativ den weiteren Fallweg in eine zunehmende Geistlosigkeit von Forschung und Weltanschauung. Davon muß im Folgenden die Rede sein.

Justus von Liebig,
der Begründer der künstlichen Düngung

»*Die Chemie führt den Menschen ein in das Reich der stillen Kräfte, durch deren Macht alles Entstehen und Vergehen auf der Erde bedingt ist . . .*« so schreibt JUSTUS LIEBIG (1803–1873)[79] – seit 1845 Freiherr VON LIEBIG – im ersten Kapitel seiner »Chemischen Briefe«, die 1844 als Buch erschienen und von Liebig bis zu seinem Tode bei jeder Neuauflage umgearbeitet und ergänzt wurden.

Im zweiten dieser Briefe führt er sein Grundthema fort und steigert sich bis zu der Aussage: »*Darin liegt eben der hohe Wert und die Erhabenheit der Naturerkenntnis, daß sie das wahre Christentum vermittelt. Darin liegt das Göttliche des Ursprungs der christlichen Lehre, daß wir den Besitz ihrer Wahrheiten, die richtige Vorstellung eines über alle Wesen erhabenen Wesens, nicht dem menschlichen Wege der empirischen Forschung, sondern einer höheren Erleuchtung verdanken.*«

So elementar spricht LIEBIG aus, wie zwei Wege, um zu wahrer Erkenntnis zu gelangen, dem forschenden Menschen offenstehen: Empirische Forschung und – Erleuchtung! Theoretisch führen nach Liebig beide Wege zu dem gleichen Ziele. Für sich selbst aber entschied sich Liebig ausschließlich für den ersten.

Schon als Knabe schien er für die chemische Wissenschaft prädestiniert zu sein. Sein Vater hatte ein Geschäft, etwa in Richtung einer heutigen Drogerie, in dem Justus mit Lacken,

Farben und Firnissen frühzeitig umzugehen lernte. Nach kurzer Lehre in einer Apotheke begann er mit 17 Jahren sein Studium in Bonn. Nach zwei Semestern siedelte er zunächst nach Erlangen über, wo er vor allem mit innerer Intensität die Vorlesungen SCHELLINGS aufnahm. Er selbst erinnert sich später mit dem entsprechenden geistigen Abstand: »*In Erlangen zogen mich* SCHELLINGS *Vorträge eine Zeitlang an; allein Schelling besaß keine Kenntnisse in den Fächern der Naturwissenschaft, und das Einkleiden der Naturerscheinungen in Analogien und Bilder, was man Erklären nannte, sagte mir nicht zu.*«

Mit einer Arbeit »Über das Verhältnis der Mineralchemie zur Pflanzenchemie« promovierte LIEBIG »in absentia« (d. h. ohne persönliche Anwesenheit) am 21. Juli 1823 in Erlangen zum Doktor – also im Alter von 20 Jahren. Das Thema der Promotionsschrift sollte das Thema seines Lebens werden.

Zuvor hatte er bereits ein Jahr durch Unterstützung des Großherzogs von Hessen-Darmstadt an der Sorbonne in Paris zugebracht. Hier, an der zentralen Universität Europas, wirkten damals die führenden Naturwissenschaftler, allen voran der Physiker GAY LUSSAC – aber auch AMPÈRE, CUVIER, GEOFFROY DE ST. HILAIRE, LAPLACE und viele andere. Der Satz eines französischen Geschichtsschreibers der Naturwissenschaft war für die damalige Zeit berechtigt: »*La chimie est une science française*« – »*Die Chemie ist eine französische Wissenschaft.*« Schwerlich konnte man 1822 ahnen, daß der neunzehnjährige deutsche Student JUSTUS LIEBIG in der Folgezeit diese französische Führungsrolle beenden würde.

Als LIEBIG im April 1824 wieder zu Hause in Darmstadt eintraf, war er ein anderer geworden. Alles was ihn mit SCHELLING verband, wurde entweder willentlich negiert oder verflüchtigte sich in einen unklaren Hintergrund. Ausschließlich in der empirisch forschenden Chemie sah Liebig fortab seine Aufgabe. Seinen Bruch mit Schelling beschrieb er später: »Ich . . . brachte einen Teil meiner Studienzeit auf einer Universität zu,« (gemeint ist Erlangen) »wo der größte Philosoph und Metaphysiker des Jahrhunderts die studierende Jugend zur Bewunderung und Nachahmung hinriß; wer konnte sich damals vor Ansteckung sichern? Auch ich habe diese an Worten so reiche, an wahrem Wissen und gediegenen Studien so arme Periode durchlebt, sie hat mich um zwei kostbare Jahre meines Lebens gebracht; ich kann den Schreck und das Entsetzen nicht schildern, als ich aus diesem Taumel zum Bewußtsein erwachte.« So sprach Liebig nach seiner Abkehr von der idealistischen Philosophie über das, was ihm selbst einst Leitstern gewesen war und was er nun mit Worten wie »Pestilenz«, »falschen Göttern . . . dieses mit Stroh ausgestopfte und mit Schminke angestrichene Totengerippe« bezeichnete.

Als 21jähriger erhielt er die Stelle eines außerordentlichen Professors in Gießen, ein Jahr später (1825) wurde er dort Ordinarius. Durch 28 Jahre hindurch bewirkte Liebig, daß Gießen der Mittelpunkt der jungen chemischen Wissenschaft in Deutschland und weit darüber hinaus wurde. Eine Unzahl von Schülern ging in diesen vier mal sieben Jahren durch seine mit einem Praktikum verbundene Ausbildung, darunter Männer wie KÉKULÉ, GERHARDT und FRANKLAND.

1852 nahm er einen Ruf nach München an, um mehr Ruhe für seine eigenen Arbeiten zu finden. In engem Kontakt blieb er lebenslang mit dem bedeutenden chemischen Forscher FRIEDRICH WÖHLER verbunden, während seine ursprünglich nahe Beziehung zu dem Schweden BERZELIUS sich durch wissenschaftliche Meinungsverschiedenheiten erheblich lokkerte. Am 18. April 1873 starb Justus von Liebig in München.

Als wesentlicher Begründer der organischen Chemie war Justus von Liebig – wie Nordenskiöld es formuliert – »*einer der hervorragendsten Gelehrten des (19.) Jahrhunderts*«. So hat er im Bunde mit seinem Freund Friedrich Wöhler (1800–1882) die Fundamente für die Wissenschaft der Landwirtschaft gelegt und als erster die hohe Bedeutung des Humus für jegliches Pflanzenwachstum erkannt. Man darf es uneingeschränkt sagen: Ohne Justus von Liebig gäbe es die heutige Agrikulturchemie nicht. So schreibt das Biographische Lexikon »Große Naturwissenschaftler« vom Oktober 1970 über Liebig: »*Als er die Agrikulturchemie begründete, wurde er zum Wohltäter der Menschheit*«. Auch dieser hohen Anerkennung kann man nicht ohne weiteres widersprechen. Wurde doch unter seiner Führung in der Landwirtschaft die Produktion von Nahrungsmitteln auf der ganzen Erde erheblich gesteigert.

Doch sein entscheidender Beitrag zur Entwicklung der Landwirtschaft war die Düngungszugabe unverwandelter mineralischer Stoffe in den Boden – mit allen heute zunehmend erkannten Schädigungen für die Pflanzen und die menschliche Ernährung. Das ist die ungewöhnliche Tragik der Lebensleistung des Justus von Liebig: Er ist gewillt, mit seinem Verstande einzudringen in »*das Reich der stillen Kräfte, durch deren Macht alles Entstehen und Vergehen auf der Erde bedingt ist . . .*« – er fühlt sich im Dienste christlicher Verkündigung – und bewirkt dennoch effektiv durch sein Lebenswerk eine Vergiftung des Pflanzenreiches und der Menschheit in ungewöhnlichem Ausmaße.

Das tragische Schicksal
von Johannes Müller

Eine einmalige Tragödie besonderer Art hat sich im 19. Jahrhundert zugetragen. Im Mittelpunkt derselben steht die Persönlichkeit von JOHANNES MÜLLER (1801–1858)[80]. Dieser wurde am 14. Juli 1801 in Koblenz in der Jesuitengasse als Sohn des Schuhmachers MATTHIAS MÜLLER und seiner Ehefrau THERESIA geb. WITTMANN geboren und durch einen Pfarrer in der Kirche »Unserer lieben Frauen« getauft.

Als Kind von sieben Jahren nahm er mit staunenden Augen und offenem Herzen den Kultus der Kirche auf, so daß er mit besonderer Freude »Altärches« spielte, indem er selbst nach »Miene, Haltung und Gewand« einen Priester nachahmte.

Früh zeigte sich bei dem heranwachsenden Johannes als Besonderheit die Wahrnehmungsfähigkeit innerer Bilder, welches er als »Gesichtersehen« bezeichnete, eine Fähigkeit, die für den Knaben selbst »etwas Geheimnisvolles« hatte. Sehr bald auch traten bei ihm geistige Neigungen in Erscheinung, die es für die Eltern ratsam erscheinen ließen, ihn nicht, wie sein Vater es war, Handwerker werden zu lassen, sondern ihn in ein Gymnasium zu schicken, das er schon mit 17 Jahren (1818) ohne Abschlußexamen verließ. Anschließend diente er als »einjährig-Freiwilliger« bei der 8. rheinischen Pionierabteilung in Koblenz. Unmittelbar darauf bestand er die Prüfung zur Zulassung an der Universität mit dem Zeugnis »bedingte Tüchtigkeit«. Es genügte, der Weg zum Studium war frei.

Im Schwanken zwischen Theologie – auf Wunsch der Mutter – und Medizin entschied er sich selbst für den Beruf als Arzt. *»Da weiß ich doch, was ich habe und wem ich diene.«* Am 21. Oktober 1819 wurde er in Bonn immatrikuliert.

Schon drei Jahre später promovierte JOHANNES MÜLLER mit einer physiologisch-zoologischen Arbeit »Über Gesetze und Zahlenverhältnisse der Bewegung in den verschiedenen Tierklassen (De phoronomia animalium)« zum Doktor der Medizin. Eine vorläufige Arbeit hatte er zuvor in der »Isis«-Zeitschrift des Schelling-Schülers und Goetheanisten LORENZ OKEN veröffentlicht. Als Motto steht am Kopf dieser Schrift ein längerer Satz von GIORDANO BRUNO, der abschließt: *»Ein Geist findet sich in allen Dingen, und es ist kein Körper so klein, der nicht einen Teil der göttlichen Substanz in sich enthielte, wodurch er beseelt wird.«*

Mit HEINRICH HEINE, HOFFMANN VON FALLERSLEBEN und KARL SIMROCK sitzt er zu Füßen von AUGUST WILHELM SCHLEGEL und nimmt dessen Auslegungen des Nibelungenliedes mit Interesse auf.

In der Botanik wurde er durch den Freund und wissenschaftlichen Gesinnungsgenossen GOETHES, NEES VON ESEBECK, eingeführt, der zugleich ein Kolleg über Entomologie (Insektenkunde) hielt. Somit hatten in Bonn frühzeitig konkrete Begegnungen MÜLLERS mit Vertretern des deutschen Idealismus und des Goetheanismus als naturwissenschaftlicher Methode stattgefunden.

1823 war er von Bonn nach Berlin gezogen, um unter CARL ASMUND RUDOLPHI sein medizinisches Studium 1824 durch das Abschlußexamen zu beenden. Bekannt war die energische Opposition, die Rudolphi gegen die damals geradezu zur Mode gewordene Vivisektion von Tieren geltend machte. MÜLLER beschrieb RUDOLPHIS Charakter: *»Sein Enthusiasmus für die Wissenschaft, seine Wahrheitsliebe, sein edler und* *uneigennütziger Charakter, seine kraftvolle Opposition gegen falsche Richtungen zogen unwiderstehlich an.*«[81]

Auch HEGEL hat JOHANNES MÜLLER in dieser ersten Berliner Zeit gehört, doch wissen wir nichts von dessen Einwirkung auf ihn. Wichtiger war die Begegnung mit dem Physiker THOMAS JOHANN SEEBECK, in dessen Haus MÜLLER auch als Gast verkehrte. SEEBECK gehörte zu den wenigen Physikern, die sich voll zu GOETHES Farbenlehre bekannten.

Im Herbst 1824 kehrte JOHANNES MÜLLER nach Bonn zurück und habilitierte sich als Dreiundzwanzigjähriger an der medizinischen Fakultät mit der für ihn zu diesem Zeitpunkt charakteristischen Antrittsvorlesung: »Von dem Bedürfnis der Physiologie nach einer philosophischen Naturbetrachtung«. Hier tritt Johannes Müller als »Goetheanist« erstmalig in der Öffentlichkeit auf.

»*Der Physiologe erfährt die Natur, damit er sie denke*« – erscheint wie ein Leitsatz. KIELMEYER, GOETHE, ALEXANDER VON HUMBOLDT – aber auch FRANCIS BACON BARON VERULAM und CUVIER werden als Zeugen aufgerufen, um die erstrebte Geistesrichtung der zukünftigen Naturforschung im Sinne von JOHANNES MÜLLER zu deuten: »*Es ist nichts leichter, als eine Menge sogenannter interessanter Versuche zu machen. Man darf die Natur nur auf irgendeine Weise gewalttätig versuchen; sie wird immer in ihrer Not eine leidende Antwort geben. Nichts ist schwieriger als sie zu deuten, nichts ist schwieriger als der gültige physiologische Versuch; und dieses zu zeigen und klar einzusehen, halten wir für die erste Aufgabe der jetzigen Physiologie.*« – »*Denn die Betrachtung der Natur durch den unbefangenen Sinn ist wahrhaft göttlicher Natur . . .*« – »*Die schlichte Beobachtung in der anatomischen Untersuchung ist viel herrlicher und besser als das leichtsinnige und häufig genug lügenhafte Experiment.*« Man darf sagen: das ist Geist von gleicher Art, wie Goethe ihn suchte. Wir erinnern nur an dessen Fragment: *»Die Natur verstummt auf der Folter; ihre treue Antwort auf redliche Frage ist: Ja! ja! Nein! nein! Alles übrige ist vom Übel.«*

JOHANNES MÜLLER sucht selbst die geistige Übereinstimmung mit GOETHE: *»Ich habe mich schon oben bemüht zu zeigen, daß die Naturforschung auch etwas Religiöses an sich habe; damit will ich sagen, daß sie auch ihren Kultus habe. Man kann, glaube ich, hinzusetzen, sie hat auch ihre dauernden Priester. Da gibt es eine Erfahrung, die nur von Ideen gebildet wird, und aus den Erfahrungen wieder entspringen uns auf unmittelbare Weise Ideen, weil jene wie Institutionen eines religiösen Kultus wirken. Diese anspruchslose, schlichte Anschauung der Natur, die in sich selbst gezwungen, in allen Dingen nur das Rechte der Dinge, die Wahrheit ihres Scheins erkennt, ist der Sinn des Naturforschers und namentlich des Physiologen. Lasset einen solchen Geist erfahren, was ihr immer wollt, er erfährt mehr als in den Dingen selbst scheinbar sinnlich Erkennbares ist; und wie seine Erfahrungen und Betrachtungen aus der Idee hervorgehen, so kehren sie auch in Ideen zurück. Ich erinnere an die Ansichten der Natur von* ALEXANDER VON HUMBOLDT *und an die naturforschenden Arbeiten* GOETHES. *Die Erfahrung wird zum Zeugungsferment des Geistes. Nicht das abstrakte Denken über die Natur ist das Gebiet der Physiologen. Der Physiologe erfährt die Natur, damit er sie denke.«*

Von dieser Antrittsvorlesung MÜLLERs in Bonn sagt sein bester Biograph WILHELM HABERLING: *»Die Rede* JOHANNES MÜLLERs *muß wie ein Bombenschlag bei der erstaunten Zuhörerschaft gewirkt haben.«* Das war ein Ton, der nicht nur ungewohnt im akademischen Hörsaal – es war der große Hörsaal des Anatomischen Theaters in Bonn, der gerade in diesem Jahre (1824) erbaut worden war – erklang, sondern versprach, eine neue, nämlich geistige Epoche der Naturwissenschaft einzuleiten.

Schon ein Jahr später, im Herbst 1825, vollendete JOHANNES MÜLLER das große Werk: »Zur vergleichenden Physiologie des Gesichtsinnes des Menschen und der Tiere nebst einem Versuch über die Bewegungen der Augen und über den menschlichen Blick.«

Wieder gibt er durch das Motto zu erkennen, in welche Richtung sein Geist zielt. Dieses Mal wählt er GOETHE selbst als Patron:

> *Gehalt ohne Methode führt zur Schwärmerei,*
> *Methode ohne Gehalt zum leeren Klügeln,*
> *Stoff ohne Form zum beschwerlichen Wissen,*
> *Form ohne Stoff zum hohlen Wähnen.«*

Dieser Arbeit ist die zuvor genannte enthusiastische Antrittsvorlesung als Einleitung beigefügt.

Bewußt als wissenschaftliche Ergänzung zu dem wichtigen, grundlegenden Kapitel in Goethes Farbenlehre über die »Physiologischen Farben« ist dieses Werk Müllers gemeint. Auch seine nächste Arbeit »Über die phantastischen Gesichtserscheinungen« (1826) sucht dem gleichen Ziele zu dienen. Man denke nur an GOETHES Einleitung zu seiner Farbenlehre, in der er seiner Grundgesinnung Ausdruck gibt: »*Das Auge hat sein Dasein dem Licht zu danken. Aus gleichgültigen tierischen Hilfsorganen ruft sich das Licht ein Organ hervor, das seinesgleichen werde, und so bildet sich das Auge am Licht fürs Licht, damit das innere Licht dem äußeren entgegentrete.«*

»*Jene unmittelbare Verwandtschaft des Lichts und des Auges wird niemand leugnen, aber sie beide zugleich als eines und dasselbe zu denken, hat mehr Schwierigkeit. Indessen* wird es faßlicher, wenn man behauptet, im Auge wohne ein ruhendes Licht, das bei der mindesten Veranlassung von innen oder von außen erregt werde. Wir können in der Finsternis durch Forderungen der Einbildungskraft uns die hellsten Bilder hervorrufen. Im Traume erscheinen uns die Gegenstände wie am vollen Tag. Im wachenden Zustande wird uns die leiseste äußere Lichteinwirkung bemerkbar; ja, wenn das Organ einen mechanischen Anstoß erleidet, so springen Licht und Farben hervor.«*

JOHANNES MÜLLER ist zutiefst davon durchdrungen, daß seine Arbeiten den gleichen Geist spiegeln, der auch in GOETHE wirksam war. In einem Begleitbriefe vom 5. Februar 1826 an diesen schreibt er: »*Ich muß es Ihrer Güte und Nachsicht anheimstellen, ob Ihnen die Lust bleiben wird, diese Weihgeschenke eines bisher schweigsamen und unbekannten Schülers in der Nähe zu betrachten und zu prüfen.*«

Fast möchte man sagen: JOHANNES MÜLLER naht sich zu GOETHE wie zu einem Gott. Er bringt ihm seine Arbeit als »Weihgeschenk«. Und er bezeichnet sich selbst als einen »Schüler« Goethes. So devotionell dies auch klingt, so schwingt im gleichen Briefe das ihm eigene hohe Selbstbewußtsein mit: »*Denn ich finde einen so engen Zusammenhang zwischen dem, was Sie uns gegeben, und dem, was ich daraus habe weiterbilden können, daß ich so kühn sein könnte, für alle Folgen Sie selbst verantwortlich zu machen.*«

GOETHE antwortet auf diese Huldigung mit einem Brief aus Weimar vom 29. März 1826. Er steht im 77. Lebensjahr und spricht einleitend davon, daß die Herausgabe seiner sämtlichen Werke ihn leider schon einige Jahre so beschäftige, daß er sich »*von unmittelbarer Betrachtung der äußeren Natur entfernen*« mußte. Um so mehr äußert er sein Interesse an den Bemühungen MÜLLERS und spricht davon, daß er überzeugt sei, wie dieser »*nach Art und Weise, die ich auch für die rechten halte, im Reiche der Natur vorzudringen, bemüht*« sei.

Dann aber nimmt er doch eine gewisse Distanz zu Müllers Arbeit – in der ihm eigenen vornehmen Haltung: »*Freilich ist die Region, in der wir uns umtun, so weit und breit, daß von einem gemeinsamen Wege eigentlich die Rede nicht sein kann; und gerade die, welche vom Zentrum nach der Peripherie gehen, können, obgleich nach einem Ziele strebend, unmöglich parallelen Schritt halten, und sie müssen daher, insofern ihnen die Tätigkeiten anderer bekannt werden, immer nur darauf achten, ob ein jeder seinem Radius, den er eingeschlagen, getreu bleibt.*

In diesem Sinne habe ich die Bemühungen der Mitlebenden, Älterer und Jüngerer, seit geraumer Zeit zu betrachten gesucht. Die Divergenzen der Forscher sind unvermeidlich; auch überzeugt man sich bei längerem Leben von der Unmöglichkeit einer Art des Ausgleichens. Denn indem alles Urteil aus den Praemissen entspringt, und genau besehen jedermann von besonderen Praemissen ausgeht, so wird im Abschluß jederzeit eine gewisse Differenz bleiben, die dem einzelnen Wissenden angehört und erst recht von der Unendlichkeit des Gegenstandes zeugt, mit dem wir uns beschäftigen, es sei nun, daß wir uns selbst, oder die Welt, oder was über uns beiden ist, als Ziel unserer Betrachtungen in's Auge fassen.

Nehmen Sie dieses Wenige freundlich auf. In meinen Jahren muß man sich bescheiden, am Wege genügsam auszuruhen und andere vorüber eilen zu lassen, an die man in früherer Zeit sich gar zu gern angeschlossen hätte.«

JOHANNES MÜLLER konnte diesem Briefe beides entnehmen: Wohlwollende Anerkennung und vorsichtige Distanznahme. GOETHE bestätigt ihm, daß sie beide das gleiche Ziel vor Augen haben, doch die beschrittenen Wege möchte er nicht so ohne weiteres, wie Müller es in seinem Begleitbriefe getan hat, identifizieren. Wer Müllers Werke heute studiert, muß Goethe recht geben. Müllers Bemühen ist anfänglich dem von Goethe verwandt, doch es ist auch schon spürbar, wie schwer sich Müller der suggestiven Kraft der üblichen naturwissenschaftlichen Denkweise entziehen konnte. Er ist durch seinen Beruf erheblich tiefer als Goethe in das in seiner Zeit vorhandene Material wissenschaftlicher Befunde eingetaucht. Dementsprechend ist seine Sprache dem üblichen Stil der Forschung, sobald er zur Schilderung von Detail-Prozessen und Organen übergeht, angepaßt. So sehr er für sein eigenes Bewußtsein Goethes Geistnähe sucht, ist es doch nicht erlaubt, summarisch zu sagen: Es ist Geist von Goethes Geist. – Indem wir dies aussprechen, weisen wir auf einen Konflikt in der Seele von Johannes Müller hin, der hier im ersten Keimstadium in Erscheinung trat und der, wie unvermerkt wachsend, schließlich die Tragödie seiner Existenz und seiner Schüler begründete.

GOETHE starb sechs Jahre nach diesem Briefwechsel: 1832. Der sehr viel jüngere JOHANNES MÜLLER – er wurde 52 Jahre nach Goethe geboren! – überlebte ihn um 27 Jahre. Gerade diese Jahrzehnte sind zugleich die Zeit des vehement zunehmenden Materialismus. Auch die in den vierziger Jahren aufbrechenden Freiheitsimpulse dürfen über diesen Tatbestand nicht hinwegtäuschen. Die Repräsentanten des Materialismus traten ihren eigentlichen Siegeszug erst nach Goethes Tod an. Die Standardwerke des Materialismus von FEUERBACH, MOLESCHOTT, VOGT und BÜCHNER wurden noch zu Lebzeiten von JOHANNES MÜLLER veröffentlicht. Wenn auch der erste Band »Das Kapital« von KARL MARX erst 1867 und »Der alte und der neue Glaube« von DAVID FRIEDRICH

184

STRAUSS 1872 erschienen, so standen doch die vierziger und fünfziger Jahre im abendländischen Felde im Zeichen des sieghaft vordringenden Materialismus. Zwar lebte der alte SCHELLING bis 1854, aber völlig vereinsamt – wie ein kaum beachtetes Mahnmal an den fast vergessenen deutschen Idealismus. Einer der wenigen, die nicht schwiegen, sondern die Stimme des Anti-Materialismus geltend machten, war der FICHTE-Sohn: IMMANUEL HERMANN FICHTE (1797– 1879). Doch wer hörte auf ihn? Noch heute sucht man vergeblich seinen Namen in Knaurs Lexikon oder im Volksbrockhaus. Nur in RUDOLF STEINERS »Rätsel der Philosophie« wird er ehrend und zugleich in bezug auf seinen Kampf gegen HEGEL kritisch erwähnt.

Eine gewisse geistige Schwäche von JOHANNES MÜLLER hat sich schon früh gezeigt. Indem er in seiner Antrittsvorlesung sich neben GOETHE und ALEXANDER VON HUMBOLDT auch BACON VON VERULAM zum Leitstern gewählt hatte, wurde eine Art geistige »Farbenblindheit«, man kann auch sagen Instinktschwäche im intellektuellen Bereich, bezüglich der wissenschaftlichen Methode deutlich. Auf diesem Felde war ihm GOETHE weit überlegen. Dieser hatte geradezu einen sechsten Sinn für echte Spiritualität im Gegensatz zur bloßen Intellektualität und spürte genau, ob ein Forscher in seinem Sinne methodisch in der Lage war, im »Buche der Natur« wirklich geistig zu lesen. Darum seine tiefe Abneigung gegen ISAAC NEWTON, aber auch seine deutliche Kritik an BACON VON VERULAM.

GOETHE ist objektiv genug, an BACON das »Erfreuliche« zu sehen. Er sieht es in dessen *»Aufregen, Aufmuntern und Verheißen«. »Erfreulich das Erkennen jener Vorurteile, welche die Menschen im Einzelnen und im Ganzen abhalten vorwärtszuschreiten.«*

Dagegen überwiegt nach Goethe bei Bacon das »Unerfreuliche«: *»Höchst unerfreulich dagegen die Unempfindlichkeit gegen Verdienste der Vorgänger, gegen die Würde des Altertums. Denn wie kann man mit Gelassenheit anhören, wenn er die Werke des* ARISTOTELES *und* PLATO *leichten Tafeln vergleicht, die eben, weil sie aus keiner tüchtigen, gehaltvollen Masse bestünden, auf der Zeitflut gar wohl zu uns herüber geschwemmt werden können. Im zweiten Teil sind unerfreulich seine Forderungen, die alle nur nach der Breite gehen, seine Methode, die nicht konstruktiv ist, sich nicht in sich selbst abschließt, nicht einmal auf ein Ziel hinweist, sondern zum Vereinzeln Anlaß gibt.«*

GOETHE faßt sein Urteil über BACON in dem Resultat zusammen, *»daß seine Wirkung mehr schädlich als nützlich gewesen«.* Goethe nimmt klar wahr, wie der Einfluß von Francis Bacon als Wegbereiter des Materialismus von entscheidender und tragischer Bedeutung wurde. JOHANNES MÜLLER *durchschaut es nicht.* An dieser seiner geistigen Schwäche wird die ganze Problematik des großen Johannes Müller deutlich.

Schon in dem Werk »Zur vergleichenden Physiologie des Gesichtssinnes des Menschen und der Tiere . . .« bringt MÜLLER in dem Kapitel, das seiner als Einleitung gedruckten »Antrittsvorlesung« folgt und die Überschrift hat: »Von der Vermittlung des Subjekts und Objekts durch den Gesichtssinn«, das so folgenschwere »Gesetz von der spezifischen Energie der Sinnessubstanzen«. Heute ist es in das allgemeine Bewußtsein übergegangen. Damals hatte diese Einsicht geradezu schockierende Wirkung: *»Ein und das gleiche Sinnesorgan, auf irgendwelche Art erregt, antwortet stets auf die nämliche Art.«* So reagiert das Auge immer mit einer Lichtempfindung, ob es nun Licht aufnimmt, durch elektrischen Strom angeregt wird oder einen Faustschlag empfängt. Dementsprechend gilt auch: *»Die verschiedensten Sinnesorgane, auf die gleiche Art erregt, antworten jedes in seiner Art.«*

Ihm selbst wohl unbewußt, entfernt sich JOHANNES MÜLLER in Forschung und Lehre zunehmend von dem Geiste GOETHES und nähert sich der wissenschaftlichen Methode BACONS und NEWTONS.

Noch 1826 erweist sich JOHANNES MÜLLER in seiner Schrift »Über die phantastischen Gesichtserscheinungen« als wirklicher Kenner der menschlichen Seele. Da sie die Voraussetzung für alle leibliche Existenz ist, schwebt ihm vor, daß alle physiologischen Untersuchungen in ihren letzten Resultaten selbst psychologisch sein müßten. Er will durch seine Schrift erreichen, daß *»der Gesichtssinn in seinem Wechselwirken im Geistesleben«* untersucht wird und ergänzt: *»Möge diese Arbeit nur etwas dazu beitragen, die psychologische Forschung von dem sterilen Boden der sogenannten empirischen Psychologie und andererseits von allzu gemächlicher und absprechender Spekulation auf das Leben, auf das Fruchtbare zurückzuführen.«*

Hier schreibt JOHANNES MÜLLER als Forscher, der erkannt hat, daß es die *Mitte* zu halten gilt zwischen ideenloser Empirie und haltloser Spekulation.

Dabei scheute er anfangs nicht davor zurück, sich selbst zum Objekt seiner Forschung zu machen. Dies gilt vor allem für die Frühzeit (1826), in der er die Schrift »Über die phantastischen Gesichtserscheinungen« verfaßt. Er selbst berichtet darüber: *»Es ist selten, daß ich nicht vor dem Einschlafen bei geschlossenen Augen in der Dunkelheit des Sehfeldes mannigfache leuchtende Bilder sehe. Von früher Jugend auf erinnere ich mich dieser Erscheinungen, ich wußte sie immer wohl von den eigentlichen Traumbildern zu unterscheiden; denn ich* *konnte oft lange Zeit noch vor dem Einschlafen über sie reflektieren. Vielfache Selbstbeobachtung hat mich denn auch in den Stand gesetzt, ihre Erscheinung zu befördern, sie festzuhalten. Schlaflose Nächte wurden mir kürzer, wenn ich gleichsam wachend wandeln konnte unter den eigenen Geschöpfen meines Auges.«*

Sein Biograph WILHELM HABERLING begleitet diese Selbstbeobachtungen MÜLLERS mit dem Kommentar: *»Es waren anstrengende und peinigende Untersuchungen, zu denen er sich durch Genuß von starkem Kaffe anregte.«*

Dabei brachte es Müller zu einer großen Fertigkeit einer Art »Pseudo-Imagination«. Er selbst beschreibt dies »Bildersehen« bei geschlossenen Augen: *»Mit der leisesten Bewegung der Augen sind sie gewöhnlich verschwunden, auch die Reflexion verscheucht sie auf der Stelle. Es sind selten bekannte Gestalten, gewöhnlich sonderbare Figuren, Menschen, Tiere, die ich nie gesehen, erleuchtete Räume, in denen ich noch nicht gewesen. Es ist nicht der geringste Zusammenhang mit dem, was ich am Tage erlebt, zu erkennen. Ich verfolge diese Erscheinungen oft halbe Stunden lang, bis sie endlich in die Traumbilder des Schlafes übergehen.«*

»Am leichtesten treten diese Phänomene ein, wenn ich ganz wohl bin, wenn keine besondere Erregung in irgend einem Teil des Organismus geistig oder physisch obwaltet, und besonders, wenn ich gefastet habe. Durch Fasten kann ich diese Phänomene zu einer wunderbaren Lebendigkeit bringen. Nie habe ich sie bemerkt, wenn ich Wein vorher getrunken habe.«

Man sieht, JOHANNES MÜLLER befand sich in diesem Lebensalter von Natur aus im Vorhof des Visionären. Was er von der Förderung durch Fasten, von der Verhinderung durch Wein (Alkohol) sagt, ist jedem Esoteriker vertraut. Leider fand er keinen ihn führenden Freund, der ihm half, diese anfängliche Imaginationsstufe zu steigern und zu läutern, so daß er gelernt hätte, durch aktiven Willen wirkliche Geistanschauungen zu erwerben. So blieb er bei nüchterner Selbstbeobachtung im Vorfelde hängen, obwohl ihm wichtige Einsichten zuteil wurden. Er selbst faßt seine Überlegungen zusammen: »*Was bei dem Unbefangenen das Eigenleben der Sinnlichkeit, das Spiel einer dichten Phantasie, was alten Menschen im Traum nicht mehr wunderbar erscheint, wird in der Geschichte verflucht und verehrt nach der Natur seiner Objekte. Das Gespenst und die Dämonen aller Zeiten, die göttliche Vision des Asketen, die Geistererscheinungen des Magiers, das Traumobjekt und das Phantasiebild des Fiebernden und Irren sind eine und dieselbe Erscheinung.*«

Man sieht, durch seine Veranlagung wird JOHANNES MÜLLER bis an die Pforte der geistigen Welt geführt. Doch durch den Sog der Naturforschung zum physischen Gegenstandsbewußtsein, an dem er durch sein Studium intensiven Anteil nimmt, ist er außerstande, die Substanz seiner Gesichte zu durchschauen. Visionen der Heiligen, Gespenstersehen und Fieberphantasien vermag er nicht zu differenzieren, zu unterscheiden. Alles stammt für ihn aus der gleichen Quelle. Entsprechend dem Gesetz von den spezifischen Sinnesenergien hat Johannes Müller auch auf dem Felde der »Gesichtserscheinungen« die Erklärung in der Vereinfachung gesucht. So wie in einem physischen Auge nur der subjektive Zustand des Sinnesorganes erlebt wird, das von einer objektiven, außermenschlichen Welt keine Kunde zu vermitteln vermag, so wenig kann nach ihm das innere »Bildersehen« Aufschluß über objektive Tatbestände der geistigen Welt erbringen. Er selbst sagt: »*Im Mittelalter träumte man auch am hellen Tage. In der neueren Zeit hat niemand mehr Visionen; die Wunder der Religion sind zu den Wundern des Magnetismus geworden. An die Stelle des Geistersehens ist das magnetische Hellsehen getreten. In allen diesen Erscheinungen sehen wir die Gebilde unserer eigenen Sinne draußen, nicht anders, wie wenn wir das Adergewebe der Netzhaut im subjektiven Versuch draußen zu sehen glauben. So kömmt es dahin, daß wir an unsern Selbsterscheinungen uns begeistern, daß wir sie anbeten, daß ein Geistesvermögen vor den Produkten des Andern sich entsetzet!«* So die absolute Bankrotterklärung von Johannes Müller, auf visionärem oder imaginativem Wege zur Geisterkenntnis vordringen zu können. Er klopft nicht nur an die Pforte zu geistigen Welt, sondern schließt diese sich selbst fest zu.

Wenn irgendein beliebiger Wissenschaftler ähnliche Äußerungen über die Subjektivität aller Geisterkenntnis machen würde, so brauchte das auch für den Betreffenden selbst nicht viel zu bedeuten. Wenn aber ein Forscher von Format eines JOHANNES MÜLLER so spricht und sich entsprechend verhält, so muß das seine Folgen haben. Seiner eigenen spirituellen Persönlichkeit entsprach die spontane Zustimmung zum »Goetheanismus«. Jetzt bereits wenige Jahre später, offenbart er sich, ohne es selbst voll zu durchschauen, als Anti-Goetheanist. Nimmt es wunder, daß Müller, der gleichzeitig nach siebenjähriger Verlobungszeit die Ehe mit NANNY ZEILLER eingeht (am 21. April 1827), einen vollkommenen Nervenzusammenbruch erleidet? *»Er war im höchsten Grade reizbar und konnte sich zu keiner irgendwie anstrengenden geistigen Tätigkeit, ja nicht einmal zu einer körperlichen Bewegung entschließen. Er hielt seine Beine für vollkommen gelähmt, glaubte rückenmarkkrank und dem Tode verfallen zu sein . . .«* (SO HABERLING). Seine Sommervorlesungen sagte er ab und suchte Genesung durch eine Erholungsreise nach Süddeutschland. Es gelang ihm, seine körperliche Gesundheit einigermaßen wieder herzustellen und damit auch das verlorene seelische Gleichgewicht wiederzuerlangen.

Fortab gab es nur noch den Naturwissenschaftler JOHANNES MÜLLER, der im Zuge der Zeit wesentliche Beiträge zur Erforschung der materiellen Seite vor allem der Tiere lieferte. Der spirituelle Johannes Müller hüllte sich bis zu seinem Tode in Schweigen.

Die folgenden Jahre in Bonn stehen stark im Zeichen des jungen Familienlebens. Am 7. Februar 1828 bringt Frau NANNY ein gesundes Töchterchen zur Welt, die Freude der Eltern ist groß.

Johannes Müller teilt seine Kraft fortan in Beruf und Familie. »*Zu Hause war er meist sehr schweigsam, aber seine dunklen Augen leuchteten vor tiefinnerlicher Freude, wenn er seine Frau sah und hörte.*« Aus seiner religiösen Gemüthaftigkeit schreibt Müller noch im gleichen Jahre an seine Frau: »*Ein gläubiges Vertrauen ist mir durch das liebe Kind in's Gemüt gezogen, das durchleuchtet mein Innerstes wie ein hoffnungsvoller Stern des Himmels, der Dich und mich erhält und unser Leben zu Freud und ewigem Frieden gerufen hat.*«

Im September 1828 begibt er sich auf eine Reise zur Naturforscherversammlung nach Berlin. Nur nebenbei erfahren wir aus einem Brief an seine Frau: »*Die Reise bekommt mir sonst sehr wohl, obgleich ich schon mehrere Nächte hintereinander nicht geschlafen habe.*« Damit klingt ein Leidensthema an, daß ihn bis zu seinem Tode nicht mehr verlassen soll: die krankhafte *Schlaflosigkeit*.

Die Naturforscherversammlung wird am 18. September in der Singakademie zu Berlin durch ALEXANDER VON HUMBOLDT eröffnet. Es ist die erste Begegnung der beiden Männer, die nach und nach zu einem Freundschaftsbunde führen sollte, der bis ans Lebensende von JOHANNES MÜLLER währte.

Müller hielt auf der Tagung selbst einen Vortrag, von dem es heißt: »*Er gab Rechenschaft von seinen Untersuchungen über die innere Bildung der Drüsen bei den unterschiedlichen Tierformen, besonders über die Entwicklung der Nieren bei Amphibien und Vögeln, desgleichen über die Bildung der Leber bei Mollusken, Crustaceen und Wirbeltieren.*« Zweierlei wird hiermit deutlich. Johannes Müller hat sich ganz den physiologischen und anatomischen Tatsachen zugewandt, die gedanklichen Reflektionen sind äußerst eingeschränkt – seine Universalität aber spiegelt sich in der umfassenden Überschau über den größten Teil des ganzen Tierreiches: von den Mollusken (Schnecken) bis zu den Wirbeltieren.

Am 6. Oktober verläßt er Berlin, um über Dresden und Leipzig nach Weimar, dem eigentlichen Ziele seiner Wünsche zu gelangen: JOHANN WOLFGANG GOETHE in persona gegenübertreten zu dürfen. Und es gelingt. Am 10. Oktober um 12 Uhr mittags wird es Wirklichkeit.

Als Gastgeschenk überreicht JOHANNES MÜLLER seine Schrift »Über die phantastischen Gesichtserscheinungen«. Im Gespräch über dieses Thema wurde der Unterschied deutlich, der beide Männer kennzeichnet. Zwölf Jahre später berichtet MÜLLER: »*Ich erklärte, daß ich durchaus* keinen Einfluß des Willens *auf Hervorrufung und Verwandlung derselben habe*«, (gemeint sind die visionärartigen Bilderscheinungen) »*und daß bei mir niemals eine Spur von symmetrischer und vegetativer Entwicklung vorkomme.* GOETHE *hingegen konnte das Thema willkürlich angeben und dann erfolgte allerdings scheinbar unwillkürlich, aber gesetzmäßig und symmetrisch das Umgestalten.*«

Da die unterschiedliche Begabung von Goethe und Müller

nicht unwesentlich ist für die Forschungsrichtung, welche durch die beiden Männer – jeder in seiner Art – inauguriert wurde, so sei auch hinzugefügt, was GOETHE über seinen »inneren Sehsinn« selbst gesagt hat: *»Ich hatte die Gabe, wenn ich die Augen schloß und mit niedergesenktem Haupte mir in die Mitte des Sehorgans eine Blume dachte, so verharrte sie nicht einen Augenblick in ihrer ersten Gestalt, sondern sie legte sich auseinander und aus ihrem Innern entfalteten sich wieder neue Blumen aus farbigen, auch wohl grünen Blättern, es waren keine natürlichen Blumen, sondern phantastische, jedoch regelmäßig wie die Rosetten der Bildhauer. Es war mir unmöglich, die hervorsprossende Schöpfung zu fixieren, hingegen dauerte sie so lange es mir beliebte, es mattete nicht und verstärkte sich nicht. Dasselbe konnte ich hervorbringen, wenn ich mir den Zierrat einer buntgemalten Scheibe dachte, welche dann ebenfalls aus der Mitte gegen die Peripherie sich immerfort veränderte, völlig wie die in unsern Tagen erst erfundenen Kaleidoskope.«*

JOHANNES MÜLLER hat sich Gedanken darüber gemacht, inwiefern GOETHE und er selbst in der Art, solche Gesichtserscheinungen zu haben, sich unterschieden. Er findet *»einen Unterschied zweier Naturen, wovon die eine die größte Fülle der dichterischen Gestaltungskraft besaß, die andere aber auf die Untersuchung des Wirklichen und des in der Natur Geschehenden gerichtet ist.«*

Hier spricht MÜLLER pro domo, zu seinen eigenen Gunsten. Denn wenn er absolut recht hätte, bliebe GOETHE im Bereich des Subjektiven, er selbst aber im Objektiven. Der aufmerksame Leser wird bemerken, daß hier Fronten fast unmerklich sich geltend machen, welche den Streit GOETHE–NEWTON berühren. JOHANNES MÜLLER ist im Begriff, sich auf NEWTON hin zu bewegen.

In Wahrheit ist es so, daß im »Bildersehen« Johannes Müller eine gewisse Verwandtschaft zum atavistisch Visionären zeigt, das in der Regel von dem Betreffenden *passiv* erlebt wird, während Goethe zur Imagination *neigt*, die den aktiv-selbstlosen Willen voraussetzt. In MÜLLER zeigt sich eine Fähigkeit, die in der Vergangenheit groß und verbreitet war, bei ihm aber wie im Verglimmen sich geltend machte. GOETHE hingegen erscheint als der Prototyp einer wachen, zukünftigen Hellsichtigkeit, die ein neues Erfassen der den Sinnesaugen verschlossenen übersinnlichen Welt ermöglichen wird.

1830 erschien von JOHANNES MÜLLER ein neues Werk: »Bildungsgeschichte der Genitalien« – mit vollständigem Titel lautet es: »Bildungsgeschichte der Genitalien aus anatomischen Untersuchungen an Embryonen des Menschen und der Tiere, nebst einem Anhang über die chirurgische Behandlung der Hypospadia. Mit vier Kupfertafeln.«

Sein selbstgebildetes Motto lautet jetzt: »*Es ist nicht genug, schön und beredt die Erfahrung zu preisen, sondern die Erfahrung selbst und die unermüdete Beobachtung ist nötig.*«

In der Einleitung entwickelt Müller noch einmal und damit zum letzten Male in seinem Leben Ziel und Streben seiner Forschungsart. Mit einmaliger Deutlichkeit spricht er aus, wie er Abschied genommen hat von allen Reflexionen über die Natur und allein das beobachtete Material in diesem Buche vortragen will: »*Gelegenheit, Neigung, Übung in mikroskopischen Arbeiten haben mich dazu geführt, eine auf bloße Beobachtung und anatomische Empirie gegründete Untersuchung dieser Art bei Embryonen der Amphibien, Vögel, Säugetiere und des Menschen seit den letzten Jahren zu verfolgen. Der Gegenstand mag es entschuldigen, wenn ich nur meine*

Erfahrungen und Beobachtungen, ohne weitere Reflexionen zusammenstelle.

Ich bin zwar immer ein Freund von einer mit Methode angestellten, gedankenvollen, durchdachten, oder, was dasselbe ist, philosophischen Behandlung eines Gegenstandes. Denn philosophische Einsicht ist mir überhaupt mit vernünftiger Einsicht gleichbedeutend.«

Dann setzt sich JOHANNES MÜLLER aber energisch von der »sogenannten naturphilosophischen Manier« ab, die er schon früher eine »falsche Naturphilosophie« genannt habe.

»Ich tadele damit nicht eine mehr poetische und begeisterte Betrachtung der Natur, welche über der zunehmenden Zersplitterung die Liebe an der ganzen lebenden Natur erhält; allein diese kann, wie die Poesie, nie zur Methode oder Manier werden, ohne in widerwärtige Afterproduktionen auszuarten. Diese willkürliche, in einigen Analogien glückliche, im ganzen aber fehlerhafte Dogmatik, die man mit Recht verlassen hat, soll mich aber auch nicht (wie so manchen Andern) hindern, die Wahrheit überall anzuerkennen, wo ich sie finde.« Im folgenden begründet er diese seine Haltung mit klaren Formulierungen: *»Was ich philosophische Methode nenne, hat nichts mit jener Dogmatik gemein. Ich fordere zuerst, daß man unermüdet sei im Beobachten und Erfahren, und dies ist die erste Anforderung, die ich an mich selbst und unausgesetzt zu erfüllen strebe. Vielleicht wird man es meinen bisherigen Bestrebungen glauben, daß es mit dieser Versicherung redlicher Ernst ist; und ich werde mich sehr freuen, wenn man meine gegenwärtige Schrift für ein gutes Zeugnis davon hält.*

Dann fordere ich, daß man die Erfahrungen, wenn sie die hinlängliche Breite und hinlängliche Genauigkeit erlangt haben, nicht bloß zusammenstoppele, sondern daß man, wie die

liebe Natur bei der Entwicklung und Erhaltung der organi-
schen Wesen verfährt, aus dem Ganzen in die Teile strebe,
vorausgesetzt, daß man auf analytischem Wege das Einzelne
erkannt und zum Begriff des Ganzen gelangt ist.«

Man kann und wird JOHANNES MÜLLER nicht widersprechen dürfen, wenn er so für seinen Teil die empirische Forschung bis zur Auffindung der in der Natur wirksamen Ideen
durchzuführen versucht. Das Tragische ist nur, daß er selbst
diesem von ihm genau in der Mitte seines Lebens als 29jähri-
ger meisterlich aufgestellten Programm in den 29 Jahren, die
ihm noch verblieben, nicht mehr entsprechen konnte. Tele-
skop, Mikroskop, Experiment und Analyse bestimmten zunehmend den Arbeitsstil der naturwissenschaftlichen Forschung, die Ideenbildung verkümmerte. Der Blick für die
Differenzierung der gegenständlichen Welt in ihren mechanischen, vitalen, seelischen und geistigen Daseinsschichten
wurde verdunkelt und mußte der Gesinnung weichen, alles
was in der Welt in Erscheinung tritt, sei es Sonne oder Stern,
Stein, Pflanze, Tier oder Mensch, ausschließlich kausal-
mechanisch begreifen zu wollen.

Johannes Müller hat diese tragische Entwicklung wohl
mehr geahnt als durchschaut. Er selbst hält für sich durchaus
an dem Bestreben fest, daß letzten Endes das Einzelne nur als
voll erkannt angesehen werden kann, wenn es vom Ganzen
her eingeordnet erscheint. So schreibt er in seiner Einleitung
zu der Bildungsgeschichte der Genitalien: *»Bei jeder auch nur*
entfernten Einsicht in den Bau des Organismus erkennen wir,
wie diese Organe nicht anders gebildet sein können als inte-
grierende Teile des Ganzen, wir bewundern die höchste Ver-
nunft in dem Bau des Auges wie in jedem Teile des Knochen-
gerüstes, in dem Muskelbau jedes Gliedes. Wir sehen die
Entwicklung des Embryo aus dem Keim, wie ein Fortschreiten

des Allgemeinen und Ganzen in seine integrierenden Teile. Dies ist in den physikalischen Gesetzen nicht der Fall. In der Physiologie der Pflanzen und Tiere ist dem Begreifen ein größeres Feld geöffnet, es ist notwendig, daß man der vernünftigen Gesetze der Bildung bewußt werde, daß man zum Begriff des Ganzen gelangt ist, so wie die Natur bei den Organismen verfährt. Aber Tatsachen, Beobachtungen müssen an unseren Sinnen, an unserem Geiste vorübergehen, um dann erst nach den Gesetzen unseres Geistes das Wesentliche in jeder Veränderung von dem Zufälligen zu unterscheiden, das Wesentliche, aus dem das Einzelne nachher zu begreifen ist.«

Dieses »Wesentliche« kann aber nur durch den menschlichen Geist als Geist in der Welt begriffen werden. So sehr Johannes Müller noch in der Folgezeit seinen Schülern vermitteln konnte, wie man durch sorgfältige Beobachtungen sinnenfälliger Tatsachen zum Teilverständnis gelangen kann, so unvermögend war er geworden, den Weg zum geistigen Erfassen »des Ganzen«, und das sind die in der Sinnenwelt wirksamen Ideen, zu führen. Es lag in der Tragik des Verlaufes des 19. Jahrhunderts, daß offenkundig vor dem Erfassen des Geistes in aller Welt zunächst das reine »Gegenstandsbewußtsein« erworben werden mußte. In diesem Sinne waren Goetheanismus, philosophischer Idealismus und die wahre Romantik Frühgeburten, deren große Stunde noch nicht geschlagen hatte. Es ist, als ob sie in Vergessenheit geraten *mußten*, um zunächst durch die »exakte« Naturwissenschaft, durch Technik und Industrie der Menschheit zum Erlebnis der vom Geiste losgelösten nur physischen Welt zu verhelfen.

Erst als mit der Jahrhundertwende RUDOLF STEINER auf den Plan trat – nachdem er sich zuvor fast zwei Jahrzehnte für den erneuerten Goetheanismus eingesetzt hatte – und seine Anthroposophie verkündete, wurde deutlich, worauf es letzten Endes in aller Erkenntnis ankommt. In einem ersten Leitsatz hat Rudolf Steiner dies so ausgesprochen:

»Anthroposophie ist ein Erkenntnisweg, der das Geistige im Menschenwesen zum Geistigen im Weltenall führen möchte.«

Wenn man bedenkt, daß JOHANNES MÜLLER 1837 zum ersten Male in England mit einer Eisenbahn fuhr, so wird man es zu würdigen wissen, welche Fülle von Reisen er in seinem relativ kurzen Leben – er wurde ja noch keine 57 Jahre alt – unternommen hat. Die Anlässe waren mannigfaltig, doch zumeist waren es Meerestiere, um deren Beobachtung willen er zum Beispiel viermal nach Triest und dreimal nach Helgoland fuhr. Doch auch Holland und England, Dänemark, Schweden und Norwegen suchte er auf. Nach seinen eigenen Worten aber zog es ihn vor allem nach dem Süden Frankreichs – selbstverständlich war er mehrfach in Paris – und nach Italien. Nizza, St. Tropez, Neapel, alles waren ihm vertraute Orte. Man wird wohl nicht fehlgehen, wenn man annimmt, daß nicht nur sachliche Gründe, sondern auch ein aus innerer Unruhe geborener Wandertrieb ihn immer wieder seine Arbeitsorte Bonn (bis 1833) und Berlin (bis zum Tode 1858) verlassen ließ.

Einmalig ist die Art, wie JOHANNES MÜLLER 1833 von Bonn nach Berlin auf den Lehrstuhl für Anatomie und Physiologie berufen wurde. Bis zu seinem Tode war CARL ASMUND RUDOLPHI (1771–1832) Inhaber dieses Lehrstuhles gewesen. Als soeben zum Dr. promovierter Student hatte ihn MÜLLER in den Jahren 1823/24 in Berlin erlebt und fühlte sich zu ihm hingezogen. 1835 hielt Müller eine Gedächtnisrede in der Akademie der Wissenschaften für RUDOLPHI. Da sprach er es aus: *»... nie werde ich den Eindruck vergessen, den*

RUDOLPHI *auf mich gemacht; er hat meine Neigung zur Anatomie zum Teil begründet und für immer entschieden ... Bei jeder Gelegenheit äußerte sich Rudolphi auf das kräftigste gegen eine mit mißverstandener Philosophie verbundene Art der Naturstudien ... Auch in Berlin, dem Sammelpunkt der würdigsten wissenschaftlichen Bestrebungen, fehlte es nicht an Leichtgläubigen. Da war es vorzüglich Rudolphi, der durch seine kräftige Opposition die Verbreitung«* – Müller zielt auf die Lehre vom tierischen Magnetismus – *»hemmte, und viel verdankt man seiner Stimme, daß die Ärzte von dem Felde des medizinischen Wunderglaubens zurückgekehrt sind.«*

Was weiter MÜLLER über RUDOLPHI zu sagen hat, könnte wortwörtlich auch für Johannes Müller selbst gelten: *»RUDOLPHIS Richtung in der Physiologie war überwiegend anatomisch und skeptisch ... Eine mehr philosophische Zergliederung der allgemeinen Verhältnisse der Lebenstätigkeit, die ihm weniger sicher als die Kritik der Tatsachen war, vermied Rudolphi und auch das Gebiet des Geistigen betrat er mit Resignation.«*

Das gleiche Gefälle, das den Lebenslauf von Johannes Müller bestimmen sollte, zeigte sich schon den Lebenslauf Rudolphis beherrschend: Zunehmende Zurückhaltung im geistigen Ideenbereich führte zu immer stärkerer Betonung und Ergreifung der rein materiellen Tatbestände.

Und auch darin waren Rudolphi und Müller einander verwandt: Beide waren überragend als menschliche Persönlichkeiten, substantiell in Wesen und Wirkung. So kann Müller seine Gedächtnisrede für Rudolphi mit den Worten schließen: *»Rudolphi war als Mensch nicht kleiner als Gelehrter ... Wer ihn kannte, mußte ihn lieben und hochachten ... Erinnere ich mich der freien, heiteren, ehrfurchtgebietenden Züge* seines Antlitzes, des liebenswürdigen, männlichen Ernstes, mit dem Ausdruck der Energie und Wahrheit des Charakters, sehe ich alles dieses in einem Bildnis von ihm wieder, so bin ich immer gerührt. In einer unedlen Stimmung würde ich mich scheuen, das Bild des väterlichen Freundes zu betrachten, und erinnere ich mich der edelsten Begebnisse meines Lebens, so fällt mir Rudolphi ein.«

In ähnlicher Weise wurde JOHANNES MÜLLER von seinen Schülern erlebt. Alle, die Johannes Müller als Vortragenden auf dem Katheder oder sonst im Lebensumgang kennenlernten, sind von seiner Persönlichkeit tief beeindruckt. So schreibt ERNST HAECKEL von ihm als »dem größten und erhabensten Mann, der auf mich einen ganz besonders fesselnden Eindruck gemacht hat.«

Später charakterisiert WILHELM BÖLSCHE in seiner HAECKEL-Biographie »Ein Lebensbild« MÜLLER: »Die lebenden Zeugen preisen heute noch den Blick seiner Augen, der durchbohrte, den kaum einer aushielt … Der Blick des Adepten war darin, der übers Grab reichte, der eine Verpflichtung auferlegt hatte und wie ein Strahl aufblitzte im Dunkel der Erinnerung, wenn diese Verpflichtung nicht erfüllt wurde, die Verpflichtung: alles aus der Tiefe zu nehmen. Ob Echinodermenlarve oder das Lichtpünktchen eines fernsten Sternes … in Allem ist Gott … Jeder Blick ins Mikroskop ist ein Gottesdienst.«

RUDOLF VIRCHOW beschreibt diese einmalige Ausstrahlung der Persönlichkeit von JOHANNES MÜLLER in seiner Gedächtnisrede (am 24. Juli 1858) eindrucksvoll: »Ich kann nicht anders sagen, als daß MÜLLER im Vortrage und in der getragenen Manier an den katholischen Priester erinnerte … Wenn er als Dekan in der Amtstracht auf die cathedra superior stieg und mit feierlichen, kurz abgebrochenen und wie in sich

zusammengezogenen Worten die lateinische Formel der Dok-
torproklamation aussprach, ja selbst wenn er seine gewöhnliche Vorlesung mit fast murmelnden Worten begann, oder
wenn er mit religiösem Ernst die Kernfragen der Physiologie
abhandelte, so schien alles, Ton und Miene, Bewegung und
Blick die Traditionen des römisch-katholischen Klerus zu verraten.«

Im gleichen Sinne ergänzt BÖLSCHE: »Es besteht kein
Zweifel, daß der Grundzug seines Wesens eine ganz eigen-
tümlich tiefe Religiosität war. In seinem Herzen lebte ein
Mystiker. Aber aus dieser Tiefe gerade muß das ganz Magi-
sche seiner persönlichen Wirkung gestiegen sein. Er wurde
durch seinen Beruf Physiologe, exakter Naturforscher. Nie
wich er hier ein Titelchen von der eisernen Wahrheitsfor-
schung ab, aber es lebte etwas darunter wie verhaltene Glut.
Jeder, der ihn verstand, also jeder ›echte Schüler‹ bekam es
wirklich wie eine Suggestion mit: Alles Forschen und Ringen
da oben, ob Ihr nun Seesterne zergliedert oder Fische in ein
System bringt, – es hat im letzten Zusammenhang doch nur
Sinn in dem heiligen, inbrünstigen Verlangen Eurer Seele
nach tiefinnerlichem Weltentrost, nach Weltanschauung.«

Man bedenke: JOHANNES MÜLLER wird von einem großen
Schülerkreis verehrt. Sie erleben ihn als geradezu magisch
wirkende *religiöse* Potenz! Und der von allen Schülern Mül-
lers in der Welt wirksamste ist ERNST HAECKEL, der die
Welträtsel als im materialistischen Sinne gelöst verkündet.
Seine Lösung lautet in drei Sätzen:

> »Es gibt keine Freiheit«
> »Es gibt keine Unsterblichkeit«
> »Es gibt keinen Gott«!

Es ist die gleiche Tragik, die das Leben der beiden großen
Männer, des Lehrers CARL ASMUND RUDOLPHI und des

Schülers und Freundes JOHANNES MÜLLER, durchzieht: Als spirituelle Individualitäten müssen sie zunehmend ihr Wirken in den Dienst der materialistischen Forschung stellen. Während man aber bei Rudolphi den Eindruck hat, daß er diesen »Abstieg« vollzieht, ohne innere Rückschläge zu erfahren, leidet Johannes Müller tief an diesem Zwiespalt. Doch davon später.

RUDOLPHI starb am 29. November 1832 im dreiundsechzigsten Lebensjahr. So tief JOHANNES MÜLLER auch durch diesen Tod seines väterlichen Freundes – er selbst bezeichnet ihn so – erschüttert war, so subjektiv beteiligt war er doch zugleich bei dem Gedanken: Wer wird der Nachfolger auf Rudolphis Lehrstuhl in Berlin? Wohl hatte man im preußischen Kultusministerium u. a. auch an Johannes Müller gedacht. Doch es war an denselben bis Ende 1832 keine Anfrage ergangen.

Da entschloß sich Johannes Müller, sich selbst mit einem Briefe an den Minister von Altenstein in Vorschlag zu bringen. Das war für die damalige Praxis ein absolut ungewöhnlicher Vorgang. Am 7. Januar 1833 schreibt Müller von Bonn aus an den Minister einen Brief, der auch dem Stil nach erstaunlich kühn und selbstbewußt klingt.

Nach der Einleitung, in der er in Verehrung und Dankbarkeit Rudolphis gedenkt, wendet er sich der konkreten Frage zu, *»wer seinen Platz zu ersetzen berufen oder würdig sei?«*

Man müsse an JOHANN FRIEDRICH MECKEL (geb. 1781 zu Halle) denken. Dieser hat lebenslang in Halle gewirkt und arbeitete bis zu seinem Tode (1833!) an einem großen Werk: »System der vergleichenden Anatomie«. MÜLLER hebt die Verdienste MECKELS hervor, der immerhin 20 Jahre älter als Müller war.

Dann fährt er fort: *»Sollten Verhältnisse von MECKEL ab-*

zusehen nötig machen, so kann ich freilich bei aller Anerkennung begründeter Verdienste anderer älterer Anatomen vor keinem die Ehrfurcht haben, die ich gegen ihn hege, und ich dürfte dann vielleicht in den Augen Ew. Excellenz einige Entschuldigung finden, wenn ich es wage, von mir selbst zu reden.«*

Weiter führt er aus, daß auf dem Berliner Lehrstuhl als Nachfolger RUDOLPHIS nicht nur ein Anatom, sondern ein »Meister in physiologischen Untersuchungen« kommen müsse. Nachdem in Deutschland schon CARL FRIEDRICH WOLF vor 80 Jahren bahnbrechend gewirkt habe, seien die weiteren Fortschritte in der anatomischen Physiologie im wesentlichen durch KARL ERNST VON BAER – damals in St. Petersburg – und ihn selbst erzielt worden. MÜLLER fährt fort: »Indem ich nun in voller Kraft des jugendlichen Mannesalters fühle, was ich zu wirken fähig wäre, fühle ich mich verpflichtet und gedrungen, an Ew. Excellenz mit tiefer Ehrerbietung mich zu wenden und mich Ihrer Aufmerksamkeit bei einem so äußerst wichtigen Schritte zu empfehlen, der über den Geist vieler Jahre entscheiden wird, der von Berlins großartigen Instituten ausgehen kann und der billig von demselben im Vergleich des großartigen Lebens in den übrigen Naturwissenschaften erwartet wird.«

Noch einmal spricht er das Ideal an, das der Nachfolger RUDOLPHIS verwirklichen sollte. Alles käme darauf an, daß jetzt die nur in Berlin gegebenen Voraussetzungen erfüllt würden »unter einem Mann, der das Interesse der menschlichen, vergleichenden, pathologischen Anatomie zu vereinigen und durch eine erfolgreiche Tätigkeit in der Grundlage der ganzen Medizin, der Physiologie, den ganzen medizinischen Unterricht zu beleben versteht.«

Und es ist eben kein anderer da, JOHANNES MÜLLER kann

nur JOHANNES MÜLLER für diese einmalige Stellung und hohe Aufgabe vorschlagen. Noch einmal sucht Müller geradezu hymnisch seinen Vorschlag zu begründen: »*Aber nun ist der entscheidende Augenblick, daß die Vergrößerung der Sammlungen und der Inhalt derselben herrliche Früchte bringe unter einem Chef, welcher talentvolle Menschen um sich nicht bloß dulden, sondern anzuziehen, zu beleben, zu beschäftigen und zu fördern versteht. Dann werden auch diese Institute bald ein Leben hervorrufen, wie man es zu CUVIER's Zeiten nur in Paris zu finden gewohnt war, und wie es dort auch jetzt mit ihm erloschen ist.*«

Bei jedem anderen würde diese Art der ausgesprochenen Selbstanpreisung voraussichtlich das Gegenteil bewirkt haben. Da JOHANNES MÜLLER aber eine so absolut seriöse Persönlichkeit war, führte sein Brief zum gewünschten Ziele. Nachdem Verhandlungen des Ministeriums mit FRIEDRICH TIEDEMANN (1781–1861), seinerzeit Ordinarius für Zoologie in Heidelberg, und mit CARL GUSTAV CARUS (1789–1869), Professor an der medizinisch-chirurgischen Akademie in Dresden, im Anfangsstadium scheiterten, erhielt JOHANNES MÜLLER schon Ende Januar 1833 den Ruf auf den ersten Platz von allen Lehrstühlen Deutschlands, nach Berlin.

Johannes Müller war am Ziel seines Lebens. Und er hielt, was er versprochen hatte. Er sammelte einen Kreis von Schülern um sich, er »belebte, beschäftigte und förderte« ihn, wie kaum ein Hochschullehrer zuvor. Berlin unter JOHANNES MÜLLER übernahm tatsächlich die Rolle von Paris unter CUVIER. Die Namen der Johannes-Müller-Schüler in Berlin und ihre Leistungen besagen alles: SCHWANN wurde Mitbegründer der Zellehre, DU BOIS-REYMOND Begründer der Elektrophysiologie, VIRCHOW der Inaugurator der Zellularpathologie, HELMHOLTZ der weltbekannte Sinnesphysiologe und

Physiker und schließlich Ernst Haeckel, der stürmische »Welträtsellöser«. Sie alle haben – wenn auch auf verschiedene Weise – wesentlich dazu beigetragen, daß die Naturwissenschaft zu einer Weltmacht ersten Ranges wurde, aber auch, daß der Materialismus einen Höhepunkt sondergleichen erreichen konnte.

Der als Persönlichkeit wie ein »Eingeweihter« wirkende Johannes Müller steht so für die entscheidenden Fortschritte von Anatomie, Physiologie und Pathologie als repräsentative Schlüsselgestalt am Anfang der Entwicklung. Er selbst muß dies als Tragik empfunden haben. Vielleicht findet sich darin eine Erklärung für seine mehrfachen Nervenzusammenbrüche und für das Rätsel seines Todes. Jedenfalls sei der Versuch unternommen, diese Zusammenhänge ein wenig aufzuhellen.

Wie schon erwähnt, erlebte Johannes Müller 1827 seinen ersten seelischen Zusammenbruch. Er und seine Freunde sahen als Ursache Überarbeitung an. Sicher ging er damals schon bis an den äußersten Rand seiner Möglichkeiten, indem er sich von Tag zu Tag größere Aufgaben stellte. Vielleicht auch – es war das Jahr seiner Eheschließung – überstieg die zusätzliche Anforderung im privaten Bereich seine Kräfte.

Ein Gutachten des behandelnden Arztes, Philipp von Walther, das dieser auf Anforderung durch das preußische Ministerium schrieb, ist erhalten geblieben. In diesem heißt es: »*Professor* Müller *leidet schon seit 3 1/2 Monaten an einer Art von Hypochondrie, welche ich schon mehrere Male bei jungen Gelehrten«* – Müller war damals sechsundzwanzig Jahre alt – »*im Anfange ihrer mit Erfolg begonnenen literarischen Laufbahn zu beobachten Gelegenheit hatte. Da in diesen von mir früher beobachteten Fällen insgesamt zuletzt immer, obgleich sehr langsam, wieder vollständige Genesung* eintrat, so zweifle ich keineswegs, daß auch Professor Müller sich wieder ganz erholen und zu seinen Berufsarbeiten die vorher ausgezeichnete Tüchtigkeit erlangen werde, umsomehr, als sein Zustand sich wirklich schon bedeutend gebessert hat.«

Der Arzt, selbst Professor und »Geheimer Medizinalrat«, behielt recht. Nach dem mit seiner Frau im Rheintal per Einspänner, den er selbst am Zügel führte, verbrachten Urlaub, kehrte JOHANNES MÜLLER als Genesener im Herbst 1827 wieder nach Bonn zurück. Durch vor allem körperliche Tätigkeit, durch Wandern, Schwimmen und Reiten tat er das seine, um allen Anforderungen wieder gewachsen zu sein.

»Froh nahm er seine Arbeit wieder auf«, schreibt HABER-LING, »aber ihn hatte ein Grauen erfaßt vor der tiefsinnigen Gedankenarbeit, vor dem Hinblicken in sich selbst. Nicht mehr auf diesem Wege suchte er in Zukunft die Seele zu erforschen, sondern dadurch, daß er sich allein auf seine scharfen unermüdlichen Augen verließ, mit denen er nun alles Beseelte vom kleinsten Lebewesen bis zum Menschen hinsichtlich seines Baues und seiner Funktion durchforschte.« Dieser in ihrer Präzision unübertrefflichen Charakterisierung des Umschwunges in der Forschungsrichtung JOHANNES MÜLLERS fügt HABERLING nur den Satz hinzu: »Aber war der Weg auch grundverschieden von dem bisherigen, das Ziel war das gleiche.« Hier erhebt sich die Frage, trifft das allseitig zu?

Der junge, weltoffene JOHANNES MÜLLER, der GOETHE verehrte und sich auf dem Wege als Geist von seinem Geist empfand, hatte das Ziel formuliert: »Der Physiologe erfährt die Natur, damit er sie denke.« Jetzt war ein entscheidender Umschwung eingetreten. »Grauen hatte ihn erfaßt vor der tiefsinnigen Gedankenarbeit, vor dem Hinblicken in sich selbst.« Da kann man doch wohl nicht mehr von dem gleichen Ziele sprechen.

Eine zweite Periode der »Hypochondrie« ergriff ihn im Jahre 1840. Es ist das gleiche Jahr, in dem MÜLLER ein großes Forschungsgebiet, in dem er durch anderthalb Jahrzehnte der unumstrittene Führer gewesen war, abrupt aufgab: *die Physiologie.* Die wahren Gründe dafür zu erfassen, ist schwer. Nicht einmal eine neue Auflage seines »Handbuches der Physiologie« wollte er noch bearbeiten. Der ihm so nahe stehende DU BOIS-REYMOND äußerte sich zu dieser Sinnesänderung MÜLLERS: *»Einem verschlossenen Sinn, wie dem seinigen, in die Gründe solcher Wandlung zu folgen, ist nicht leicht.«*

GOTTFRIED KOLLER (1902–1959) gibt in seiner 1958 erschienenen Biographie MÜLLERS eine einleuchtende Erklärung, die sich unserer Gesamtperspektive vom Verlauf der Naturwissenschaft im 19. Jahrhundert sinnvoll einfügt: *»Damals begann die Einengung des Begriffs ›Physiologie‹. In Müllers Jugendzeit bedeutete Physiologie die Lehre vom Leben und allen seinen Erscheinungen, einschließlich der Entwicklungsgeschichte, der Morphologie und der vergleichenden Anatomie. Nunmehr war unter Physiologie zu verstehen: Die kausal-analytische Erforschung der Lebensvorgänge.«*

Da in dieser Richtung weder Fähigkeit noch Neigung Müllers lagen, er seinem Wesen nach kein Analytiker war, so beschloß er – der die unaufhaltsame Tendenz der Gesamtforschung zur Analyse erkannte – sich selbst herauszuziehen und fürderhin nur noch morphologische und systematische Forschung zu betreiben. Auch das hat DU BOIS-REYMOND erfaßt, wenn er schreibt, daß MÜLLER damit *»dem natürlichen Hang seines Talentes, welches doch wohl mehr auf plastische Betrachtung als auf theoretische Zergliederung gerichtet war«,* folgte.

Auf jeden Fall wird man diese Wandlung, man kann auch sagen diese Resignation Müllers, im Zusammenhang mit der

1840 auftretenden zweiten Depressionswelle sehen müssen. Andere Enttäuschungen werden das Ihre zu dieser hypochondrischen Verstimmung beigetragen haben. So war 1839 Müllers liebster Schüler KARL WINDISCHMANN (1803–1839), zuletzt Professor der Anatomie an der katholischen Universität in Loewen, an Schwindsucht gestorben. MÜLLER, tief betroffen, klagte: »*Ein Mensch kann nicht mehr in einem Freunde verlieren als ich in ihm.*« THEODOR SCHWANN verließ Berlin und ging als Nachfolger von WINDISCHMANN nach Loewen.

Im gleichen Jahre folgte der MÜLLER seit 1824 eng verbundene JAKOB HENLE (1809–1885) einem Rufe nach Zürich. Trotz seiner regen Tätigkeit fühlte Müller sich sehr vereinsamt. Doch es gelang ihm zumindest, die melancholischen Anwandlungen soweit zu überwinden, daß er das gewaltige Programm seiner Pflichten erfüllen konnte. Unter anderem war er dreimal Dekan seiner Fakultät, zweimal Rektor der Universität.

Dann kam das Jahr 1848 mit seinen revolutionären Umtrieben und konservativen Engstirnigkeiten. Es traf MÜLLER als Rektor der Universität mit allen Verantwortungslasten, die mit diesem Amte verbunden sind. Mehr als man annehmen sollte, war Müller über die Revolution bestürzt. Seiner Natur nach neigte er zum Konservatismus. Nach VIRCHOW dachte er über den Sozialismus so, daß dieser »*auf nichts anderes als auf die allgemeine Beraubung aller Besitzenden ausgehe.*«

Es kamen die Märztage. MÜLLER wurde von allen Seiten beansprucht: vom Ministerium, von den Studenten, von der Bürgerwehr. Am 16. März wurde er ins Schloß zum König befohlen, um in seiner Eigenschaft als Rektor über die Vorgänge an der Universität und das Verhalten der Studenten Bericht zu erstatten. »*Müller rühmte den guten Geist der*

Studenten, verhehlte aber nicht die allgemeine Erbitterung gegen das Militär.«

»Da fielen am 18. März jene verhängnisvollen Schüsse, und das Unheil nahm seinen Lauf.«

Chaotische Verhältnisse, wie wir sie aus den Studentenunruhen heute schon fast gewohnt sind, verbanden sich mit starken nationalen Regungen. Müller wird in alle Hader hineingezogen, gerät selbst in ein Handgemenge. Nach persönlichem Eingriff des Königs FRIEDRICH WILHELM IV. tritt im Zeichen der schwarz-rot-goldenen Fahne eine gewisse Ruhe ein.

Am 22. März findet die Bestattung der Gefallenen statt. Hinter den Särgen schreitet die Geistlichkeit, es folgt als Rektor im Talar JOHANNES MÜLLER, an seiner Seite der greise ALEXANDER VON HUMBOLDT (79) und die übrige Professorenschaft der Universität.

MÜLLER ist zutiefst erschüttert. Seine empfindsame Seele ist den tumultarischen Ereignissen nicht gewachsen. Am 15. April schreibt er u. a.: *»In diesem Jahre lastet . . . das Rektorat furchtbar auf mir.«*

HABERLING schildert MÜLLERS Zustand im Sommer 1848: *»Er war seelisch vollkommen gebrochen, als nach sieben Monaten qualvollster Folter«* so lange währte das Rektorat – *»die Stunde der Erlösung schlug. Er erbat und erhielt vom Minister einen Urlaub von unbestimmter Dauer . . . Er litt an beständiger Schlaflosigkeit; da er bei der Revolution viel Geld, welches er in Papieren angelegt hatte, verloren hatte, fürchtete er in Not zu geraten und sah überhaupt einen Zustand sich nahen, ähnlich dem, den er vor einundzwanzig Jahren (1827) in Bonn durchgemacht hatte. Was das Schlimmste war, er fand auch im Kreise seiner über alles geliebten Familie keine Erholung. Im Gegenteil, alle Gespräche regten ihn auf, das*

Klavierspiel und den Gesang der Seinen konnte er nicht hören,
auch waren wohl die Beziehungen zu seinem Bruder PHILIPP
keine erfreulichen. So entschloß er sich denn, aus dem Kreise
seiner Familie nach Bonn zu flüchten, um dort womöglich
wieder die Lust zur Arbeit zu finden. Denn das war das
Tragischste bei diesem Zusammenbruch: Er, der ohne Rast
und Ruh zu arbeiten gewohnt, dem Arbeit ein Lebensbedürf-
nis war, er ist plötzlich wie gelähmt in seinem Denken.«

Von Bonn, wo er einige Wochen blieb, floh er nach Osten-
de ans Meer! Hier findet er sich selber wieder, kehrt wesentlich gebessert nach Bonn zurück und fährt dann im Winter
zur Arbeit in den Süden. Er selbst ist der Überzeugung und
schreibt es an seinen Sohn MAX MÜLLER, daß sein *»Gemüt*
von all den Eindrücken des vergangenen Jahres krank war«.

Es war die dritte Attacke auf seine seelisch-geistige Gesundheit, die JOHANNES MÜLLER 1848 durchzustehen hatte.
Kaum zehn Jahre blieben ihm noch zum Leben. Es war die
Zeit, in der er so manche Ehrungen empfing – so von Frankreich den Prix Cuvier, von England die Copley-Medaille, den
Mauritius- und Lazarus-Orden des Königs von Sardinien,
den Sömmeringpreis der Senckenberg-Gesellschaft. Doch ge-
nügten diese Anerkennungen nicht, um seine Lebensfreude
bis in Tiefenschichten hinein zu fördern und zu erhalten.
Seine Unruhe blieb. 1849 war Müller im Frühjahr in Mar-
seille, im Herbst in Nizza, 1850 im Frühling an der Ostküste
Schleswig-Holsteins, von August bis Oktober in Triest; dort
auch weitere drei Male 1851 und 1853. 1853 trieb es ihn
wieder nach Süditalien, nach Sizilien. Um die mit diesen
Reisen verdundenen Anstrengungen zu würdigen, muß man
sich in ein Zeitalter ohne Eisenbahnen zurückversetzen. Müller muß jetzt im Alter nicht nur die übliche Kraft aufbringen,
um den Strapazen solcher Touren mit Pferd und Wagen

durch Wochen hindurch gewachsen zu sein; er erfährt auch zweimal schwere Wagenunfälle. Es waren nicht die ersten Unfälle, die er auf seinen Reisen erlitt. 1823 auf der ersten Fahrt nach Berlin stürzte der Reisewagen nach Achsenbruch um, 1837 desgleichen in England auf der Straße von London nach Dover.

Bedrohlicher war es 1853 auf der Höhe des St. Gotthard, als der Postwagen umschlug. Das gleiche ereignete sich zwei Tage später bei der Überquerung des Appenin auf der Straße nach Genua. Wieder Achsenbruch, doch im ganzen harmloser verlaufen, als auf dem St. Gotthard, wo es allerhand Verletzungen gab. Müller empfand: »*Wir sind wunderbar durch Gottes Hand gerettet worden.*«. Er selbst blieb völlig unversehrt: »*Das ist ja das wunderbarste von der Welt, was schwer zu begreifen ist, wenn man den zertrümmerten Wagen 10 bis 15 Fuß unterhalb des Fahrweges liegen sah.*«

Alles in allem, Johannes Müller war noch einmal davongekommen, aber er hatte – mit seiner starken Sensibilität – einen tiefwirksamen Warn- und Schreckschock erlebt.

Zunehmend bemächtigte sich seiner eine Lethargie. Äußerlich ist er weiterhin aktiv. Auf Sizilien geht er von Messina aus seiner Suche nach Meerestieren nach, besucht Palermo, Taormina, Catania und den Aetna. Trotzdem schreibt er in einem Brief an seine Frau: »*Natürlich wird meine Art der Fischerei allmählich wie ein Licht ausgehen, wenn sie ganz erschöpft ist.*«

Im Gesamtschicksal von JOHANNES MÜLLER stehen die zwei »Achsenbrüche« wie Vorwarnungen. Man kann seine wissenschaftliche Tätigkeit – zumal gemessen an seinen frühen Idealen – nicht gerade mehr als sehr geistvoll empfinden. Gewiß ist sein Beitrag für die Kenntnis der Systematik besonders kleiner und kleinster Meerestiere wertvoll gewesen. Er selbst aber empfindet: »*Weil ich diese Fischerei mit dem feinen Netz seit vielen Jahren so stark ausgebeutet habe, so werde ich sie überhaupt bald aufgeben müssen . . .*« (18. August 1854)

Im Herbst 1854 ist er noch einmal auf Helgoland, wo er u. a. ERNST HAECKEL traf und mit ihm etwa 14 Tage zusammen war. Er ist froh, nicht nach Italien, wo er meint seine Grenze erreicht zu haben, sondern an die Nordsee gefahren zu sein. »*Ich hätte nichts besseres tun können . . . Mit Italien ist es anders, da ist fast alles erschöpft.*«

Ein Jahr später unternahm er mit fünf Schülern eine Reise nach Norwegen, über Christiansand nach Bergen. Für ihn, den Weitgereisten, war Norwegen als Landschaft ein beeindruckendes Erlebnis. Auf seinem speziellen Gebiet der Meerestiere ergab sich ihm allerdings nichts Überraschendes mehr. »*Etwas Neues hat sich beim Fischen noch nicht gezeigt; vielmehr kommen immer die alten Formen wieder.*« Wenige Tage später von Bergen aus wiederholte er in einem Briefe diesen Befund: »*Neues hat sich bisher für mich nicht ereignet, und ich bin auch resigniert.*« Dieser kleine Zusatz muß ernst genommen werden. Denn äußerlich lag kein Anlaß für Resignation vor. Im Gegenteil! Bergen als Stadt und ihre Bewohner beglückten ihn: »*Es fehlt nicht an allen Bequemlichkeiten einer großen Stadt. Die Menschen sind freundlich und gefällig und ehrlich, so daß, wie in Norwegen überall, alle Türen offen bleiben.*«

Wenige Tage, nachdem er dies schrieb, folgt der Brief mit dem »*ich bin auch resigniert.*« Und dann wird er deutlich wie nie zuvor, wenn er von seiner Fischerei sagt: »*Ich bin doch nicht so dabei wie zu alten Zeiten, als mein lieb Söhnchen noch mitging*« (MAX MÜLLER). »*Was war das für eine Seligkeit. Jetzt macht mir das alles nicht viel Vergnügen; zumal ich*

immer mehr die Gewißheit erhalte, daß für mich aus der
pelagischen Fischerei keine weiteren Entdeckungen erblühen.
Ich muß auf anderes sinnen. Aber das wird lange währen, ehe
ich wieder etwas finde, was sich weiterspinnen läßt. Jetzt bin
ich wie einer, der sich ganz ausgegeben hat; doch tröste ich
mich damit, daß ich schon öfter in dieser Lage war, und mit
viel geringerem vorlieb nahm, als ich es jetzt tun könnte. Mit
dem Enden dieser Gegenstände geht mir auch der Mut aus für
große Unternehmen. Das Gefühl, was ich kurz vor dieser
Reise hatte, hat mich nicht verlassen, daß ich ebensogut hätte
zu Hause bleiben können.« »Ich durchmustere täglich den
Mulder in ganz mechanischer verstockter Art oder nach alter
Gewohnheit, ohne viel dabei zu denken.« So schrieb MÜLLER
am 30. August 1855 an seine Frau. Er, der große Forscher
Johannes Müller, befindet sich in einer geistigen Sackgasse,
die er selbst gewählt hatte. Jetzt ist ihm dies bewußt geworden, doch er sieht keinen Ausweg.

Der Schiffbruch

Zehn Tage, nachdem JOHANNES MÜLLER, wenn auch mit
anderen Worten, aber eindeutig schrieb: *»Ich bin am Ende«,*
ereilt ihn auch äußerlich das Schicksal: Zum inneren tritt in
aller Realität der äußere *Schiffbruch.* Mit zwei seiner Schüler
hatte er von Bergen aus ein Dampfschiff bestiegen, um wieder
über Christiansand nach Süden zu fahren. Kurz nach der
Abfahrt von Christiansand stößt mitten in der Nacht das
Schiff mit einem anderen zusammen und geht unter. Alle
Passagiere und die Besatzung wurden mit dem untergehen-

den Schiff in das Meer gerissen. Er selbst berichtet: »... *es ist das Schrecklichste, als bei dem Zusammenkommen des Feuers der Maschine mit dem Wasser eine Explosion erfolgte, und in demselben Augenblick das Schiff jählings in die Tiefe stürzte, mit dem zerbrochenen Vorderteil voran, und die ganze auf dem Deck angehäufte Menschenmasse in den Strudel hinunter folgte, ich mit; wurde aber wieder in die Höhe geworfen ...«* Schwimmend erreicht JOHANNES MÜLLER einige Planken, zuletzt eine herumtreibende Treppe, auf der er bald lag, bald wieder ins Meerwasser geworfen wurde. So trieb er völlig ungewiß einer möglichen Rettung in der Nordsee. Doch als seine Kräfte im Schwinden waren, kam Hilfe. Er wurde in ein Boot des anderen Dampfers gezogen und so am Leben erhalten. Von seinen beiden Schülern war Dr. SCHNEIDER als guter Schwimmer schon vor dem Untergang des Dampfers ins Meer gesprungen und so gerettet worden, der Student WILHELM SCHMIDT aber ertrank. MÜLLER war zutiefst getroffen: »*Dieser Tod eines so hoffnungsvollen und mir teuren Kindes von den liebenswürdigsten Eigenschaften versetzt mich in das tiefste Leiden, und es wird lange dauern, aus diesen Stimmungen herauszukommen.*« Nach Müllers Orientierung sind von den an Bord befindlichen Personen einschließlich der Besatzung etwa 50 umgekommen, 43 gerettet worden.

Diesen Schiffbruch hat JOHANNES MÜLLER im Grunde innerlich nie mehr überwunden. Äußerlich war ihm mit dem Untergang alles genommen worden, was ein Mensch als nächste Umhüllung sein eigen nennt: Von den Waschutensilien und allen Effekten bis zur Reisetasche mit allen Arbeitsunterlagen. Sein religiöser Sinn läßt ihn im Rückblick sagen: »*Zuletzt kann ich mir aber auch nicht verschweigen, daß mir auch das Leben nur von der Allmacht geschenkt worden, auf welches ich in einer solchen Lage kaum mehr ein Recht hatte . . .«*

Er faßt zwei Tage nach der Rettung in Hamburg den Entschluß: *»Ich reise nie mehr auf der See und niemals mehr auf Seedampfschiffen und will ferner nur meiner Familie leben.«* Man erinnere sich daran, daß Johannes Müller zu diesem Zeitpunkt erst 54 Jahre alt war!

Kurz fährt er von Hamburg nach Berlin, um die »bitterschwere Aufgabe« zu erfüllen, der Mutter von WILHELM SCHMIDT den Tod ihres Sohnes mitzuteilen. Dann eilt er nach Köln, wo er von seiner Familie sehnlich erwartet wurde. In deren wohltuender Liebe und Fürsorge erholt er sich von dem maßlosen Unglück, das ihn getroffen hatte.

Ende Oktober kehrt er dann endlich wieder nach Berlin zurück, geradezu rührend empfangen von seinen Mitprofessoren und Studenten. Rektor und Dekan der Universität suchen ihn auf, so auch ALEXANDER VON HUMBOLDT und viele Kollegen. Ein großes Festessen zur *»glücklichen Errettung Müllers«* wird veranstaltet. Alle diese Feierlichkeiten nehmen MÜLLER sehr mit. Offenkundig ist er trotz der Erholung im Rheinland noch recht angegriffen, so daß ihm schnell die Tränen kommen.

Wohl aus Schonung seiner »Nerven« verzichten die Studenten auf den zunächst geplanten Fackelzug. Statt dessen sucht ihn ein »Komitee der Studierenden« auf und überreicht ihm einen silbernen Becher, »eine Art von Abendmahlskelch«. Er trug die eingravierte Inschrift: *»Dem treuen Kämpfer für Wissenschaft und Wahrheit, den Gottes starke Hand so wunderbar erhalten, in tiefer Verehrung, die dankbaren Schüler, Berlin im Herbst 1855.«*

Der Sohn MAX MÜLLER, der an dieser Kelchübergabe teilnahm, berichtete seiner Mutter über die Dankesworte des

Vaters: »– *Wir waren alle tief ergriffen davon, so warm aus der Seele, aus einer hochgestimmten Seele kamen die Worte. In aller Augen stunden Tränen.*«

Seine Umgebung erlebte in der Folgezeit MÜLLER, der naturgemäß zu Autokratie und Ungeduld neigte, als viel geduldiger, »*weicher und entgegenkommender*«. Er selbst fühlt dringlich die Notwendigkeit »*der größten Stille und Zurückgezogenheit, um sich wieder zu sammeln*«.

Durch die Tatsache, daß er von allem, was er auf der Reise bei sich hatte – außer den Kleidern, die er am Leibe trug – nichts retten konnte, hat ihn der Schiffbruch einen Vorgeschmack des Todes erleben lasse. So nimmt es nicht wunder, wenn er an seine Schwester CATHARINA am 1. Januar 1856 schreibt: »*Ich muß jetzt wieder von neuem zu leben anfangen . . .*« Vor allem hofft er wieder auf Zufuhr von Lebenskraft durch neue Reisen in den Süden, so 1856 mit Frau und Tochter nach Nizza – dort war auch u. a. ERNST HAECKEL – und 1857 nach St. Tropez. Gegenstände seiner Beschäftigung und Forschung sind Versteinerungen, Infusorien und Radiolarien.

Im März 1857 erkrankt MÜLLER an einem schleichenden Fieber, so daß er für längere Zeit seine Vorlesungen unterbrechen muß. Im folgenden Winter nehmen alle bisherigen Schwächen zu: die Schlaflosigkeit, Schwindelanfälle, ständige Unruhe. So wie er in dem Jahrzehnt zuvor immer wieder von fast hysterisch zu nennender Angst beherrscht war, ihn könne Thyhus oder Cholera befallen, so erfüllen ihn jetzt Todesahnungen. »*Häufig verspürt er Schmerzen in der Lebergegend, die ihn ängstigen und die er durch große Dosen Opium zu bekämpfen versuchte. Auch hatte er häufig mit Herzklopfen zu tun, seine sehr geschlängelten Schläfenadern deuteten auf fortschreitende Arterienverkalkung. Nur mit Mühe konn-*

te er noch die *Summe seiner Verpflichtungen in diesem Winter erfüllen.*« (1857 auf 1858). – Er beschloß, das Kolleg über Physiologie endgültig aufzugeben.

»*Am Morgen des Tages, an dem eine Besprechung mit seinem Hausarzt verabredet war um festzulegen, was gesundheitlich für ihn zu tun sei –, wachte* MÜLLER *froh und heiter auf und unterhielt sich mit seiner Gattin anscheinend vollkommen wohl. Dann schlief er wieder ein. Und als nach zwei Stunden man ihn wieder wecken wollte, fand man ihn tot im Bette liegen.*« Es war am 28. April 1858.

So wie das Leben von JOHANNES MÜLLER voller Rätsel war, so auch sein Tod. Niemand wird mit Sicherheit die eigentliche Todesursache nennen können. Kaum war er gestorben, so verbreitete sich hartnäckig das Gerücht, Müller habe durch eine zu starke Dosis Morphium selber sein Leben beendet. Wie dem auch sei, die hochbedeutende Existenz der zentralen Gestalt im naturwissenschaftlichen Ablauf des 19. Jahrhunderts in Deutschland, Johannes Müller, war für dieses Erdenleben erloschen.

ERNST HAECKEL *schrieb einen Brief über den Tod* MÜLLERS, dem wir das Folgende entnehmen: »*Es verbreitete sich sofort das Gerücht, – das wir nächststehenden Schüler für wahr hielten –, daß der schwer leidende Meister in hoffnungsloser Stimmung durch eine Dosis Morphium ein rasches Ende sich bereitet und vor einem lange andauernden Siechtum sich bewahrt habe . . . Ich selbst war, wie andere nächststehende Schüler . . . überzeugt, daß unter den obwaltenden Umständen dieser traurige Ausgang das Beste war; eine gelähmte Existenz ohne geistige Arbeit wäre für den großen, rastlos schaffenden Mann unerträglich gewesen!*«

Hinzuzufügen bleibt nur, daß JOHANNES MÜLLER ein Leichenbegräbnis erfuhr, wie es auch in Berlin kaum je stattfand.

» Unter ungeheurer Anteilnahme aller Schichten der Bevölkerung bewegte sich am 2. Mai 1858 der gewaltige Trauerzug von der Wohnung durch den Lustgarten, die Linden hinauf, durch die Friedrichstraße nach dem katholischen Kirchhofe in der Liesenstraße.« Vor und neben dem Sarg, der von 14 Studenten – darunter ERNST HAECKEL – getragen wurde, schritten 400 Fackelträger. Eine endlose Reihe von Wagen folgte.

Nach dem Geistlichen erstieg ALEXANDER VON HUMBOLDT den Grabhügel, um dem Freunde Worte der tiefen Verbundenheit über Leben und Tod hinaus nachzurufen. Alexander von Humboldt starb ein Jahr später.

Wir haben dem Schicksal, dem Wesen und Wirken JOHANNES MÜLLERS in diesem Buche einen so weiten Raum gegeben, weil wir es symbolisch und repräsentativ für das halten, was wir die »Tragödie der Naturwissenschaft« nennen. Das Schicksal Müllers ist von dem seiner Schüler nicht zu trennen. So mögen nun kurze Darstellungen der Lebensabläufe von DU BOIS REYMOND, HELMHOLTZ, VIRCHOW und ERNST HAECKEL folgen.

Die Schüler von Johannes Müller

Wenigen Hochschullehrern in Deutschland war es wie JO-
HANNES MÜLLER in so hohem Maße beschieden, nach seiner
Berufung 1833 auf den Lehrstuhl für Anatomie und Physiologie der Universität Berlin, durch fünfundzwanzig Jahre
einen Kreis von hervorragenden Schülern um sich zu versam-
meln und einen entscheidenden Einfluß auf sie und ihre Forschung zu nehmen. Wir erinnern noch einmal an den Mitent-
decker der Pflanzenzelle – in Zusammenarbeit mit MATTHIAS
SCHLEIDEN – THEODOR SCHWANN (1810–1882); aber auch an
den Anatom und Pathologen JACOB HENLE (1809–1885). Sein
anatomisches Handbuch galt als das Beste des 19. Jahrhunderts. Dann EMIL DU BOIS-REYMOND (1818–1896). Er wurde
der eigentliche Nachfolger von JOHANNES MÜLLER auf dem
Berliner Lehrstuhl. Auch galt er als der »bedeutendste
deutsche Physiologe des 19. Jahrhunderts.« Durch sein Studium der tierischen Elektrizität wurde er der Begründer der
Elektrophysiologie.

Weiter: HERMANN VON HELMHOLTZ (1821–1894). Von
ihm heißt es: »*Mit bestaunenswerter Universalität beherrschte er die gesamte Naturwissenschaft seiner Zeit.*« 1847
gelang ihm die damals sensationelle Schrift »Über die Kraft.«
Sein Einfluß auf die Entwicklung der gesamten Naturwissenschaft des 19. Jahrhunderts ist einmalig und ungewöhnlich.
Einer seiner eigenen Schüler war der geniale Elektro-Physi-
ker HEINRICH HERTZ (1857–1894).

Ein weiterer intimer Schüler Müllers war LUDWIG RUDOLF CARL VIRCHOW (1821–1902). Als Professor am Berliner Krankenhaus der Charité wurde er zum Schöpfer der Zellularpathologie. Durch diese Lehre nahm er einen entscheidenden Einfluß auf die Entwicklung der gesamten Medizin.

Und schließlich der »Monisten-Papst« ERNST HAECKEL (1834–1919). DU BOIS-REYMOND, HELMHOLTZ, VIRCHOW und HAECKEL haben den Verlauf der Naturwissenschaft im 19. Jahrhundert entscheidend mitbestimmt. Gleichzeitig vollendeten sie durch ihr eigenes Leben und Werk den Schicksalsablauf, der mit JOHANNES MÜLLER begonnen hatte.

Emil Du Bois-Reymond

Er hielt sich selbst für einen Idealisten und bekämpfte mit Vehemenz den naiven Materialismus. In Wirklichkeit war er aber stärker dem Materialismus verhaftet als viele, die sich ehrlicherweise zum Materialismus bekannten.

Weit über die naturwissenschaftlichen Kreise Deutschlands hinaus wurde DU BOIS-REYMOND durch seine »Ignorabimus«-Rede bekannt. Er hielt sie als einen Vortrag am 14. August 1872 auf der Versammlung Deutscher Naturforscher und Ärzte unter dem Thema: »Über die Grenzen des Naturerkennens.«[82]

DU BOIS-REYMOND war nicht erkenntnistheoretisch geschult. Auch wenn er gelegentlich KANT zitiert, wird doch deutlich, daß er in der Philosophie nicht bewandert war.

Unbelastet also von jeder theoretischen Voraussetzung

versucht er eingangs seiner Rede zu definieren, was Naturerkennen sei: »*Naturerkennen . . . ist Zurückführen der Veränderungen in der Körperwelt auf Bewegungen von Atomen, die durch deren von der Zeit unabhängigen Zentralkräfte bewirkt werden, oder Auflösen der Naturvorgänge in Mechanik der Atome . . . Die Sätze der Mechanik sind mathematisch darstellbar und tragen in sich dieselbe apodiktische Gewißheit, wie die Sätze der Mathematik.*«

Du Bois-Reymond kannte die Behauptung Kants, »*daß in jeder besonderen Naturlehre nur so viel eigentliche Wissenschaft angetroffen werden könne, als darin Mathematik anzutreffen sei.*« Unbekümmert korrigierte er aus seiner Perspektive heraus Kant und fordert, »*daß für Mathematik Mechanik der Atome gesetzt wird.*«

Im Sinne dieser Vereinfachung des naturwissenschaftlichen Erkenntnisfeldes leugnet Du Bois-Reymond jegliche Qualität als außerhalb des durch seine Nerven die Welt wahrnehmenden Menschen existierend. Schon sein Lehrer Johannes Müller hatte ja auf die »spezifischen Energien« der Sinnesempfindungen hingewiesen, welche das subjektive Erlebnis der Qualitäten bewirken. Wörtlich sagt Du Bois-Reymond: »*Ohne Seh- und Gehörsinnsubstanz wäre diese farbenglühende, tönende Welt um uns her finster und stumm.*«

Wir haben versucht, deutlich zu machen, wie Goethe ein ganzes Leben gegen diese Halbwahrheit gekämpft hat. Mit der einen Zeile: »*Wär nicht das Auge sonnenhaft, wie könnte es das Licht erblicken*« hat Goethe den Weg zur Überwindung dieser Erkenntnisblockierung gewiesen.

Du Bois-Reymond hält die Grenze, die dem erkennenden Menschen durch seine eigene Begrenzung gezogen ist, für unüberschreitbar. Vor dem Blicke der Naturforschung bietet sich nichts dar als bewegte Materie. Ist schon das Leben als solches unbegreiflich, so erst recht das Bewußtsein. Denn das liegt doch offen zutage – so Du Bois-Reymond –, daß Bewußtsein »*aus seinen materiellen Bedingungen nicht erklärbar ist.*« Darum folgert er, daß es »*nie erklärbar sein wird.*« Auf sich selbst bezogen, hat Du Bois-Reymond sogar recht. Solange seine Art zu denken keine Verwandlung erfährt, kann sie auch keinen Zugang zur Erkenntnis der Bewußtseinssphäre finden. Nur seine Logik ist ungültig. Denn er sagt: Ich kann es nicht und werde es nicht können – also wird es niemand können. Das ist sein Denkfehler.

Darum sein Schluß:

1. Unser Naturerkennen ist durch die Unfähigkeit bestimmt, Materie und Kraft anders als mechanische Vorgänge zu begreifen.

2. Wir sind völlig außerstande, geistige Vorgänge aus materiellen Bedingungen heraus zu begreifen.

3. Also wissen wir in Wahrheit nichts (ignoramus) und werden ewig nicht wissen (ignorabimus).

Es klang zwar sehr bescheiden, wenn ein Spitzenforscher der Naturwissenschaft wie Du Bois-Reymond sich so unüberwindbare Grenzen selber setzte. In Wirklichkeit aber war es Unkenntnis und zugleich Unbescheidenheit, dem erkennenden Menschen grundsätzlich unübersteigbare Grenzen zu setzen nach dem Motto: Ich kann es nicht, also kann es keiner.

Diese Anmaßung im Gewande der Bescheidenheit tritt im Schlußabsatz seiner Rede noch einmal deutlich hervor.

»*Gegenüber den Rätseln der Körperwelt ist der Naturforscher längst gewöhnt, mit männlicher Entsagung sein Ignoramus auszusprechen. Im Rückblick auf die durchlaufene siegreiche Bahn trägt ihn dabei das stille Bewußtsein, daß, wo er jetzt nicht weiß, er wenigstens unter Umständen wissen könn-*

te und dereinst vielleicht wissen wird. Gegenüber dem Rätsel aber, was Materie und Kraft seien und wie sie zu denken vermögen, muß er ein für allemal zu dem viel schwerer abzugebenden Wahrspruch sich entschließen: »Ignorabimus«.

Der Weg zur Erkenntnis des Geistes in aller Welt durch den Geist im Menschen war ihm versperrt.

Daß damit auch für EMIL DU BOIS-REYMOND selbst jede »höhere« Entwicklung verhindert wurde, liegt im Wesen der Sache. Er selbst lieferte zehn Jahre später dafür den Beweis. Es war das Jahr seines Rektorates an der Berliner Universität. Die fällige Rektoratsrede hielt er am 15. Oktober 1882. Sein selbstgewähltes Thema lautete: »Goethe und kein Ende.« Es gibt wohl kaum ein zweites Dokument, daß so eindeutig und unmißverständlich die Tragödie der Naturwissenschaft im 19. Jahrhundert, insbesondere in Deutschland, zum Ausdruck bringt, wie diese Rede des Du Bois-Reymond. GOETHES lebenslanges Bemühen hatte dem Versuch gegolten, die Naturforschung, die zunehmend sich vom Geiste entfernte, für die »anschauende Urteilskraft« zu gewinnen. Wir sahen, daß JOHANNES MÜLLER in der Gesinnung antrat, diesem Geiste GOETHES zum Siege zu verhelfen. Doch in der Mitte seines Lebens zerbrach dieser große Geist an der eigenen Unfähigkeit, sich dem Sog des materialistischen Denkens zu entziehen. So wurde er zum Leitstern einer Generation, welche ihm elementar in diesem Gefälle folgte. EMIL DU BOIS-REYMONDS Rede, fünfzig Jahre nach dem Tode GOETHES, bringt das Unvermögen klassisch zum Ausdruck, der Forschung mit Hilfe Goethes eine Wendung zu geben.

Daß Goethe selbst kein großer Mathematiker war, ist bekannt. Aber es ist ein absolutes Mißverständnis, wenn man aus dieser »Schwäche« Goethes Gegnerschaft zu NEWTON abzuleiten versucht. Ihm ging es um Wesensverständnis. Die

Frage: Was ist das Licht? ist für GOETHE durch keine Messung von Schwingungen oder durch Wellen- beziehungsweise Korpuskeltheorien beantwortet.

Anmaßend sagt DU BOIS-REYMOND in seiner Rede: »GOETHES *Farbenlehre ist längst gerichtet ... Der Begriff der mechanischen Kausalität war es, der Goethe gänzlich abging. Deshalb blieb seine Farbenlehre, abgesehen von dem auf die subjektiven Gesichtserscheinungen bezüglichen Teile, trotz der leidenschaftlichen Bemühungen eines langen Lebens, die totgeborene Spielerei eines autodidaktischen Dilettanten; deshalb konnte er sich mit den Physikern nicht verständigen; deshalb war NEWTONS Größe ihm verschlossen ...«*

Dem ist nichts hinzuzufügen. Doch wes Geistes Kind der »große« DU BOIS-REYMOND war, wird von ihm selbst gleichfalls unmißverständlich ausgesprochen. Denn er schwingt sich in seiner Rede auch zur Kritik an GOETHES »Faust« auf, die damit endet, daß er eine andere Endperspektive für die Lebensdarstellung des Faust vorschlägt: »*Wie prosaisch es klinge, es ist nicht minder wahr, daß Faust, statt an Hof zu gehen, ungedecktes Papiergeld auszugeben und zu den Müttern in die vierte Dimension zu steigen, besser getan hätte, Gretchen zu heiraten, sein Kind ehrlich zu machen und Elektrisiermaschine und Luftpumpe zu erfinden, wofür wir ihm denn an Stelle des Magdeburger Bürgermeisters gebührlichen Dank wissen würden.«*[83]

Der bürgerliche Philister EMIL DU BOIS-REYMOND hat sich mit diesen Worten selbst gekennzeichnet.

Hermann von Helmholtz

Auch der andere Schüler von JOHANNES MÜLLER, HELM-
HOLTZ, hat sich mit GOETHES naturkundlichen Studien ausgiebig beschäftigt. Und zwar unvergleichlich gründlicher und
gediegener als DU BOIS-REYMOND. Auch HELMHOLTZ trat
zweimal im Laufe seines Lebens mit dem Thema »GOETHE«
an die Öffentlichkeit, und zwar 1853 und 1892.

Den ersten Vortrag hielt er zu Königsberg: »Goethes naturwissenschaftliche Arbeiten«; den zweiten in der Goethe-
Gesellschaft in Weimar: »Goethes Vorahnungen kommender
naturwissenschaftlicher Ideen.« In beiden Vorträgen bringt
Helmholtz Goethe gegenüber sowohl eindeutige Anerkennung wie ebenso klare Ablehnung zum Ausdruck.

Wohl nicht zufällig stimmt Helmholtz Goethe in den Gebieten zu, in denen er selbst nicht forschend tätig ist, und die er
die beschreibenden Naturwissenschaften nennt: Botanik,
Zoologie, Anatomie u.s.w. Volle Anerkennung finden Goethes Ideen über den gemeinsamen Bauplan und den *Typus* der
Tiere und auch die *Urpflanze,* so wie sie Goethe in seiner
»*Metarmorphose der Pflanzen*« darstellt.

Demgegenüber nimmt der Physiker Helmholtz radikal
Abstand von Goethes Farbenlehre: »*So groß nun die Verehrung ist, welche* GOETHE *durch seine Leistungen in den beschreibenden Naturwissenschaften sich erworben hat, so unbedingt ist auch der Widerspruch, den seine Arbeiten auf dem
Gebiete der physikalischen Naturwissenschaften, namentlich
seine Farbenlehre, bei sämtlichen Fachgenossen gefunden
haben.*«

HELMHOLTZ ist völlig außerstande, die Gründe für GOE-
THES scharfe Polemik gegen NEWTON zu verstehen. So führt

HELMHOLTZ aus: »*Den Lesenden, der aufmerksam und gründlich jeden Schritt in diesem Teile der Farbenlehre sich klar zu machen sucht, überschleicht hier leicht ein unheimliches ängstliches Gefühl; er hört fortdauernd einen Mann von der seltensten geistigen Begabung leidenschaftlich versichern, in einigen scheinbar ganz klaren, ganz einfachen Schlüssen sei eine augenfällige Absurdität verborgen. Er sucht und sucht, und da er beim besten Willen keine solche finden kann, nicht einmal einen Schein davon, wird ihm endlich zumute, als wären seine eigenen Gedanken wie festgenagelt.*«[84]

Auch HELMHOLTZ charakterisiert sich mit diesen Worten selbst, wie es exakter kaum möglich ist. Er ist tatsächlich »festgenagelt« (blockiert), indem er sich an NEWTONS Sachbezüge auf materieller Ebene, durch Experimente verifiziert, hält, während es GOETHE um die Wesenserkenntnis des Lichtes, »des heiligen, des bewegten«, ging. Die Aussagen Newtons gründen rein auf physischen Tatsachen, Goethe ist durchdrungen davon, daß auch die menschliche Seele und der menschliche Geist aus Innen-Erfahrungen objektive Mitteilungen über das Wesen des Lichtes, dessen »Taten und Leiden« zu geben in der Lage sind. Für NEWTON *und* HELMHOLTZ ist diese Erkenntnisebene nicht vorhanden. Darum fühlt sich Helmholtz wie »festgenagelt«. Er hält für Dichtung, was GOETHE über Licht und Farben zu sagen hat. So schließt sein 39 Jahre später gehaltener Vortrag: »*Wo es sich um Aufgaben handelt, die durch die in Anschauungsbildern sich ergehenden Divinationen gelöst werden können, hat sich der Dichter der höchsten Leistungen fähig gezeigt; wo nur die bewußt durchgeführte induktive Methode hätte helfen können, ist er gescheitert.*« HELMHOLTZ muß das Unzureichende dieses Urteils über GOETHE gespürt haben. Denn es klingt nach »Wiedergutmachung«, wenn er dann als letzten Satz

226

seines Weimarer Vortrages – 60 Jahre nach Goethes Tod – wie um Ausgleich bemüht hinzufügt: »*Aber wiederum, wo es sich um die höchsten Fragen über das Verhältnis der Vernunft zur Wirklichkeit handelt, schützt ihn sein gesundes Festhalten an der Wirklichkeit vor Irrgängen und leitet ihn sicher zu Einsichten, die bis an die Grenzen menschlicher Vernunft reichen.*« Vielleicht würde Goethe hinzufügen: Und gerade dies gilt für *meine* Farbenlehre.

Rudolf Virchow

Der dritte im Bunde der JOHANNES MÜLLER-Schüler war RUDOLF VIRCHOW[85]. Er entstammte einfachen Verhältnissen Pommerns, dem Städtchen Schivelbein. Seit 1843 arbeitete er in Berlin am Krankenhaus der Charité.

Von 1847 an gab er das »Archiv für pathologische Anatomie und Physiologie« heraus – bis zu seinem Tode (1902). Wie er von der Regierung als Arzt anläßlich einer Typhusepidemie in eine schlesische Provinz geschickt wurde, geißelte er durch seinen offiziellen Bericht scharf die asozialen Zustände Schlesiens als die wahre Ursache der Krankheit und erregte damit bei seinen Oberen starken Unwillen. Als er sich dann 1848 der Revolution anschloß, wurde er fristlos entlassen. Doch die Würzburger nahmen ihn als Ordinarius für pathalogische Anatomie auf, so daß er dort sowohl als Lehrer wie als Forscher ungehindert wirken konnte. 1856 wurde er von der preußischen Regierung nach Berlin zurückberufen. Die medizinische Fakultät der Berliner Universität hatte wieder einen Stern erster Größe.

Während Du Bois-Reymond und von Helmholtz gleichfalls von der Medizin ihren Ausgang genommen, dann aber ihre Forschungen weit über den ärztlichen Bereich hinaus in die Gebiete allgemeiner Naturwissenschaft ausgedehnt hatten, blieb Rudolf Virchows Wirken als Wissenschaftler im wesentlichen im medizinischen Bereich. – Zusätzlich zeigte er großes Interesse für die Politik. 1862 wurde er in den Preußischen Landtag, 1880 in den deutschen Reichstag gewählt. Als Führer der Fortschrittspartei griff er in Opposition aktiv gegen die Politik Bismarcks ein.

Von Ernst Haeckel wurde er stark angegriffen, weil er ein Verbot, den Darwinismus auf höheren Schulen zu lehren, im Reichstag unterstützt hatte. Virchow wußte sich energisch zu verteidigen und griff nun seinerseits Haeckel schärfstens an. Diese Angelegenheit hat damals die Gemüter sehr in Erregung versetzt.

Maßgeblichen Einfluß jedoch nahm Virchow auf die Entwicklung der Medizin durch seine »Zellularpathologie«, deren Schöpfer er war. Kaum eine andere Sparte der Naturforschung hat sich so charakteristisch für den Verlauf der geistigen Entwicklung im 19. Jahrhundert gezeigt, wie diese zellpathologische Lehre.

Nachdem Schwann und Schleiden erkannt hatten, daß alle Organismen aus Organen und alle Organe aus Zellen bestehen – also auch der Mensch –, lag die Zell-Pathalogie als Lehre gleichsam in der Luft. Denn unschwer ließ sich mit Hilfe des Mikroskops zeigen, daß die Zellen eines entzündeten Organes oder Geschwüres andere Gestaltung annehmen als die eines gesunden. Diese Beobachtungen legten nahe, den ärztlichen Blick umzukehren. Die Deformation einer Zelle ist nicht die Folge der Krankheit – sondern: Die Krankheit ist eine Folge der mißgebildeten Zelle. Virchow war der Inaugurator dieser neuen Wissenschaft von der kranken und der kränkenden Zelle. Nicht wie einst in Griechenland durch HIPPOKRATES, oder in Rom durch GALEN gingen die Ärzte seit der Mitte des 19. Jahrhunderts vom Ganzen des Menschen aus und suchten die im Teil-Organ sich spiegelnde Krankheit, welche unsichtbar den Menschen ergriffen hatte, zu verstehen. Nein, jetzt nahm das Denken seinen Ausgang vom Teile – und blieb zumeist dabei stehen. »Das Ganze« des kranken Menschen trat in den Hintergrund. Als dann die Bakterien und Bazillen (LOUIS PASTEUR und ROBERT KOCH) entdeckt wurden, wandte sich der Blick noch eine Stufe tiefer. Jetzt wurde in den Bakterien die Ursache der Krankheit gesehen. Die umgekehrte Frage: Sollten vielleicht die Bakterien Folgeerscheinungen eines Krankheitszustandes sein? gilt auch heute noch für viele Ärzte als unwissenschaftlich und absurd.

Die Entwicklung im medizinischen Bereich hat sich mit innerer Notwendigkeit vollzogen. Das Gebiet allgemeiner Aussagen wie im Mittelalter: »*Die Krankheit ist eine Folge der Sünde*« oder wie zu Beginn der Neuzeit die Ideen der »Säftelehre« oder des »Archeus« von PARACELSUS – wird verlassen. Das Interesse wendet sich den konkreten physischen Tatsachen zu. Eine starke Opposition gegen das »Denken im Allgemeinen«, wie es durch HEGEL und SCHELLING auf philosophischem Gebiet gepflegt wurde, machte sich geltend. An die Stelle der deduktiven Methode, d. h. des Weges vom Allgemeinen zum Einzelnen, tritt die induktive Methode: Durch die Summe von *einzelnen* exakten physischen Wahrnehmungen gilt es nun bis zu allgemeinen Wahrheiten vorzudringen. Mögen auch einzelne Denker wie der Fichte-Sohn IMMANUEL HERMANN FICHTE opponieren – der Pfad erscheint wie unabänderlich vorgezeichnet.

Die Erfassung der konkreten und damit materiellen Einzeltatsachen gibt dem Forscher große Sicherheit und zugleich die Möglichkeit, in Angaben nach »Zahl, Maß und Gewicht« seinen Befund eindeutig dem anderen Forscher mitzuteilen. Alles andere wird als »allgemeines Gerede«, wenn nicht als »mysteriöses Geschwafel« abgetan. Der Sog zum massiven Materialismus auch in der Medizin ist unverkennbar.

Urphänomenal tritt hier der Umschwung des Geisteslebens im Laufe des 19. Jahrhunderts in Erscheinung: Die Blickrichtung »von oben nach unten« kehrt sich um in eine »von unten nach oben«. Einst ging man vom Geist aus und unterschätzte nur zu oft die materiellen Tatsachen. Seit Du Bois-Reymond, Helmholtz, Virchow und viele gleichgesinnte Forscher auf den Plan getreten waren, sind die materiellen Tatsachen für die Forschung ausschlaggebend geworden, doch die geistige Durchdringung verkümmerte. Diesen weltgeschichtlichen Prozeß gilt es zu durchschauen und in seinem Ablauf verstehend zu bejahen. Kaum auf einem anderen Felde wird das »Doppelantlitz« des naturwissenschaftlichen Fortschrittes so deutlich, wie in der Medizin. Rudolf Virchows Bedeutung innerhalb dieses historischen Prozesses ist unverkennbar. Uns bleibt noch die Aufgabe, das Schicksal des letzten der bedeutenden Johannes Müller-Schüler, Ernst Haeckels, in den großen Zusammenhang einzufügen.

Ernst Haeckel

Zwei Jahre nach GOETHES Tod, am 16. Februar 1834, wurde HAECKEL in Potsdam geboren. Eigentlich hatte er in Jena bei SCHLEIDEN sein Studium beginnen wollen. Doch zwang ihn eine Kniegelenksentzündung das erste Semester in Berlin zu bleiben. Dann ging er 1852 nach Würzburg und kehrte 1854 wieder nach Berlin zurück, wo er vor allem JOHANNES MÜLLER hörte, mit dem er auch im August und September dieses Jahres auf Helgoland »fischte« – ebenso in den Herbstferien 1856 am Mittelmeer bei Nizza. Im gleichen Jahre wird er bei dem um 13 Jahre älteren RUDOLF VIRCHOW Assistent und promoviert 1857 zum Doktor der Medizin. Im Jahre, da MÜLLER starb, ließ HAECKEL sich in Berlin als Arzt und Geburtshelfer nieder und verlobte sich mit seiner Kusine ANNA SETHE.

Zwei Jahre später (1860) wurde Haeckels Seelenleben durch den Tod zweier Freunde schwer belastet. Beide waren zwei Jahre älter als Haeckel und starben kurz hintereinander. Bis dahin hatte Haeckel gläubig das Sterben von Menschen als Abberufung durch eine weisheitsvolle göttliche Schicksalslenkung empfunden. Jetzt aber bäumte er sich ob der vermeintlichen Sinnlosigkeit dieses Doppelereignisses leidenschaftlich auf. Verzweifelt schrieb er an Anna Sethe: »*Wie man sich in solchen Fällen mit der Idee einer allgütigen, weisen, liebenden Vorsehung trösten kann, ist mir in der Tat völlig unklar . . . Ich bin dazu unfähig und gerate, je länger ich in diese Folgenreihe der Gedanken mich vertiefe, immer tiefer in den absoluten Zweifel und Unglauben hinein.*« Dann fährt er fort: »*Was mich bei LACHMANNS Tode am tiefsten ergriffen hat, ist, wie Du leicht denken kannst, das trostlose*

Schicksal der unglücklichen jungen Frau mit ihren beiden Kinderchen. Wenn ich mir den Gedanken vorzustellen wage, Dich möglicherweise einmal zu verlieren, so ist unmittelbar und untrennbar der zweite Gedanke gleich damit verknüpft, daß mit Deinem Leben auch das meine aufhört, und daß ich Dir freiwillig sofort in das Schattenreich nachfolgen würde . . . Mit Dir einzigem und ausschließlichem Schatz steht und fällt alles, was mich an das Leben bindet.«[86] (14. Juli 1860)

Und schon dreieinhalb Jahre später ist es soweit. Nach kurzer Ehe von eineinhalb Jahren wird ihm an seinem eigenen 30. Geburtstage am 16. Februar 1864 seine Frau ANNA geb. SETHE durch den Tod entrissen, und ERNST HAECKEL bleibt in hilfloser Verzweiflung allein zurück. Er ist so zerbrochen, daß er nicht einmal an ihrem Begräbnis teilnehmen kann. Sein Umkreis rechnete damit, daß er nun Hand an sich legen würde. Doch sein Lebenswille ist stärker. In seiner Verzweiflung sucht er Trost in der Arbeit – und geht auf Reisen. Von Nizza aus schreibt er am 5. April an seine Eltern: *»Die letzte Woche ist wesentlich leichter und ruhiger verflossen, als die vorhergehende, und ich lerne allmählich, das Unerträgliche ertragen und mich in das Unabänderliche meiner jammervollen Lage zu finden.«*

Zehn Jahre später blickt er auf diesen Schicksalsschlag noch einmal zurück. Er ist sich darüber klar, was dieses schmerzliche Erleiden für seine geistige Grundhaltung bedeutet hat: *»Noch in einer andern, wichtigeren Beziehung wurde der erwähnte Schicksalsschlag für meine Entwicklung sehr erfolgreich. Er vollendete meinen völligen Bruch mit dem Kirchenglauben und trieb mich der radikalsten Realphilosophie in die Arme . . . Erst die jähe Wendung meines Schicksals an dem Unglückstage, an welchem ich mein dreißigstes Lebensjahr vollendete, zerstörte in mir mit einem Schlage alle letzten*

Reste meiner früheren dualistischen Weltanschauung. Erst von jetzt an war ich reiner Monist . . .«

Man sieht, daß es wesentlich vom Schicksal mitbestimmt wurde, daß Männer wie JOHANNES MÜLLER und ERNST HAEKKEL, die beide als »Idealisten« antraten, dem Materialismus in die Arme getrieben wurden. Während aber Johannes Müller durch Depressionen und Schicksalsschläge (Schiffbruch!) zunehmend zum untätigen Schweiger wurde, reagierte Ernst Haeckel auf das erfahrene Unheil mit höchster Aktivität. So naiv es auch erscheint, so ist es doch nicht minder wahr, daß Haeckel Gott entthronte, weil er sich von ihm mißhandelt fühlte. Doch ist dieses nur die subjektive Komponente. Objektiv lebte die Erkenntnis suchende Menschheit seit dem 15. Jahrhundert in einem Sog-Gefälle zum Materialismus hin, dem nur wenige Geister sich zu entziehen vermochten. Und über diese schritt der Zeitgeist des 19. Jahrhunderts dahin, als ob sie nur lästige Störenfriede gewesen wären. Weitere Schicksale repräsentativer Forscher mögen diesen »Fall-Weg« noch deutlicher werden lassen.

Die Evolutionslehre

Die Teilwahrheit des Charles Darwin

CHARLES DARWIN (1809–1882)[87] ist der umkämpfteste und wirksamste Biologe der Neuzeit gewesen. Wenige Forscher haben wie er ein solches Hochmaß an Begeisterung bei ihren Anhängern ausgelöst, wenige aber auch so viel Widerstand und Verunglimpfung erfahren. Der »Sieg des Darwinismus« beziehungsweise des »Neodarwinismus« bedeutet in unserer Sicht den Triumph einer Halb-Wahrheit. Es wäre töricht, den berechtigten Kern der Behauptungen Darwins leugnen zu wollen. Seine Evolutions-Lehre ist aus dem Weltbilde der Gegenwart, aber auch dem der Zukunft nicht mehr tilgbar. Gegenüber allen Versuchen der Vorzeit, die Reiche der Natur, die Pflanzen- und Tierwelt als gleichzeitig und endgültig fertig geschaffen anzusehen, hat die Entwicklungslehre Darwins die Anerkennung des erkennenden Menschengeistes gefunden. Sein dynamisches Bild von der Entstehung der Naturreiche hat sich endgültig an die Stelle einer statischen Anschauung gesetzt.

Als letzter hatte CUVIER die »Konstanz der Arten« gegen die Vorläufer des Darwinismus, gegen LAMARCK und GEOFFROY SAINT-HILAIRE verteidigt. Den Befunden der Paläontologie, welche eindeutig zeigen, daß es in früheren Zeiten schon eine völlig anders geartete Flora und Fauna auf Erden gegeben hat, hatte CUVIER seine »Katastrophentheorie« entgegengestellt. Diese besagt, daß der Untergang der Pflanzen- und Tierwelt einer Landschaft durch Flut- oder Vulkankata-

strophen jeweilig ein vollständiger war und die Neubesied-
lung durch Einwanderung aus den umliegenden Gebieten
geschah. Cuvier, der sich an das Glaubensbekenntnis der
protestantischen Kirche hielt, bewahrte so für sich seine
strenge Auffassung von der »Konstanz der Arten« im Einklang mit dem biblischen Schöpfungsmythos. Heute gilt Cuviers »Katastrophentheorie« als überwunden. DARWINS Bild
von der »Entstehung der Arten« hat allgemeine Anerkennung
gefunden.

Doch gilt dies nicht für die Erklärungen und Begründungen, mit welchen Darwin seine Theorie einleuchtend zu machen suchte. Sie sind den Darstellungen Darwins bis in den
Titel seines Hauptwerkes (1859) einverwoben: »Die Entstehung der Arten durch natürliche Zuchtwahl, oder Die Erhaltung der bevorzugten Rassen im Kampfe ums Dasein.«

Die Grundgedanken von der natürlichen Auslese im Existenzkampf, das Durchhalten der Bestangepaßten und Stärk-
sten und das Zugrundegehen der Schwächeren wird erst 1871
von Darwin in einem neuen Werk auch auf die Entstehungsgeschichte des Menschen übertragen: »Die Abstammung des
Menschen und die geschlechtliche Zuchtwahl« (The descent
of man, and selection in relation to sex).

Es kann nicht daran gezweifelt werden, daß die allgemeine
Evolutionslehre Darwins ein positiver Beitrag zum Verständnis des Werdens aller Organismen von richtunggebender Bedeutung gewesen ist. Aber ebensowenig darf übersehen werden, daß durch die Begründungen, die Darwin seiner Lehre
gab, das menschliche Denken einen ungewöhnlich starken
Anstoß in die Richtung des Materialismus erhielt, der auch
heute noch wirksam ist. An die Stelle des Schöpfer-Gottes
inthronisierte Darwin das Prinzip des Zufalles. Von einem
göttlichen Sinn des Menschheitsweges kann nach Darwin

keine Rede sein: Wer sich im erbitterten »Kampf um's Dasein« als Stärkster durchsetzt und behauptet, der entscheidet die Zukunft.

Es kann hier nicht der Ort sein, die unzureichenden Einseitigkeiten von Darwins »Erklärungen« der Entwicklung widerlegen zu wollen. Es ist dies von den verschiedensten Seiten her geschehen, so schon frühzeitig von dem Botaniker WIEGAND und dem Zoologen FLEISCHMANN. Man kann auch sagen, daß das ganze Lebenswerk RUDOLF STEINERS, die Anthroposophie, eine einzige Widerlegung des materialistischen Darwinismus ist. Aber auf eine spezielle Seite der Auswirkungen des Darwinismus, die DARWIN selbst an sich erlebt hat und die er nach seiner eigenen Darstellung bestimmt *»nicht gewollt hat«*, sei nachdrücklich hingewiesen.

Unter der Überschrift: »Erinnerungen an die Entwicklung meines Geistes und Charakters« hat CHARLES DARWIN eine »Autobiographie« hinterlassen, in der er versucht, seine eigene innere »Evolution« aufzuzeigen.

In den drei Bänden [88], welche fünf Jahre nach seinem Tode sein Sohn Sir FRANCIS DARWIN als »Leben und Briefe von Charles Darwin mit einem seine Autobiographie enthaltenden Kapitel« (1887) veröffentlich hat, fehlt Wesentliches. Erst 1958 wurde nach dem Original das Ganze der Aufzeichnungen Darwins, mit Anmerkungen versehen, von NORA BARLOW in England herausgegeben. Über Rußland und Ostdeutschland wurden 1959 diese »Erinnerungen« Darwins auch den Lesern in Westdeutschland zugänglich gemacht.

DARWIN starb am 19. April 1882. Ein knappes Jahr zuvor, am 1. Mai 1881, macht er sich Notizen unter der Überschrift: »Die Einschätzung meiner geistigen Fähigkeiten«. Zunächst kennzeichnet er seine Bücher als »Meilensteine in seinem Leben« und beschreibt, in welcher Weise er dieselben

verfaßt hat. »*Ich habe noch immer ebenso viel Schwierigkei-
ten wie jemals, mich klar und bestimmt auszudrücken.*« Den
Vorteil dieser Schwäche sieht er in dem daraus resultierenden
Anlaß, sich »*zu zwingen, lange und intensiv über jeden Satz
nachzudenken.*«

Wie beiläufig fügt er hinzu, daß er sich in seinem geistigen
Zustande während der letzten »dreißig Jahre« keiner Veränderung bewußt geworden sei – »ausgenommen in einem
Punkte«. Auf diesen kommt er dann an einer späteren Stelle
zurück: »*Ich habe erwähnt, daß sich meine geistige Stimmung
während der letzten zwanzig oder dreißig Jahre in einer
Beziehung geändert hat. Bis zu dem Alter von dreißig Jahren
oder noch darüber hinaus bereitete mir Poesie verschiedenster
Art, wie die Werke von* MILTON, GRAY, BYRON, WORDS-
WORTH, COLERIDGE *und* SHELLEY *großes Vergnügen, und
selbst als Schulknabe erfreute ich mich in hohem Maße an*
SHAKESPEARE, *besonders an seinen historischen Stücken. Ich
habe auch angeführt, daß mir früher Gemälde ein beträchtli-
ches und Musik sehr großes Entzücken bereiteten. Jetzt kann
ich es schon seit vielen Jahren nicht mehr ertragen, eine Zeile
Poesie zu lesen: Ich habe vor kurzem wieder versucht, Shakespeare zu lesen, ich fand ihn aber so unerträglich langweilig,
daß es mich zum Übelsein brachte. Ich habe auch meine
Vorliebe für Gemälde und Musik beinahe verloren . . . Dieser
merkwürdige und beklagenswerte Verlust des höheren aes-
thetischen Empfindens ist um so eigentümlicher, als Bücher
über Geschichte, Biographien und Reisen . . . sowie Essays
über Themen aller Art mich noch lebhaft wie je interessieren.
Mein Geist scheint eine Art Maschine geworden zu sein, allgemeine Gesetze aus großen Sammlungen von Tatsachen her-
auszumahlen. Warum dies die Atrophie (den Schwund) desjenigen Teils meines Gehirns verursacht haben könnte,*

von dem die höheren Geschmacksentwicklungen abhängen, kann ich nicht verstehen. Ein Mensch mit einem Geist, der höher organisiert und besser veranlagt wäre als meiner, würde, wie ich vermute, dies nicht erfahren haben; und wenn ich mein Leben noch einmal zu leben hätte, so würde ich es mir zur Regel machen, wenigstens alle Wochen einmal etwas Poetisches zu lesen und etwas Musik anzuhören; denn vielleicht würden dann die jetzt atrophierten Teile meines Gehirns durch Gebrauch tätig erhalten worden sein. Der Verlust der Empfänglichkeit für derartige Sachen ist ein Verlust an Glück und dürfte möglicherweise nachteilig für den Intellekt, noch wahrscheinlicher für den moralischen Charakter sein, da er den gemütlichen erregbaren Teil unserer Natur schwächt.«[89]

Diese Aufzeichnungen DARWINS sind ein erschütterndes Dokument zu unserem Thema »Das haben wir nicht gewollt«. denn aus der gesamten Biographie Darwins geht hervor, daß in seiner Jugend die Pflege von Poesie, Musik und Malerei für ihn ein ausgesprochenes Bedürfnis war. Dies ging so weit, daß er als Student sich zuweilen in Cambridge den Knabenchor der Kirche engagierte, auf sein Zimmer kommen ließ und dieser ihm als alleinigem Zuhörer seine Lieder vortrug. Oft besuchte er als Jüngling Galerien, um seinen Kunstsinn im Anschauen von Gemälden und Kupferstichen zu pflegen. So schrieb er: » Viele von den Gemälden in der Nationalgalerie in London machten mir sehr große Freude; das von SEBASTIANO DEL PIOMBO erregte in mir ein Gefühl des Erhabenen.« Und wie gesagt, fünfzig Jahre später, kurz vor seinem Tode, muß er bekennen, daß der musische Mensch in ihm – wider seine eigene Jugendsehnsucht – praktisch erstorben sei. Den Grund für diesen Vorgang sieht er selbst in der Einseitigkeit seines naturwissenschaftlichen Denkens, das seinen Geist zur Maschine hat werden lassen.

An einer anderen Stelle seiner Selbstbiographie beschreibt Darwin den allmählichen Schwund seines religiösen Lebens. Noch als Teilnehmer an der Weltreise mit dem Schiff »Beagle« – so berichtet er selbst – wurde er an Bord »von mehreren Offizieren . . . herzlich darüber ausgelacht . . . daß ich die Bibel als eine unwiderlegbare Quelle über irgendeinen Punkt der Moral zitierte.« Damals befand sich Darwin in der Mitte der zwanziger Jahre seines Lebens. Doch insbesondere unter dem Einfluß seines lebenslangen naturwissenschaftlichen Denkens beschlich ihn in langsamer Weise der Zweifel, bis er schließlich gänzlich ungläubig wurde. »Es kam so langsam über mich, daß ich kein Unbehagen emfand, und niemals habe ich seit jener Zeit auch nur eine einzige Sekunde an der Richtigkeit meines Entschlusses gezweifelt. Und in der Tat, ich kann es kaum begreifen, wie jemand, wer es auch sei, wünschen könne, die christliche Lehre möge wahr sein; denn wenn dem so ist, dann zeigt der einfache Text« (gemeint: des Evangeliums), »daß die Ungläubigen, und ich müßte zu ihnen meinen Vater, meinen Bruder und nahezu alle meine besten Freunde zählen, ewige Strafe verbüßen müssen. Eine abscheuliche Lehre!«

Wir haben es hier mit einer zwiefachen Tragik zu tun. Die Einseitigkeit seines naturwissenschaftlichen Denkens zerstörte in DARWIN die dem Keime nach – wenn auch schwach – veranlagte Verstehensmöglichkeit für spirituelle Zusammenhänge. Erschwerend aber kam hinzu, daß im 19. Jahrhundert die christlichen Theologen gleichfalls vom Materialismus und der Kritiksucht so ergriffen waren, daß sie suchenden Seelen, wie der junge Darwin es war, keine Hilfestellung zum Verständnis der spirituellen Urkunden des Christentums, so der Evangelien, zu leisten vermochten.

Was Charles Darwin in seinen selbstbiographischen Noti-

zen festgehalten hat, ist symptomatisch für die ganze Entwicklung des neuzeitlichen Geisteslebens. Wie von selbst
höhlen die materialistischen Gedanken über die Natur und
ihre Entwicklung die Seelen derer aus, die diese Gedanken
aufnehmen und in sich bewegen. Fast unmerklich ergreift so
der Materialismus das Innere. Die Folge: Sowohl der musische wie der religiöse Mensch werden von Auszehrung ergriffen. Die Seelen verarmen, der Geist wird getötet.

Gregor Mendel begründet die Genetik

Die moderne Genetik (Vererbungswissenschaft) nahm ihren Anfang in einem stillen Klostergarten. Im Augustinerkloster zu Brünn lebte ein Mönch, der mit Erlaubnis seines Abtes in Wien Naturwissenschaft studiert hatte und dann in Brünn und Znaim als Lehrer wirkte. Sein Wohnsitz blieb das Kloster, in das er immer wieder zurückkehrte.

Aufmerksam verfolgte im Klostergarten der Mönch GREGOR MENDEL (1822–1884) von 1854 an über ein Jahrzehnt das Wachstum und die Fortpflanzung farbig blühender Gartenerbsen. Die Resultate seiner Beobachtung trug er erstmalig im Frühjahr 1865 in dem »Naturforschenden Verein« zu Brünn vor. Unter dem Titel »Versuche über Pflanzen-Hybriden« erschien 1866 ein Sonderdruck aus den »Verhandlungen des naturforschenden Vereins zu Brünn«. Damit waren die grundlegenden Beobachtungen Mendels zwar der Öffentlichkeit mitgeteilt, doch sie fanden keine Beachtung. Vierunddreißig Jahre vergingen, bis gleichzeitig drei Gelehrte von internationalem Ruf, der Holländer HUGO DE VRIES (1848–1935), der Deutsche CARL CORRENS (1864–1933) und der Österreicher ERICH TSCHERMAK (1871–1962) durch eigene Versuche im Jahre 1900 die Ergebnisse des Augustinermönches bestätigten. Seitdem gibt es die Vererbungswissenschaft, *die Genetik.*

Wer war dieser Mönch, der somit den Keim zu einer Wissenschaft legte, die in ihrer seitherigen Entwicklung zunehmend an Bedeutung gewann und entscheidenden Einfluß auf Denken und Handeln der Menschheit genommen hat?

Am 20. oder 22. Juli 1822 wurde JOHANN MENDEL, der später als Augustiner-Novize den Namen GREGOR erhielt, in Heizendorf in Schlesien als zweites Kind seiner Eltern geboren. Sein Vater, Groß- und Urgroßvater waren selbständige Bauern, bei denen sorgsame Pflanzenzucht, besonders auch Obstbau gepflegt wurde. Die finanziellen Verhältnisse der Familie waren äußerst beschränkt, so daß Johann Mendel schon in frühen Jahren manche Entbehrung auf sich nehmen mußte. Nach Absolvierung von zwei Vorschulen besuchte er von 1834 bis 1840 das Gymnasium zu Troppau. In den großen Ferien mußte er selbstverständlich auf dem elterlichen Hofe bei der Ernte helfen, doch scheint diese harte Arbeit die körperlichen Fähigkeiten des jugendlichen Johann zeitweise überbeansprucht zu haben. Jedenfalls mußte er 1839 als Siebzehnjähriger ein halbes Jahr aus Gesundheitsgründen mit der Arbeit im Troppauer Gymnasium aussetzen. Trotzdem erhielt er im August 1840 ein gutes Abgangszeugnis.

Als Privatlehrer ermöglichte JOHANN MENDEL sich zunächst das Studium in Olmütz selbst. Physik und Biologie waren seine Hauptfächer. Sein Lehrer in Physik, Professor FRANZ, empfahl ihm, nach Abschluß seines Studiums in das Augustinerkloster zu gehen. In der Befolgung dieses Ratschlages war die Richtung für das weitere Leben Mendels gegeben.

Es werden kaum in erster Linie religiöse Gründe gewesen sein, welche zu diesem Schritt in das Kloster führten. Für JOHANN MENDEL mag neben dem Rat seines Lehrers ausschlaggebend gewesen sein, daß er schon als Novize seinen schwer wirtschaftlich kämpfenden Eltern nicht mehr zur Last fallen und außerdem auf diese Weise Gelegenheit finden würde, seinen wissenschaftlichen Interessen nachzugehen.

Einer seiner Biographen, INGO KRUMBIEGEL [90], kennzeichnet den Schritt Mendels ins Brünner Augustinerkloster mit den Worten: *»Der Eintritt in diese hochstehende, geistige Welt war für ihn ein einmaliger Glücksschritt.«* *»Mochten gelegentliche, kleine Zwistigkeiten und Klosterintrigen vorkommen, wie sie allerorten einmal in jeder menschlichen Gemeinschaft auftreten, so kann man doch feststellen, daß im großen und ganzen der Kreis auf Idealismus und gegenseitiger Liebe aufgebaut war. Hier, inmitten einer Konzentrierungsmöglichkeit, wie sie selten zu finden ist, dabei nicht etwa in mönchischer Abgeschiedenheit, sondern voll Berührung mit dem pulsierenden Leben, fand der Novize die günstige Vorbedingung für seine Studien.«*

Interessanterweise machte im Kloster sein Lehrer BARTANEK († 1886), der spätere Professor an der Universität Krakau, ihn wesentlich mit GOETHES naturwissenschaftlichen Schriften und dem Schriftwechsel GOETHES mit ALEXANDER *und* WILHELM VON HUMBOLDT vertraut. Sicherlich war die Bekanntschaft mit Goethes »Urpflanze« für MENDEL hilfreich, als er sein ganzes Augenmerk auf die Gesetze richtete, nach denen zum Beispiel die Blütenfarben von einer Generation auf die nächste vererbt werden.

Ein schon 1843 verstorbener Ordensbruder hatte mit großer Liebe ein Herbarium von der Flora Mährens angelegt und manche in der Umwelt Brünns selten gewordene Pflanze im Klostergarten gepflegt. Beides kam nun dem zunehmend seine Liebe den Pflanzen zuwendenden Gregor Mendel und seinen Studien zugute.

Es folgten Jahre mit Studien in Brünn und Wien und das zweimalige Nicht-Bestehen des üblichen Examens. Dies ver hinderte trotzdem nicht, daß Gregor Mendel nach seiner Rückkehr nach Brünn mit dem Unterricht in Physik und Naturgeschichte an der dortigen Realschule betraut wurde. Nur der sonst übliche Professoren-Titel wurde ihm auf Grund seines zweimaligen Scheiterns bei Prüfungen nie zuerteilt.

Offenkundig war GREGOR MENDEL ein Mensch, der für die übliche Art von Examen ungeeignet war. Es lag ihm nicht, zu bestimmter Uhrzeit den exakt gestellten Prüfungsfragen die entsprechenden präzisen Antworten zu geben. Auch war er kein Universalgenie wie etwa DARWIN, sondern ein auf geistige Harmonie bedachter, mehr nach innen gekehrter Mensch. Und dieser Seite seines mit ruhiger Beschaulichkeit das stille Leben der Pflanzen verfolgenden Wesens verdankt die Menschheit den Beitrag Mendels.

In der Zeit von 1854, seiner endgültigen Heimkehr von Wien nach Brünn, bis zu dem Jahre 1868, in dem GREGOR MENDEL zum Abt seines Klosters berufen wurde, entstand sein eigentliches Lebenswerk, von dem wir oben sprachen und das sich in der kleinen Schrift »Versuche über Pflanzen-Hybriden« niedergeschlagen hat (1865/66).

Gregor Mendel hat keine Tierversuche unternommen. Er beschränkte sich auf Kreuzungen von Pflanzen und bei diesen wieder auf die Untersuchung der Vererbung einfacher, hervortretender Merkmale. Sein Hauptobjekt waren wie gesagt Gartenerbsen, deren Hülsenform und Beschaffenheit, sowie die Farbe der Blüten er bei Kreuzungen und deren Nachkommen genau verfolgte und zahlenmäßig festhielt.

Um naheliegende Fehlerquellen auszuschalten, prüfte Mendel die Erbsenrassen, an denen er die Gesetze der Fortpflanzung erforschen wollte, zunächst durch zwei Jahre auf ihre Reinheit. So gelang es ihm, die elementaren Vorgänge der

Erbübertragung in ihren Grundsetzen zu erkennen, die heute nach ihm die »Mendelschen Gesetze« beziehungsweise besser die »Mendelschen Regeln« der Vererbung genannt werden. Die Begriffe »uniform« für die Gleichheit von zwei aufeinander folgenden Generationen, »dominant« für den Durchsatz des stärkeren Erbteils und »rezessiv« für die unterlegene Komponente sind seit Mendel Grundbegriffe aller Genetik. Die Zahlenverhältnisse von 3 zu 1 oder von 1 zu 2 zu 1 bezeichnen seit Mendel bis heute die einfachste »Aufspaltung« der Erbfaktoren in der Nachkommenschaft. KRUMBIEGEL faßt die Erkenntnisse Mendels zusammen: *»Daß eine Kreuzung nicht grundsätzlich Neues schaffen kann, sondern nur Kombinationen, daß die Bastardierung kein Mittel zur Artbildung ist, war die wichtigste Folgerung für die Abstammungslehre.«*

Hinzuzufügen bleibt noch, daß MENDEL zwar die Schriften DARWINS kannte und beachtet hat, daß aber Darwin nie mit Mendels Werk in Berührung kam. Hier waltete ein Schicksal, das Darwin zu dem bekanntesten Biologen seines Jahrhunderts erhob, Gregor Mendel noch Jahrzehnte über seinen Tod hinaus unbekannt bleiben ließ.

Gleichzeitig mit dem neuen Jahrhundert und gleichzeitig mit der Entstehung der für die Entwicklung der Physik wichtigen Quantentheorie durch MAX PLANCK und der Relativitätstheorie durch ALBERT EINSTEIN schlug die Geburtsstunde der eigentlichen Vererbungswissenschaft. Unabhängig voneinander entdeckten, wie wir schon ausführten, drei europäische Gelehrte von Rang neu, was GREGOR MENDEL über vierzig Jahre zuvor schon gefunden und 1866 veröffentlicht hatte. Aus einfachen Anfängen, wie durch Studien von DE VRIES an Nachtkerzen (Oenathera), von ERWIN BAUR an Löwenmäulchen (Antirrhinum) und THOMAS HUNT MOR-

GAN an Taufliegen (Drosophila), entstanden die Grundlagen für eine Wissenschaft, die heute weltweit gepflegt wird, zu beachtlichen Ergebnissen geführt hat und, wie schon zuvor Physik und Chemie, schicksalbestimmend für die Menschheit wurde.

Zunächst waren die Forscher ähnlich wie MENDEL phänomenologisch vorgegangen, d. h., sie verglichen äußerliche Gestaltmerkmale von Generationen im Vererbungsgang und suchten so zu den Gesetzen vorzudringen, welche allen Bastardierungsvorgängen zu Grunde liegen.

Vor allem durch T. H. MORGAN wandte sich dann im dritten Jahrzehnt unseres Jahrhunderts die Aufmerksamkeit der genetischen Forschung auf die zytologischen Prozesse, durch welche die Vererbung ermöglicht wird: im männlichen Sperma und in der weiblichen Eizelle. Die gleichzeitige Verbesserung des Mikroskops als technisches Hilfsmittel ermöglichte die immer genauere Beschreibung der physischen Vorgänge, welche sich bei jeder Fortpflanzung abspielen. Die entscheidende Bedeutung der Zellkerne durch ihre Verschmelzung bei jeglicher Befruchtung wurde erkannt und minutiös verfolgt. So kam es zur Entdeckung der Zellkernbestandteile, der »Gene« und »Chromosome« als den stofflichen Trägern der Erbanlagen.

Damit wurde für die Genetik ein neues Ziel sichtbar. Waren im Zellkern Gene und Chromosome gleichsam als Glieder des entscheidenden Vererbungsvorganges erkannt, so galt es jetzt noch differenzierter in das physische Gewebe dieser Kernbestandteile einzudringen. Hier gaben nun Mikrochemie und Mikrobiologie die entscheidenden Hilfen. Sie hatten in der ersten Hälfte unseres Jahrhunderts Methoden entwickelt, welche es den Forschern ermöglichten, selbst feinste Partikel von mikroskopischer Kleinheit chemisch zu analysieren. Es wurde erkannt, daß jedes Gen und jedes Chromosom bestimmte durch alle Prozesse sich erhaltende chemische Grundsubstanzen (Nukleinsäuren) enthält, welche das Wesen der Gestaltungsprozesse der Lebewesen bestimmen. Der Erforschung dieser Zusammenhänge galt und gilt fortan die Anstrengung der Genetiker.

Mehr oder weniger ausgesprochen ist dabei die tragende Idee: »*Wenn es gelingt, die mikrochemische Zusammensetzung der Vererbungsträger genau zu erkennen, muß es auch möglich sein, in die stofflichen Zusammenhänge der Fortpflanzung so einzugreifen, daß Leben und Gestaltung von Pflanzen, Tieren und auch des Menschen nach wissenschaftlichen Methoden gesteuert werden kann.*«

Die Manipulation der Vererbungsprozesse wurde zum eigentlichen Ziel der modernen Genetik. Wenn auch sensationell betont, traf HERBERT L. SCHRADER mit seinem Buch: »Der achte Tag der Schöpfung« (Forschergeist am Schaltbrett der Natur, 1964) diesen Trend zur Manipulation der natürlichen Fortpflanzungsvorgänge durch den Menschen, wenn er schreibt: »*Wenn es stimmt, daß hochgewachsene Männer einen besseren Start im Leben haben, dann gebietet die Zweckmäßigkeit, den Wuchs zu fördern. Der Supermann wird zur sozialen Verpflichtung.*« Da bereits Erfahrungen mit dem sogenannten HGH (Abkürzung von: *H*uman *G*rowth *H*ormone = das menschliche Wachtumshormon) vorliegen, welches auf das Wachstum von Kindern einwirkt, sieht Schrader keinen Grund, mit Hilfe von kräftigen Hormonpräparaten grundsätzlich in das menschliche Wachstum einzugreifen.

SCHRADER nennt das vor allem von dem Chinesen CHOH HAO LIE an der kalifornischen Universität Berkeley aus menschlichen Leichnamen gewonnene Hormon HGH »*den*

Schlüssel zu einem der entscheidenden Lebensprobleme«. Denn wieviel hängt im menschlichen Leben von Kleinheit und Größe der körperlichen Gestalt ab – also, so meint er, ist es eine *»soziale Verpflichtung«*, sich des Wachstumshormones zu bedienen. So fährt er fort: *»Zum strahlenden, erfolgreichen Supermann des kommenden Zeitalters gehört die Frau nach Maß . . . Tatsächlich liegen Äußerungen von Fachleuten vor, nach denen HGH das Wachstum nicht nur beschleunigt, sondern auch harmonischer gestaltet. Der Mensch wird objektiv schöner. Seine Gestalt streckt sich, die Schenkel werden länger. Die hochbeinige Schönheit der Aphrodite entsteigt dem Schaumbad des chemischen Laboratoriums.«* Überhört man alle reißerischen Töne, bleibt dennoch ein äußerst bedrohlicher Aspekt: der Eingriff unreifer Menschen in das durch göttlich-geistige Schicksalsmächte geschaffene Gefüge des menschlichen Leibes. Würde der Mönch den Stand der heutigen Vererbungswissenschaft und ihrer möglichen Praktik vorausgesehen haben, dann würde er – das können wir mit Sicherheit sagen – entsetzt sich äußern: *»Das habe ich in keinem Falle gewollt.«* Statt dessen hat die aus der Genetik hervorgegangene Eugenik bereits zu Ergebnissen geführt, die nur als katastrophal bezeichnet werden können.

Die Eugenik und ihre Folgen

FRANCIS GALTON (1822–1911) war ein Vetter CHARLES DAR-
WINS. Dies hinderte ihn nicht, gelegentlich auch als dessen
Kritiker aufzutreten. Hatten sich die Prozesse der Vererbung
bis über die Mitte des 19. Jahrhunderts der messenden Methode entzogen, so war es GALTON, der die quantitative Forschung in die Erblichkeitslehre einführte. So W. JOHANNSEN
(1857–1927) über GALTON: »*Galton muß deshalb stets als
einer der Grundleger der wissenschaftlichen Erblichkeitslehre
verehrt werden.*« Man kann auch sagen: Der Engländer Galton war es, der das statistische Denken in die Vererbungslehre
einführte.

Der gleiche Forscher ist aber auch der Begründer der Eugenik, der »Erbgesundheitslehre«, der wohl umkämpftesten
Wissenschaft, welche aus der Genetik hervorging. Die Gebiete der Eugenik sind bekannt: Förderung der als leistungsfähig
eingeschätzten Erbeigenschaften und Zurückdrängung be-
zeichnungsweise Ausmerzung sogenannter untüchtiger Erb-
linien. Alle Probleme der Empfängnis- und Geburtenregulie-
rung, der Sterilisation von Männern und Frauen, kurz alles
was auch unter dem Wort »Rassenhygiene« zusammengefaßt
wird, gehört hierher. Insofern spielte die Eugenik im Programm des Nationalsozialismus eine bedeutende Rolle. Im
Namen der Eugenik wurden die zahlenmäßig umfassendsten
Verbrechen in den Jahren 1933 bis 1945 getätigt, von denen
die Weltgeschichte weiß.

Trotz dieser so offensichtlich bis in das Kriminelle abge-
glittenen Forschung hat die Eugenik nach dem zweiten Weltkrieg insbesondere im Westen (in England und in den USA)
wieder einen erstaunlichen Aufschwung genommen. Während aus naheliegenden Gründen in der Sowjetunion das
zentrale Wissenschaftsinteresse sich primär dem Studium der
Umwelteinflüsse, des »Milieus« zuwandte, waren es vor allem amerikanische Forscher, welche den Stand der Genetik
durch eine Fülle von Arbeiten förderten. Die Mehrzahl insbesondere der europäischen Wissenschaftler beschränkten sich
auf die »reine Forschung« und zeigten wenig Interesse für die
praktischen Folgen, jedoch war vor allem in den USA eine
Reihe von Forschern am Werk, welche ihr Augenmerk besonders auf die eugenischen Konsequenzen der Genetik richteten.

Das Jahr 1962 ging seinem Ende entgegen, als sich auf
Einladung der Stiftung »Ciba Foundation« in einem Hause
am Portland Place in London siebenundzwanzig führende
Genetiker aus dem Westen Europas und Amerikas zu einem
Symposion trafen.

Allen war selbstverständlich vertraut, manche hatten selbst
entscheidend mitgewirkt, welche Fortschritte die internationale Genetik in den 14 Jahren von 1946 – 1960 erzielt hatte.
Der Weg der Vererbungswissenschaft von der Morphologie
(Gestaltlehre) über die Zytologie (Zellehre) zur mikrochemi-
schen Erfassung der Bestandteile von Chromosomen und
Genen hatte zu Ergebnissen geführt, welche im Sinne eines
konsequenten Materialismus lagen. Die chemische Grund-
substanz in Form von Nucleinsäuren, insbesondere von Des-
oxyribonucleinsäure – abgekürzt als DNR und DNS bezeichnet – galt als gesichert.

Einer der führenden Genetiker und Nobelpreisträger, Jo-

SHUA LEDERBERG, hat die Voraussetzung für die Erblichkeitslehre definiert: »*Die ausschließlich mechanistische Interpretierung des Lebens, die zur systematischen Basis der jüngsten Erfolge der Biologie geworden ist.*« Man kann diesen Satz als Leitmotiv auch dem Londoner Treffen zugrundelegen, nur daß dieser eindeutig gewollte und getätigte Materialismus hier von der Genetik auf ihre Anwendung in der Eugenik übertragen wurde.

Um welche zentralen Fragestellungen ging es? Vereinfacht formuliert darf man sagen: Das Wachstum der Weltbevölkerung ist in starkem Zunehmen begriffen, doch die Erbsubstanz der Menschheit wird gleichzeitig immer schlechter und kränker. Welche Maßnahmen sind erforderlich, um diesem bedrohlichen Prozeß Einhalt zu gebieten und die Verbesserung der Erbsubstanz zu bewirken?

Leiter der Verhandlungen war der Senior der britischen Biologen Sir JULIAN HUXLEY, einstiger Präsident der Unesco; Mitwirkende, welche den Gesprächen durch ihre Beiträge wesentlich die Richtung gaben, waren die Nobelpreisträger HERMANN J. MULLER, JOSHUA LEDERBERG und F. H. CRICK und der englische Biologe HALDANE. Im Rahmen dieses Buches müssen wir uns an Stelle einer ausführlichen Darstellung dieses Ciba Foundation-Symposions auf die Wiedergabe einiger prägnanter Aussagen obiger Genetiker beschränken.

H. J. MULLER war selbst nicht anwesend. Er war durch Krankheit verhindert. Sein Beitrag wurde verlesen: »*Um eine genetische Verbesserung der menschlichen Bevölkerung zu erreichen, solle man Vorratslager von tiefgefrorenen Samen erwünschter und erbgesunder Erzeuger anlegen und aus diesen Lagern Mütter versorgen, die Wert darauf legen, erbgesunde Kinder zu gebären.*« Muller dachte nicht an unverheiratete Frauen, sondern an verheiratete. Er dachte auch nicht – wie sich klar ergab – an verheiratete Männer und Frauen, die durch genetische Defekte des Mannes von gesundem Nachwuchs ausgeschlossen sind, sondern ausdrücklich an *»Ehepaare, die obwohl keineswegs unternormal, doch genug Idealismus besitzen, um ihrem Kind die denkbar besten genetischen Aussichten mit auf den Lebensweg zu geben . . .«* (nach KAUFMANN zitiert).[91]

Es ist dies ein klassisches Beispiel für die Tendenz, pseudo-idealistische Absichten in den Dienst grober materialistischer Gedanken und Praktiken zu stellen.

Da die »künstliche Befruchtung« in der nordamerikanischen Viehzucht schon damals – seitdem auch zunehmend in Europa – eine erhebliche Rolle spielte, so bedurfte es nur der Übertragung der an Tieren ausgeübten Praxis auf den Menschen, um die Genetik im Gewande der Eugenik zu diesem alle seelischen und geistigen Familienzusammenhänge zerstörenden Eingriff zu mißbrauchen. Es ist bekannt, daß heute schon Tausende durch »künstliche Befruchtung« entstandene Menschen auf Erden leben. Ein Triumph des Ungeistes der Wissenschaft sondergleichen.

Selbst ein Mann wie JULIAN HUXLEY nahm von den Zukunftsperspektiven der eugenetischen Forderungen MULLERS keinen prinzipiellen Abstand. Im Gegenteil. Seine Formulierung lautete: *»Unsere moderne Zivilisation wird erbkrank. Um den bedrohlichen Trend aufzufangen, müssen wir unsere genetischen Kenntnisse voll einsetzen und neue Techniken der Fortpflanzung ersinnen – wie etwa Geburtenregelung durch Pillen und die multiple Befruchtung mit tiefgefrorenem Sperma von erwünschten Samenspendern.«*

Der Biologe F. H. CRICK führte den Gedanken der kontrollierten Fortpflanzung fort: *»Haben Menschen überhaupt*

ein Recht, Kinder zu haben? Es wäre ja nicht sehr schwer . . .,
daß eine Regierung irgend etwas in die Lebensmittel mischt,
so daß wir alle keine Kinder mehr haben können. Dann aber –
dies ist reine Hypothese – ließe sich ein zweites Mittel denken,
das den Effekt des ersten aufhebt; nur Leute, die eine Lizenz
zum Kinderkriegen haben, würden dieses zweite Mittel erhal-
ten. Der Gedanke ist nicht so abwegig, daß man nicht darüber
reden könnte.«

CRICK hält somit eine staatlich gesteuerte und bis ins letzte
geregelte Fortpflanzung für denkbar, ja wünschenswert. Hatte das Christentum bis in die Neuzeit den Vater-Gott für den
»Herren über Leben und Tod« erlebt und gelehrt, so wurde
1962 in London offenkundig der Mensch für die Zukunft als
der entscheidende Faktor für die Entstehung des Lebens pro-
klamiert. Aber nicht die Individualität ist ihrer von ihr allein
zu verantwortenden Moralität die Quelle des Handelns, sondern die Kollektiv-Organe des Staates sollen die Entscheidung über das Leben (Empfängnis und Geburt) und entsprechend über den Tod als Lebensbegrenzung maßgeblich herbeiführen.

In welcher Zukunftsrichtung die Beiträge und Gespräche
in London 1962 verliefen, wird am deutlichsten durch Gedanken des Engländers HALDANE. Er sieht es als wünschenswert an, daß die Genetik Möglichkeiten findet, direkt in die
Erbmasse manipulierend einzugreifen. Vielleicht mag es eines
Tages möglich sein, Genome künstlich, d. h. durch mikrochemische Methoden, außerhalb des menschlichen Körpers
herzustellen. Auch mag es gelingen, auf solche Weise elemen-
tare Eigenschaften von Tierarten in den Gen-Zusammenhang
von Menschen einzubauen. Wörtlich sagt er: *»Diese internu-*
klear aufgepfropften Gene könnten unsere Nachkommen be-
fähigen, viele wertvolle Eigenschaften anderer Tierarten auf-

253

zunehmen, ohne jene zu verlieren, die typisch menschlich sind . . .«

Wenn man solche genetischen Spekulationen, die man – gemessen an ihrer heutigen Verwirklichung – nur als utopisch bezeichnen muß, trotzdem ernst nimmt, so versteht man den Tübinger Professor GÜNTHER WEITZEL, der 1964 vor der Evangelischen Studentengemeinde über »Weltanschauliche Aspekte der Biochemie« sprach und u. a. ausführte: *»Im ganzen gesehen könnten die Ergebnisse der chemischen Genetik den Menschen am Ende in die Lage versetzen, Lebewesen einschließlich seiner selbst nicht nur in ihrer individuellen genetischen Prägung, sondern auch hinsichtlich ihrer Nachkommenschaft willkürlich abzuändern, vielleicht sogar neue Formen von Lebewesen zu schaffen.«* Man versteht Weitzel aber auch, wenn er fortfährt: *»Diese Aspekte haben so tiefgreifende weltanschauliche, vor allem ethische Konsequenzen, daß man bereits davon gesprochen hat, daß die von der chemischen Genetik heraufbeschworenen Gefahren diejenigen der Atombombe noch übertreffen . . .«*

Auch wenn sich Weitzel durch den Stil seiner Darstellung nicht ohne weiteres mit dem Inhalt der letzten Aussage identifiziert, rührt er doch an eine Gefahr, die erkannt werden muß.

Auf der Konferenz in London 1962 trat unverhüllt in Erscheinung, daß der auf Physik und Chemie gründende Materialismus des 18. und 19. Jahrhunderts harmlos gewesen ist gegenüber dem auf Biologie, Mikrochemie und Genetik basierenden Materialismus des 20. Jahrhunderts.

Dem ersteren verdanken wir die zwiespältige Technik mit ihren industriellen Umgestaltungen unseres physischen Daseins. Durch den biologischen Materialismus beginnt die Manipulation der Lebenskräfte, der Ätherwelt, welche ihrem

Wesen nach unsichtbar ist, die aber durch ihren gediegenen Zusammenhang mit materiellen Partikeln auch von diesen aus und über diese den Zugriffen durch den menschlichen Intellekt erreichbar ist. Darum ist die Erkenntnis der seelisch-geistigen Grundlagen von Mensch und Erde heute dringlicher denn je. Der Zoologe ADOLF PORTMANN trifft den wahren Sachverhalt, wenn er schreibt: »*Die Besinnung auf das Wesen des Menschen geschieht heute unvermeidlich im Schatten der Ereignisse, in denen gerade der Mißbrauch biologischen Gedankengutes sich so grauenvoll ausgewirkt hat.*« Portmann dachte in erster Linie an die vom Hitler-Deutschland ausgehende Katastrophe. Doch es kann keinem Zweifel unterliegen, daß die Zukunftsgefahren ihrer Möglichkeit nach alle der Vergangenheit weit übertreffen können. RICHARD KAUFMANN faßt seine Zeitanalyse zusammen: »*Die Naturwissenschaft ist in ein Stadium eingetreten, in dem es ihr möglich ist, menschliche Materie (biomass) zu manipulieren. Sie kann Vorgänge, die jahrtausendelang ein Mysterium waren, in Gang bringen oder abstellen, und da sie es kann, tut sie es.*«

So wenig es möglich war, den Weg der Physik von GALILEI bis zur Atomphysik und ihren Folgen zu verhindern, so wenig wird es auch gelingen, die Entwicklung der Genetik und ihre gefährlichen Auswirkungsmöglichkeiten prinzipiell aufzuhalten.

Alles wird darauf ankommen, ob es gelingt, von den Kenntnissen materieller Prozesse zu geistigen Einsichten in das Wesen des Menschen, über die vorgeburtliche Existenz, den Vorgang der Leibbildung und das Wirken des Schicksals (Karma) vorzudringen. Dann erst werden die Kräfte der Menschheit erwachen, welche diese braucht, um den Gefahren der Zukunft gewachsen zu sein.

»Blut und Boden«
Die Tragödie des Rasse-Gedankens

Zwei Komponenten sind es, die alle Lebewesen prägen: das Erbgut und die Umwelteinflüsse, kurz Milieu genannt. Das grundsätzliche Wissen um diese beiden Faktoren ist uralt. Jeder Bauer war von eh und je gezwungen, sie zu beachten. Gutes Saatgut und guter Boden sind die zwei Voraussetzungen für eine gute Ernte. Ein wesentliches Gebiet der Umwelt, die Wettereinflüsse, untersteht nicht der Direktion des Menschen. Jedenfalls nicht unmittelbar. Darum soll GOETHE gesagt haben, daß er nicht zum Bauer tauge, denn da habe »*Gott zu viel und der Mensch zu wenig zu sagen.*« Ein einziger Hagelschlag vermag auch bei günstigen Bodenverhältnissen die Arbeitsanstrengung eines ganzen Jahres zu vernichten. Abgesehen von den Faktoren Sonne, Wind und Regen bestimmen das Wachstum von Pflanze und Tier die Vererbungsverhältnisse und die Qualität der Umwelteinflüsse.

Es versteht sich von selbst, daß das Gesetz »*jeder Organismus ist das Produkt von Vererbung und Milieu*« bis zu einem bestimmten Grade auch für den Menschen gültig ist. Jede menschliche Individualität spiegelt die Rassen- und Volkseigentümlichkeiten, in denen sie geboren wurde. In der Leiblichkeit jeder Rasse, jedes Volkes und jeder Persönlichkeit sind aber auch zugleich die charakteristischen Merkmale wirksam, die durch Jahrhunderte oder Jahrtausende durch Boden, Landschaft und Klima eingeflossen sind. Darum ist es berechtigt, von Rassen- und Volkseigenschaften zu sprechen

– unabhängig von dem einzelnen Individuum, das in solchen Zusammenhängen steht.

Abgesehen von den ungezählten Unterrassen und Übergängen unterscheidet man im allgemeinen die drei Großrassen: die weiße, die gelbe und die schwarze Rasse, auch Europide, Mongolide und Negride genannt. Hinzu kommen sogenannte »Urbevölkerungen« wie die Indianer oder Australneger, die in manchen Merkmalen eine eigene Position einnehmen. Die Anthropologie als Wissenschaft hat zumindest seit dem 17. Jahrhundert diese Rassenunterschiede als gegeben anerkannt – so später LINNÉ 1735, KANT 1775, BLUMENBACH 1775 und CUVIER 1817.

Die sogenannte »Rassenfrage« entstand durch die Mischungen der Rassen infolge der Kolonialarbeit, Sklavenverschickungen und freiwilliger Wanderungen. So leben heute in den USA mehr als 85 % Weiße mit rund 15 % Negern, Indianern, Ostasiaten und anderen zusammen. Die Probleme vor allem Süd-Afrikas sind bekannt. Die menschenwürdigen Lösungen stehen dort noch aus.

Ein völlig neuer Einschlag in das »Rasse-Denken« geschah durch GOBINEAU, CHAMBERLAIN, GÜNTHER u. a., welche die Eigenschaften der nordischen, der sogenannten arischen Rasse unter gleichzeitiger Herabsetzung anderer Rassen, zum Beispiel der semitischen, verherrlichten. ADOLF HITLER nahm diese Gedanken auf, übertrug sie auf das politische Feld und eine der größten Tragödien der Menschheit nahm ihren Lauf.

Im Zeichen von »Blut und Boden« war Hitler angetreten. »Sein Kampf« galt dem Siege der »arischen Rasse«, die durch ihre besonderen Eigenschaften als »Herrenvolk« prädestiniert sein sollte. Es ereignete sich, daß aus dem Herzen des »christlichen Abendlandes« eine Bewegung hervorging, die *zutiefst unchristlich* war und dennoch den Beifall von Millionen fand.

Wie konnte das geschehen? – Das naturwissenschaftliche Denken hatte den Boden weithin vorbereitet. Ohne wissenschaftlichen Nachweis der absoluten Gültigkeit war die Formel: *»Ein Organismus ist das Produkt von Vererbung und Milieu«* auch in die Anthropologie übernommen worden. Hier lautete der Satz: *»Der Mensch ist das Produkt von Vererbung und Milieu«* und fand weithin Anerkennung.

Was auf theoretischem Felde durch Hitler geschah, war nichts als ein plumper Trick. In der Kunst, *»dem Volk aufs Maul zu schauen,«* war er bewandert. »Vererbung und Milieu« waren für den einfachen Menschen reichlich abstrakte Begriffe. So sagte Hitler für Vererbung »Blut« und für Milieu »Boden«, und schon hatte er unzählige Friesen, Holsteiner, Niedersachsen, Bayern, Hessen, Kärtner und Steiermärker über deren Heimatliebe für sich und seine Ideen gewonnen. Und die Tragik? Die Christen, sowohl die katholischen wie die protestantischen, waren nicht zur Stelle! Damit soll nicht geleugnet werden, daß es gerade von christlicher Seite tapfere Widerstandskämpfer bis zum echten Märtyrertum gab. *Aber ihre geistigen Positionen waren zu schwach.* Man kämpfte gegen den emotionell vorgetragenen Rassismus gleichfalls mit Emotionen. Es fehlte die klare Einsicht in das Wesen des Menschen, eine wirkliche christliche Anthropologie war nicht vorhanden. Oder genauer: Sie war in der Geisteswissenschaft RUDOLF STEINERS vorhanden, aber diese wurde nicht aufgenommen und konnte daher nicht wirksam werden. Die Kirchen lehnten die Anthroposophie – soweit man überhaupt von ihr Kenntnis genommen hatte – selbst ab und gingen oft so weit, die Lehre Rudolf Steiners als unchristlich zu bezeichnen. Die Schüler Rudolf Steiners konnten den an sie herandringenden Weltforderungen nicht gewachsen sein. Ihr Kreis war noch zu klein. Man bedenke, daß es damals zum Beispiel in Deutschland drei Waldorfschulen gab, in Stuttgart, Hamburg-Wandsbek und Dresden. Heute (1978) gibt es allein in Deutschland 47, auf der ganzen Erde etwa 125. Das Verbot traf 1935 die Gesellschaft, dem das Verbot der Christengemeinschaft im Juni 1941 folgte. Auch hier muß man sagen: Tragischerweise vermochte von seiten der Anthroposophie kein entscheidender Widerstand geleistet zu werden, unbeschadet der energischen Bemühungen einzelner tapferer Anthroposophen.

Wo lag nun die eigentliche Ursache für die geschichtlichen Ereignisse, die schließlich zu einer Katastrophe größten Ausmaßes führten?

Wir deuteten es schon an: im Felde wirklichkeitsgemäßer Menschenkenntnis. Denn sonst hätte durchschaut werden müssen, daß *die Formel »der Mensch ist das Produkt von Vererbung und Milieu« eine täuschende Halbwahrheit ist.* Selbstverständlich ist jeder Mensch durch die leibliche Vererbung von seinen Eltern her wesentlich mitbestimmt, selbstverständlich unterliegt jeder Mensch, insbesondere in seinem kindlichen und jugendlichen Werdegang, den Umwelteinflüssen. Sowohl die Natur – Boden, Landschaft, Klima – wie das menschliche Milieu von Familie, Schule, Dorf, Stadt u.s.w. prägen ständig den werdenden und gewordenen Menschen. Niemand kann und darf sich dem entziehen wollen. Doch entscheidend ist: Dies ist nicht alles! Denn jeder Mensch ist für sich eine Individualität, eine leibliche, seelische und geistige Einmaligkeit, die sich um den Kern des Ich, das Selbst gebildet hat. Und dieses einmalige, unvertauschbare Selbst ist nicht von dieser Welt! Es gehört christlich gesprochen der Ewigkeit an, war vor der Geburt, ist und lebt zwischen Geburt und Tod in und mit Hilfe des Leibes, und wird nach dem Tode sein. Niemand versteht den Menschen, der ihn allein aus Vererbung und Milieu, aus »Blut und Boden« erklären will. Er übersieht die dritte – wesentliche Komponente: die Geist-Seele, das Ich oder das wahre Selbst.

Dies aber ist der eigentliche Ansatzpunkt für das Wirken des Christentums: Wo Rasse, Volk und Familie ihre Grenze finden, da beginnt die Christwerdung des Menschen. Der leidvolle Prozess der zunehmenden Individualisierung ist die Voraussetzung für das Christwerden der Menschheit. Gerade das Auflösen der alten Blutsbande mit dem Zerbrechen so vieler überlieferter Werte macht das Eingreifen des »Christus-Impulses«[92] erst möglich. Das Tor zur Menschheit für den Auferstandenen ist das Verhalten des einzelnen Ich. Darum mußten in unserer Zeit alle *nur* auf völkische Zusammenhänge gegründeten Gemeinschaften in Frage gestellt werden. Genau in dem Augenblick, da dieser Tatbestand eklatant wurde, griff HITLER ein. Seine Weltanschauung, die auch allen so verhängnisvollen Maßnahmen zugrunde lag wie dem Vernichten von Millionen Juden, dem Auslöschen Geisteskranker unter dem Motte »Vernichtung von unwertem Leben« und alle die anderen Brutalitäten, entstammte dem Rückfall in alte, in Wahrheit sich selbst auflösende Bindungen.

Seltsamerweise ist diese Grundposition des Christentums gegenüber dem Ungeist des »National-Sozialismus« kaum geltend gemacht worden. Dies steht im Zusammenhang mit der christlichen Theologie des 19. und 20. Jahrhunderts. Galt doch das Forschen dieser Theologen in erster Linie dem Verständnis des Menschen Jesus von Nazareth, dem Sohne der Maria und des Josephs und seinem Werden in der israelitischen Umwelt seiner Zeit. Die Gottheit, der Gottessohn

Christus war mehr oder weniger aus dem Blickfelde geschwunden. Eine Folge davon war das fast ausschließliche Interesse an den drei ersten, den sogenannten synoptischen Evangelien: Matthäus, Markus und Lukas und die Vernachlässigung des Johannes-Evangeliums. Sonst hätte es nicht geschehen können, daß die Grundaussagen des Johannes gegen die Irrlehre des Rassismus so gut wie nie geltend gemacht wurden. Zu diesen sind vor allem aus dem ersten Kapitel des Johannes-Evangeliums die Verse 11–15 zu rechnen. Sie lauten: »*Er kam in sein Eigentum, aber die ihm zu Eigenen nahmen ihn nicht auf. Wer immer ihn aufnahm, denen gab er die Vollmacht, Gott-Geborene zu werden, denen, die seinem Namen vertrauten. Diese sind nicht aus Blutskräften, nicht aus leiblichem Willen, nicht aus männlichem Willen, sondern aus Gott geboren.*«

Dies ist die christliche Antithese zu aller Blut- und Bodenlehre. Sie birgt zugleich das christliche Menschheitsziel, von dem in den Kapiteln 14 bis 17 durch Johannes die Rede ist; »*Auf das Ich in Ihnen sei, wie Du Vater in mir und ich in Dir*«; die neue Menschengemeinschaft, die Gemeinschaft der Christen, in der nach und nach im Zeitenlauf von Jahrtausenden die alten Differenzierungen nach Rassen, Völkern, Familien verwandelt und aufgehoben werden sollen.

Als dieses Ziel vor der Menschheit auch im äußeren Sinne auftauchte, als durch die technischen Hilfsmittel die politisch-nationalen Grenzen immer belangloser wurden und bei zahllosen Menschen ein globales, erd- und menschheitsumspannendes Bewußtsein sich geltend machte, genau in diesem Zeiten-Augenblick erhoben die unsichtbaren Widersacher durch ADOLF HITLER und seine Genossen ihr Haupt und verkündeten den Atavismus (Rückfall) in alte Bindungen als das zukünftige Ziel. Kein Volk hat so bitter für diesen Irr-

Sinn bezahlen müssen wie das deutsche, das man auch nach RUDOLF STEINER das »Ich-Volk« nennen darf. Wieder ist diese Tragik verstärkt dadurch möglich geworden, daß die Verkünder des Rassismus sich in ihrer Theorie auf sogenannte Ergebnisse der Naturwissenschaft stützen konnten und dies auch weidlich taten.

Soweit wir sehen, hat auch heute die anerkannte internationale Anthropologie die Schein- und Teilwahrheit des Satzes: »Der Mensch ist das Produkt von Vererbung und Milieu« noch nicht durchschaut. Die Überwindung des damit verbundenen Trugbildes vom Menschen gehört zu den wesentlichen Aufgaben des erneuerten Christentums.

Zur Atomphysik

Der Weg, der von dem Kardinal NIKOLAUS VON KUES und dem Domherrn NIKOLAUS KOPERNIKUS seinen Ausgang nahm und über GALILEI, NEWTON, CUVIER, LINNÉ, LIEBIG, HELMHOLTZ, MENDEL und die vielen anderen Naturforscher aus zahlreichen Nationen bis in die Gegenwart geführt hat, verläuft bei aller Vielfalt der Forschungsbereiche erstaunlich konsequent. Er erscheint wie eine Staffette, die sich zwar in den letzten hundert Jahren gegabelt hat, aber dennoch als wachsende Erkenntnis der Materie zielstrebig zur Atomphysik und Elektronik, in der Biologie zur Mikrochemie und Genetik führt. Jeder Forscher übernimmt den Forschungsstab von seinen Vorgängern, erfüllt mit Hingabe das Pensum seiner Strecke und übergibt ihn seinen Nachfolgern, die ihn ihrerseits ergreifen und weiterreichen.

Über den inneren Verlauf dieses Weges durch mehr als rund fünfhundert Jahre kann kein Zweifel bestehen. Gewisse Quellflüsse verlieren sich in den Fernen Arabiens, Griechenlands und Ägyptens. Die Geistigkeit des ARISTOTELES ist es, die im Mittelalter wesentlich hilft, das damalige Christentum mit antiker Naturkunde vor allem durch die großen Scholastiker zu vermählen, um so den Ansatz zur Neuzeit vorzubereiten. Die christliche Weltanschauung, wie sie sich durch anderthalb Jahrtausende vor allem in Europa nach dem Einschlag des Christus-Impulses im Bemühen um Verständnis desselben gebildet hatte, empfing auf zwei Wegen den »Aristotelismus«. ALBERTUS MAGNUS und THOMAS VON AQUIN vermochten mit ihrer christlichen Spiritualität unmittelbar an ARISTOTELES anzuschließen, während die führenden Araber wie AVICENNA (980–1037) und AVERROES (1126–1198) ihn wie gefiltert durch ihre eigene Intellektualität dem Abendland vermittelten.

Ein weiterer Quellstrom floß aus dem Platonismus wesentlich über die »Schule von Chartres« in das Geistesleben des Abendlandes ein. Es ist das Verdienst RUDOLF STEINERS, besonders auf diese um die letzte Jahrhundertwende fast vergessenen Lehrer von Chartres aufmerksam gemacht zu haben. Männer wie BERNARDUS SILVESTRIS und ALANUS AB INSULIS hatten in ihrer Zeit einen großen Einfluß auf ihre geistige Umwelt zu nehmen vermocht. Doch der Hauptstrom des Abendlandes nahm sie nur vorübergehend auf. Sie konnten ihn in seinem Verlauf so wenig entscheidend verändern wie später etwa die großen deutschen Idealisten und Romantiker. Doch was einst nicht eintrat, vermag in Zukunft unter Umständen zu geschehen. So meinen wir, daß die Stunde der Vermählung von Platonismus und Christentum in gewisser Hinsicht noch bevorsteht.

Das zentrale Ziel des von uns geschilderten Weges der Naturwissenschaft in der Neuzeit ist eindeutig: die Gewinnung eines Weltbildes auf Grund der Erforschung aller gegebenen sinnlich-materiellen Naturtatsachen. Um dieses Ziel zu erreichen, *mußte* alle alte überlieferte Geistigkeit verlorengehen, ja bewußt aufgegeben werden. Nur so konnte und kann der damit gewißlich teuer erkaufte Materialismus der sich selbst gerne »Aufklärung« nannte, für die Zukunft fruchtbar werden. Denn der Verlust aller alten Religiosität und Geisteskenntnis bildet die Voraussetzung für die Gewinnung wirklicher Freiheit des zukünftigen religiösen Lebens und Erkenntnisstrebens der Menschheit.

In dem gleichen Maße, wie sich das Blickfeld für die »äußere Welt« zunehmend erweiterte, wurde das »innere Auge« verdunkelt. So wesentlich und ernsthaft auch die Bemühungen der großen Mystiker wie Meister ECKEHARDT und TAULER, AGRIPPA VON NETTESHEIM und JAKOB BÖHME gegen diese Erblindung des inneren Sehsinns gerichtet waren, sie vermochten den Hauptstrom des zunehmenden Materialismus nicht einzudämmen.

Auf reinem Erkenntnisfelde hat der Materialismus schon um die Mitte des neunzehnten Jahrhunderts seinen Höhepunkt – man darf auch sagen: Tiefpunkt – erreicht. Die wissenschaftlichen, technischen und industriellen Folgen aber sind erst im zwanzigsten Jahrhundert zu bis dahin unvorstellbaren Ausmaßen herangereift und bedrohen mit dunklen Wolken die nächste und fernere Zukunft.

Wie ein Symbol von erschreckendem Ausmaße stand der Doppelabwurf von Atombomben im August 1945 durch die Amerikaner über den japanischen Städten Hiroshima und Nagasaki. Beide Städte zusammen hatten fast eine Million Einwohner und wurden zu 60 % zerstört. Zehntausende von Menschen – die angegebenen Zahlen schwanken außerordentlich – wurden in jeweils wenigen Sekunden getötet.

Es ist das Verdienst von ROBERT JUNGK, elf Jahre (1956) nach dieser von Menschen ausgelösten Katastrophe durch sein Buch »Heller als tausend Sonnen« die Geschichte dieses bisher einmaligen Ereignisses festgehalten und ein Mahnmal errichtet zu haben. Insbesondere hat er auch zu beschreiben versucht, was damals in den Seelen der direkt Beteiligten vor sich ging. So berichtet er, daß einer der entscheidenden Konstrukteure der abgeworfenen Atombomben, ROBERT J. OPPENHEIMER, im Augenblicke der ersten Explosion sich spontan an den Satz des »Erhabenen Sri Krishna« erinnerte: »*Ich bin der Tod, der alles raubt, Erschütterer der Welten.*«

Der im Abstand von gut neun Kilometern mit anderen Beobachtern sich auf einem Kontrollstand befindende General FARELL beschreibt seine eigenen Wahrnehmungen: »*Das ganze Land war erhellt von einem versengenden Licht, dessen Stärke viele Male größer war als das der Mittagssonne ... Dreißig Sekunden später kam zuerst die Explosion, der Luftdruck prallte hart gegen die Leute und Dinge, und dann folgte fast unmittelbar ein lautes, anhaltendes schauerliches Donnern, wie eine Warnung vor dem Jüngsten Tag, das uns spüren ließ, daß wir winzigen Wesen in blasphemischer Weise wagten, an die Kräfte zu rühren, die bis dahin dem Allmächtigen vorbehalten waren. Worte reichen nicht aus, um denen, die nicht dabei waren, den Eindruck wiederzugeben, den wir körperlich, geistig und seelisch erfuhren. Man muß Zeuge gewesen sein, um es sich vorzustellen.*«

Wir ersparen uns weitere Schilderungen der unmittelbaren Wirkungen dieser Atombombenabwürfe. Unschwer läßt sich nachempfinden, was die hervorragenden Physiker empfanden, welche selbst an der atomaren Physik entscheidend beteiligt waren und nun die Folgen ihrer eigenen Forschungen erlebten. Es war dies der weltgeschichtliche Augenblick, da nicht nur OTTO HAHN, der Entdecker der Uranspaltung, sondern auch MAX PLANCK, ALBERT EINSTEIN, NIELS BOHR, WERNER HEISENBERG und alle die anderen an der Atomforschung Beteiligten zutiefst erschraken und fühlten: »*Das haben wir nicht gewollt!*«[93]

Zu den wirklichen Schicksalsrätseln gehört es, daß der erste Atombombenabwurf nicht unwesentlich durch ein menschliches Mißverständnis gefördert wurde.

Es war im Jahre 1941. Die Völker der Erde waren durch

den zweiten Weltkrieg aufgespalten. Die internationalen Atomphysiker, welche vor dem Kriege wie eine große Geistfamilie mit den Zentren in Oxford, Göttingen und Kopenhagen zusammengearbeitet hatten, waren in zwei Lager getrennt. In allen Spitzen-Laboratorien wurde aktiv weitergearbeitet. Was PIERRE und MARIE CURIE in Paris, der Engländer RUTHERFORD, der Deutsche OTTO HAHN in Zusammenarbeit mit Frau LISE MEITNER in Berlin, der Däne NIELS BOHR in Kopenhagen und alle die anderen Forscher gemeinsam erdacht hatten, das wurde nun vereinzelt fortgeführt.

In Friedenszeiten hatte sich eine besonders enge Zusammenarbeit zwischen NIELS BOHR und den »Göttingern« ergeben, von denen einige in ihm auch ihren persönlichen Lehrer verehrten. So ist es nur natürlich, daß HEISENBERG im Kriege das Bedürfnis hatte, Niels Bohr – nachdem im Mai 1940 die Besetzung Dänemarks durch deutsche Truppen erfolgt war – zu besuchen. Vor allem trieb ihn die Sorge, man könne die atomaren Kenntnisse zur Gewinnung von Waffen verwenden. Seit Mitte 1941 war dies in den Bereich der möglichen Verwirklichung gelangt. Heisenberg empfand die Vorstellung, »HITLER *Atombomben in die Hand zu geben, gräßlich.*« In seiner Not wollte er den Rat Bohrs einholen. »*Zu* BOHR *als einem führenden Atomphysiker hatten wir unbegrenztes Vertrauen.*« So schrieb er einst. Im September 1941 fuhr er nach Kopenhagen mit der Frage, »*ob ein Physiker das moralische Recht habe, an Atomproblemen im Krieg zu arbeiten.*«

Die innere Situation für HEISENBERG war äußerst schwierig. Selbstverständlich wußte er, daß ein solcher Besuch von der deutschen Abwehrformation mit höchstem Mißtrauen verfolgt würde. Man wußte dort, daß NIELS BOHR mit seinem Herzen auf Seiten der Engländer stand. Jedes unüberlegte

267

Wort konnte Heisenberg als Landesverrat ausgelegt werden.

Aus der Erkenntnis solcher Zusammenhänge – auch der damals schon üblichen geheimen Abhöranlagen – verlegten die beiden Physiker ihr Gespräch ins Freie. So gingen sie miteinander am Abend durch die dunklen Straßen Kopenhagens rund um das Haus Bohrs. Beide versuchten mit größter Vorsicht, sich dem anderen verständlich zu machen. Heisenberg selbst schrieb später darüber in einem Brief: »*Ich bemühte mich, die Unterredung so zu führen, daß ich damit mein Leben nicht unmittelbar in Gefahr brächte.*«

Nach seiner Erinnerung begann HEISENBERG mit der Frage, »*ob es richtig sei oder nicht, daß sich Physiker in Kriegszeiten dem Uranproblem widmeten.* »

»*Wie aus seiner ein wenig ängstlichen Reaktion hervorging, verstand BOHR die Bedeutung der Frage sofort. Soweit ich mich besinne, antwortete er mir mit der Gegenfrage: ›Glauben Sie wirklich, daß die Uranspaltung für die Konstruktion von Waffen benutzt werden kann?‹*

Ich habe vielleicht geantwortet: ›Ich weiß, das ist grundsätzlich möglich, aber es würde einen ungeheuren technischen Aufwand erfordern, und man kann nur hoffen, daß er in diesem Krieg nicht zu verwirklichen ist.‹ Bohr war über meine Antwort entsetzt und nahm offensichtlich an, ich wolle ihm zu verstehen geben, daß Deutschland auf dem Wege zur Herstellung von Atomwaffen große Fortschritte gemacht habe.

Obwohl ich mich später bemühte, diesen irrigen Eindruck zu korrigieren, gelang es mir wahrscheinlich nicht, Bohrs völliges Vertrauen zu gewinnen, besonders da ich nur vorsichtig zu sprechen wagte (was sicherlich falsch war). Ich fürchtete aber, daß man mir den einen oder anderen Satz später zur Last legen könnte. Ich war über das Ergebnis des Gespräches sehr unglücklich.«

Das gleiche galt für Bohr. Auch er war überaus vorsichtig und über den Verlauf des Gespräches äußerst unglücklich.

Doch das schlimmste waren die Folgen des eingetretenen Mißverständnisses. Bohr gab seine mißverstandene Information an den Spionagedienst der Westmächte weiter. Er selbst ging bald darauf in den Untergrund und verließ bei Nacht Dänemark. Über Schweden und England gelangte er in die Vereinigten Staaten Nord-Amerikas. Auf Grund seiner vermeintlichen – in Wirklichkeit falschen – Kenntnis über den Stand der deutschen Atomaufrüstung trieb er die amerikanischen Forscher Oppenheimer und Teller, die beide einst auch in Göttingen studiert hatten und schon früh Niels Bohr begegnet waren, und ihre Mitarbeiter zu beschleunigter Herstellung der amerikanischen Atombombe an.

So geschah es, daß der Abwurf über Japan noch im allerletzten Augenblick des Zweiten Weltkrieges, im August 1945 möglich wurde. Ohne den intensiven Antrieb durch Niels Bohr wäre es schwerlich noch zu diesem Menschheitsunglück gekommen. Ein Mißverständnis war die letztlich entscheidende Ursache!

Zehn Jahre nach der Katastrophe von Hiroshima und Nagasaki fanden sich auf der Bodenseeinsel Mainau im Juli 1955 achtzehn Nobelpreisträger zusammen, die, wie wir schon im Vorwort berichteten, eine gemeinsame Erklärung verfaßten, die später von insgesamt 51 Nobelpreisträgern unterschrieben wurde.

Diese »Mainauer Kundgebung« enthält das Bekenntnis: *»Mit Freuden haben wir unser Leben in den Dienst der Wissenschaft gestellt. Sie ist, so glauben wir, ein Weg zu einem glücklicheren Leben der Menschen. Wir sehen mit Entsetzen, daß eben diese Wissenschaft der Menschheit Mittel in die Hand gibt, sich selbst zu zerstören.«*

Mit knappen, klaren Sätzen warnt diese Kundgebung vor dem Irrtum, die Furcht vor den tödlichen Waffen werde spätere Kriege verhindern. Das Gegenteil zeigt die Erfahrung: *»Angst und Spannung haben so oft Krieg erzeugt.«* Darum fordern die Verfasser des gemeinsamen Manifestes: *»Alle Nationen müssen zu der Entscheidung kommen, freiwillig auf die Gewalt als letztes Mittel der Politik zu verzichten. Sind sie dazu nicht bereit, so werden sie aufhören zu existieren.«*

Das geschah im Jahre 1955. Fast zwei Jahre später folgte am 12. April 1957 die Erklärung von 18 deutschen Physikern, die sogenannte Göttinger Erklärung, gemeint im besonderen als Warnung für die Regierung und den Bundestag Deutschlands. MAX BORN, CARL FRIEDRICH VON WEIZSÄCKER und OTTO HAHN hatten sie verfaßt, fünzehn weitere Physiker unterschrieben.

Auch die »Göttinger Erklärung« warnt mit äußerster Dringlichkeit vor dem Gebrauch von Atomwaffen – seien es normale Atombomben oder »nur« taktische Atomwaffen. Sie betonen: *»Für die Entwicklungsmöglichkeit der lebensausrottenden Wirkung der strategischen Atomwaffen ist keine natürliche Grenze bekannt ... wir kennen keine technische Möglichkeit, große Bevölkerungsmengen vor dieser Gefahr sicher zu schützen.«*

Inzwischen sind wieder 21 Jahre vergangen. Der Vorrat an Atomwaffen aller Art in den Betonkellern der führenden Nationen der Erde ist ständig im Wachsen begriffen. Würden sie gleichzeitig zur Explosion gebracht, so wäre die Erde mit ihren Naturreichen als Wohnsitz der Menschheit restlos zerstört. Die heute vorhandene Kobalt- und Wasserstoff-Bomben haben gegenüber den über Hiroshima und Nagasaki abgeworfenen ein Vielfaches an Zerstörungskraft. Menschliche Phantasie reicht nicht aus, die Folgen eines solchen wahnsinnigen Atomkrieges sich auszumalen.

Diese Tatsachen bedeuten für jeden Menschen, vor allem aber für jeden bislang im herkömmlichen Sinne religiösen Menschen, eine Zumutung sondergleichen. Konnte bislang die Meinung gelten: Es ist zwar grauenhaft, zu welchen Untaten der Mensch fähig ist, aber letzten Endes wird doch Gott alles zum Guten führen – so stehen wir heute vor der Tatsache: Das Schicksal von Menschheit und Erde ist weitgehend in die Hand des Menschen selbst gelegt. Er ist heute in der Lage, sich und seine Umwelt total zu vernichten, – eine Perspektive, die man noch im 19. Jahrhundert als absolute Schwarzmalerei abgelehnt hätte und die heute durchaus realistisch ist.

Mit anderen Worten: *Die Menschheit ist an den Rand des Abgrundes ihrer Freiheit gelangt.* Wird sie dem Zwange des abfallenden Weges in den Materialismus bis zum bittersten Ende verfallen und ihre Selbstzerstörung herbeiführen – oder wird sie in freier Einsicht diesen »Todesweg« beenden und finden, daß auch die Mächte zum Umdenken und zur Erneuerung des Lebens auf der Erde nur darauf warten, entdeckt und ergriffen zu werden?

Der Todesweg der Menschheit
und der Keim
zu einer neuen Erde

Wir haben uns in der bisherigen Darstellung auf einige zentrale Themen beschränken müssen. Sie würden sich beliebig erweitern lassen. Doch der Verlauf der Ereignisse ist im Prinzip auf allen Gebieten der gleiche. Am Anfang steht der Forscher, dem es um sachliche Erkundung der die Natur beherrschenden Grundgesetze geht. Das Ideal ist die leidenschaftslose Erkenntnis der Naturzusammenhänge, frei von aller Subjektivität. Darum wurde die Norm GALILEIS als allgemeine Grundregel der modernen Naturwissenschaft weithin anerkannt: »*Messen was meßbar ist, und was nicht meßbar ist, meßbar machen.*«

Bewußt und unbewußt wurde damit ein wesentlicher Teil der den Menschen erlebnismäßig zugänglichen Welt ausgeklammert. Denn nach »Maß, Zahl und Gewicht« läßt sich nur erfassen, was Materie oder materiegebunden ist. Die extremen Materialisten insbesondere des 19. Jahrhunderts suchten immer erneut zu behaupten und zu »beweisen«, daß es außerhalb der physisch-materiellen Welt kein Dasein gibt. Einwürfe wie der, daß Seele und Geist ihrem Wesen nach immateriell seien, wurden beseite geschoben. Die Tatsache, daß sich Seelen- und Geisthaftes primär nur durch das Medium der Materie auf Erden geltend machen können, ist kein Beweis gegen die ureigentliche Transzendenz des übersinnlich Realen. Massiv gesprochen: Der Geist eines SHAKESPEARE oder GOETHE ist nicht meßbar, so wenig wie die Seele eines FRANZ VON ASSISI.

Wird diese Tatsache anerkannt, so bedeutet es, daß Wesentliches in der Welt, vor allem aber das Wesen des Menschen als Forschungsobjekt aus der quantitativen Naturwissenschaft ausgeklammert werden muß.

Konsequent durchdacht, entfallen damit weite Bereiche der Welt dem Erkenntniszugriff des Menschen. Die Folgen dieser Einseitigkeit, die durch die Beschränkung auf die quantitative Forschung eintreten mußten, ergaben unausweichlich eine Lebenslehre von Pflanze, Tier und Mensch ohne Einsicht in das Wesen des Lebens, eine Psychologie von Tier und Mensch ohne Seelen- und eine Anthropologie ohne Geisteserkenntnis.

Andererseits gewann die Menschheit nicht nur wie nie zuvor Einblicke in die Gesetze des Toten – denn alle Materie als solche gehört dem Wesensbereich des Toten an –, sondern lernte auch auf Grund dieser Einsichten die tote Materie in einer Weise beherrschen, die ans Unvorstellbare grenzt.

Welche technischen Möglichkeiten haben sich dadurch erschlossen, daß der Weg der klassischen Physik über die Entdeckung des Magnetismus und der Elektrizität zur Begründung der Elektronik führte! Es gibt heute kaum einen menschlichen Lebensbereich, der sich dieser alles durchdringenden elektronischen Technik verschließen kann. Welcher Großbetrieb wird es sich zum Beispiel leisten können oder wollen, auf den Gebrauch von Rechenmaschinen oder von Computern zu verzichten? Niemand wird so naiv sein können, aus dem modernen Leben Telegrafie oder Telefonie, Tonrundfunk und Television ausschalten zu wollen. Daß aber alle diese Errungenschaften der Technik auch ihre negativen Auswirkungen haben, wird gleichfalls niemand, der sich ernsthaft mit den Folgeerscheinungen der Elektronik beschäftigt hat, leugnen können. Ob wir an die Vergiftung des

Erdbodens und der Nahrung denken oder an die Eingriffe der Genetiker, an die Auswirkungen der Atomphysik oder der Elektronik – stets begegneten wir dem gleichen Grundgesetz: Was als Hilfe und Segen zur Erleichterung der menschlichen Existenz auf Erden gedacht war, erwies sich in verhältnismäßig kurzer Zeit gleichzeitig als schädlich, ja als tödlich.

Damit stehen wir wieder vor der Frage, die sich am Anfang unserer Überlegungen stellte (s. Seite 19): Ist der Weg, den die Menschheit in der Neuzeit beschritten hat, unwiderruflich ein Weg, der die Erde zerstört und die Menschheit letzten Endes in den Tod führt – oder darf man das von so vielen ernsthaften Männern geforderte »Umdenken«, das zu neuen Lebenszielen führt, erhoffen?

Noch einmal lassen wir einen Mann sprechen, dessen Name in aller Welt genannt wird und der selbst seinen gewichtigen Anteil an dem Niedergang der Zeit genommen hat, ALBERT EINSTEIN:

»Die entfesselte Macht des Atoms hat alles verändert, nicht nur unsere Denkweise. So gleiten wir einer Katastrophe ohnegleichen entgegen. Wir brauchen eine wesentlich neue Denkart, wenn die Menschheit am Leben bleiben soll.«

Deutlicher kann die Situation der Gegenwart nicht charakterisiert werden! Die eigentliche Tragik besteht nun nicht nur in dem, was Einstein erkannte und aussprach, sondern zugleich auch in dem, was er nicht sah: daß diese neue Denkart in der Gegenwart schon vorhanden und auch schon methodisch hinreichend entwickelt *ist* – aber nicht allgemeine Gültigkeit und Anerkennung erlangte.

Bei aller Wachheit, die dem Gegenwartsmenschen zuerkannt werden muß, bleibt doch bestehen, daß seine geistigen Augen wie gehalten sind und an dem Vergangenen haften bleiben. Denn sonst würde gleichzeitig mit dem Wissen von

den zerstörenden Wirkungen der Technik auch das Bewußtsein von positiven Tatsachen Allgemeingut geworden sein.
Schließlich ist doch schon im 20. Jahrhundert eine wirkliche
Front gegen den Materialismus entstanden, die nicht mehr
übersehen werden kann und darf. Sie reicht von EDGAR DA-
QUÉ und TEILHARD DE CHARDIN über ADOLF PORTMANN
und KONRAD LORENZ bis zu den Physikern CARL FRIEDRICH
VON WEIZSÄCKER und WALTER HEITLER. An dieser Stelle
kann es nicht unsere Aufgabe sein zu entscheiden, wie weit
den einzelnen Forschern das »Umdenken« wirklich schon
gelungen ist und wie weit sie den Materialismus im Kern
schon überwunden haben. Entscheidend ist, daß sie alle das
Unzureichende, ja Zerstörende ihrer Wissenschaft entdeckten und einen Beitrag zur Überwindung der Gefahr geben
wollten.[94]

Über die Genannten hinaus brachten die Arbeiten der ge-
genwärtigen Goetheanisten und Anthroposophen gewichtige
Beiträge für die konkrete Gewinnung eines neuen spirituellen
Weltbildes auf fast allen Gebieten der Naturwissenschaft:
ERNST BINDEL und GEORG UNGER als Mathematiker, GER-
BERT GROHMANN, RUDOLF RISSMANN als Botaniker, Hermann POPPELBAUM als Zoologe. Wir müssen uns beschränken, weitere Namen zu nennen. Im Anhang finden sich aus-
führliche Literaturhinweise, welche einen Eindruck von dem
Reichtum dieser geisteswissenschaftlichen Produktion vermitteln können.[95] In Wirklichkeit ist die Zahl der Schüler
RUDOLF STEINERS, welche Werke publiziert haben, in denen
das Umdenken im Sinne des Goetheanismus kräftig geübt
wird, erstaunlich groß. Hinzu kommen hunderte von Ärzten,
die auf ihrem Felde bemüht sind, die Heilkunde aus ihrer
materialistischen Gebundenheit zu befreien. Das zweibändi-
ge Werk von FRIEDRICH HUSEMANN »Das Bild des Menschen

als Grundlage der Heilkunst« könnte allein eine medizinische Revolution bewirken, wenn es in weiten Kreisen zur Kenntnis genommen würde.

Doch haben wir hiermit schon das Gebiet der Praxis betreten. Denn zum Wesentlichen des Lebenswerkes RUDOLF STEINERS gehört es, daß es zwar als fundamentale Weltanschauung zunächst in Erscheinung trat, dann aber auf allen Lebensgebieten sich als außerordentlich fruchtbar und in die Praxis eingreifend erwies. So wird die von Rudolf Steiner inaugurierte Medizin heute nicht nur von zahlreichen Ärzten in ihrer Privat-Praxis ausgeübt, sondern auch in Krankenhäusern und Sanatorien über die ganze Erde hin gepflegt. Das gleiche gilt für die anthroposophische Menschenkunde, die als Pädagogik zur Gründung von bereits ca. 150 Schulen geführt hat, in denen Tausende von Lehrern wohl an die hunderttausend Schüler unterrichten und ausbilden.

Im Zusammenwirken von Medizin und Pädagogik entstanden die zahlreichen Heilpädagogischen Institute, deren segensreiche Tätigkeit in fast allen zivilisierten Nationen der Erde nicht mehr fortzudenken ist. Oft in Verbindung mit der nach der biologisch-dynamischen Methode gepflegten Gärtnerei und Landwirtschaft wurden in manchen Ländern, so in Deutschland, Schweden, Holland, Großbritannien, Ländereien um die Heime für »seelenpflegebedürftige« Kinder und Dörfer für Erwachsene geschaffen, deren kulturelle Bedeutung unumstritten ist – soweit sie zur Kenntnis genommen wurde. Hier ist bereits eine neue Wirklichkeit entstanden, die sowohl die Schäden der modernen Zivilisation zu heilen wie Impulse für eine gesunde Zukunft zu geben vermag. Fügen wir noch hinzu, daß gleichzeitig eine Fülle von Schulen entstand, in denen Künstler ausgebildet und künstlerische Betätigung geübt

276

und gepflegt wird – für Eurythmie, Schauspielkunst und Sprachgestaltung, Musik, Malerei und Plastik –, so ergibt sich schon allem naheliegenden Zivilisationspessimismus entgegen das Bild einer aufgehenden, wenn auch zunächst nur keimhaft wirkenden, neuen Kultur. Wer sich ernsthaft und gründlich mit dem Niedergang der modernen Zivilisation auseinandergesetzt hat, kann und darf diesen von GOETHE vorbereiteten, von RUDOLF STEINER inaugurierten Impuls für einen neuen Kulturaufgang nicht übersehen.

Ein solcher umfassender Kulturimpuls hat mit Sektengeist *nichts* zu tun. Er ist nicht *neben* der Zivilisation entstanden, sondern eine folgerichtige Weiterführung des naturwissenschaftlichen Zeitalters. RUDOLF STEINER betonte stets, daß ihn lebenslang »äußerster Respekt vor der modernen Naturwissenschaft« erfüllt habe. Sein Bestreben war nie, die Naturwissenschaft zu annullieren und ihre Methoden zu verleugnen, sondern die Weiterbildung derselben auf geistiger Ebene zu erreichen. Nicht zufällig trägt sein Frühwerk »Die Philosophie der Freiheit« den Untertitel »Grundzüge einer modernen Weltanschauung: Seelische Beobachtungs-Resultate nach naturwissenschaftlicher Methode«. Man kann in diesem letzten schlichten Zusatz die Proklamierung eines neuen Zeitalters ablesen. Wenn es gelingt, die in dem Studium der Materie errungene Objektivität und Sachlichkeit der quantitativen Forschung auch auf den Feldern von Leben (Aether), Seele und Geist zu betätigen im Sinne einer Wissenschaft des Qualitativen, so ist der neue Ansatz gefunden. Man versteht dann auch, warum Rudolf Steiner die Kurzformulierung für seine Geisteswissenschaft als Leitwort prägte: »*Anthroposophie ist ein Erkenntnisweg, der das Geistige im Menschenwesen zum Geistigen im Weltall führen möchte.*« Damit ist zugleich der Weg von der Wissenschaft, die sich selbst auf das Sinnlich-

Physische der Welt beschränkte, zur Wissenschaft des Übersinnlichen gewiesen.

Es bleibt als Letztes:

Wesentliches Opfer, das auf dem naturwissenschaftlichen
und technischen Fallwege der Neuzeit auf der Strecke blieb,
ist die christliche Kirche des Abendlandes. Auch die grie-
chisch-katholische Kirche des Ostens erfuhr ein verwandtes
Schicksal. Auch sie verlor ihre im Mittelalter geistig-führende
Position und ist gleich den anderen Kirchen heute nur noch
ein Schatten ihrer einstigen Größe.

Damit ist nicht verneint, daß es auch in allen Konfessionen
des Christentums gläubige Anhänger gibt, die sich zusam-
menscharen oder als einzelne in Tapferkeit ihr Christentum
zu leben versuchen. Aber das Christentum als geistig führende Weltmacht ist versunken und nur noch in Nachklängen
wirksam. So kommt es, daß vielerorts das Christentum
schlechthin als eine Angelegenheit der Vergangenheit angesehen wird und die Sehnsucht der Menschen nach »neuen
Ufern« Ausschau hält – jenseits des Christentums. Sagen wir
es deutlich: Wer so denkt, hat das Christentum nicht verstanden. Doch muß hinzugefügt werden: Es liegt äußerst nahe, so
zu denken und zu empfinden. Denn tatsächlich ist der geistige
Gehalt des historischen Christentums unter den Einwirkun-
gen des neuzeitlichen Materialismus in der Gegenwart auf ein
Minimum seiner ursprünglichen Substanz zusammenge-
schrumpft.

Das Unglück begann, als das Christentum ranggleich mit
anderen religiösen Strömungen genommen wurde, die primär
als Weltanschauungen aufgetreten waren. Hier waren es zumeist die Christen selbst, die nicht mehr erfaßten, daß das
Christentum mehr ist als Weltanschauung und Religion zusammen. Denn seinem Wesen nach ist das Christentum ein

Weltereignis, das nicht von Menschen erdacht oder durch religiöse Inspiration ursprünglich entstanden ist, sondern sich vergleichbar einem Naturprozeß zwischen der übersinnlichen und sinnlichen Welt zutrug: die Inkarnation des Gottessohnes in Menschengestalt. Dessen Weg über die Erde von Bethlehem, Nazareth bis zur Jordantaufe, dann als Lehrer und Heiler bis zu dem Tod auf Golgatha, das Ereignis des Ostermorgens sowie die Folgetaten, die mit den Festen »Himmelfahrt« und »Pfingsten« gefeiert werden, bilden insgesamt den ursprünglichen Inhalt dessen, was dann Christentum genannt wurde und in den christlichen Kirchen geschichtliche Form annahm.

Heute wird zumeist übersehen, daß das frühe Christentum in dem Zeitalter seiner ersten Ausbreitung primär nicht als Lehre auftrat. Natürlich gab es auch diese, und die Bemühungen, dieselbe in einer Weltanschauung zusammenzufassen, waren seit den Zeiten eines CLEMENS und AUGUSTINUS intensiv. Doch letztlich entscheidend war die Lehre in diesem Zeitraum noch nicht. Die Ausbreitung geschah primär nicht durch das Wort, die Predigt, sondern durch die Tat, den Kultus. Die christlichen Missionare trugen die Botschaft zu den sogenannten heidnischen Völkern, indem sie, wohin sie kamen, Kapellen bauten, in diesen Altäre errichteten und an denselben die heiligen Handlungen vollzogen.

Dieser christliche Kultus pflegte ein zentrales Ereignis in seiner Mitte; das war die *Transsubstantiation*. Was auch immer darüber gedacht wurde, stets ging es bei derselben um die *Realpräsens des Auferstandenen*. Die Naturgaben Brot und Wein brachten Priester und Gläubige als Opfergaben dar. Sie erfuhren auf dem Altar die Wandlung: Das Brot wurde zum Leibe, der Wein zum Blute des Auferstandenen. Das war das zentrale Mysterium aller Messen in West und Ost, aus dem heraus und um das sich die Gemeinde der frühen Christen unter priesterlicher Führung bildete. Vom niederen Klerus und von der Menge der Gläubigen wurde nicht erwartet, daß sie das Geheimnis des Altarsakramentes durchschauten. Fromme Verehrung war es, mit der ein Christ des Mittelalters an der heiligen Transsubstantiation, der Wandlung, teilnahm.

Als zu Beginn der Neuzeit LUTHER und ZWINGLI sich von Rom lösten, standen sie vor der schweren Frage: Was soll aus der Messe und ihrem zentralen Geschehen, der Wandlung, werden? Beide bemühten sich um ein ihnen entsprechendes Verstehen des heiligen Vorganges. Der mehr konservative Luther wollte auf jedes intellektuelle Verständnis verzichten und nur im Glauben das Altarsakrament erfassen. So sagte er in dem Religionsgespräch zu Marburg 1528 zu Zwingli: »*Man muß die Augen schließen.*« und »*Ich will es lieber nicht wissen als wissen.*« Dem konnte sich der fortschrittlicher gestimmte Zwingli mit bestem Willen nicht anschließen. Er gehörte schon zu den neuzeitlichen Menschen, die nur noch glauben können, was ihrem Verständnis zugänglich ist. So gingen sie wieder auseinander. Gerade das Heiligste der christlichen Kirche, auf dem einst alle Gemeinschaft gründete, hatte sie getrennt.

In dem Maße, als das moderne Bewußtsein unter dem Einfluß der Naturwissenschaft sich weiter ausbildete, schwand die seelenstärkende und gemeindebildende Kraft des Altarsakramentes dahin. Die »Transsubstantiation« wurde zu einem unverstandenen Mirakel, das von Jahrhundert zu Jahrhundert an Bedeutung verlor.

Soll das Altarsakrament wieder zum Mittelpunktsquell des christlichen Gemeindelebens werden, so gilt es vor allem, ein neues Geistverstehen der Transsubstantiation, der Wandlung zu entwickeln, das gleicherweise vom fühlenden Herzen wie vom denkenden Geiste aufgenommen werden kann.

Ein erster Schritt auf dem Pfade zum Verständnis der Wandlung ist getan, wenn man den Zusammenhang des Geheimnisses der Wandlung mit dem Ereignis von Golgatha erahnt. Es ist das Mysterium des Todes und der Auferstehung Jesu Christi, von dem alle Substanz der Wandlung ausgeht. Darum gilt es zunächst das Rätsel des Todes zu lösen.

Für alle Lebensbereiche auf Erden gilt das Gesetz: »Was Leben zeigt, ist stets auf dem Wege zum Tode.« Dieser Weg kann ein kurzer sein, wie bei einer »Eintagsfliege«, oder wie das legendäre Alter eines Methusalem einen Zeitraum von über tausend Jahren umfassen; das letzte Wort auf Erden für alles, was Leib annahm, hat der Tod. Darum trug die Erde in allen Zeiten als Kennwort für Wissende den Namen »Planet des Todes«. Doch gleichzeitig wußte man: Dieser Wandelstern, der so vom Tode gezeichnet ist, hat die Mission, zum »Planeten der Liebe« sich zu verwandeln. Denn das Sterben-Müssen gilt nur für den physisch-materiellen Bereich. In ihm bedeutet der Tod ein absolutes Ende. Sobald die höheren Welten mit einbezogen werden, ist der Tod eine Zwischen- oder eine Übergangsstation zu neuem Leben.

Damit ist nicht gesagt, daß der Tod von sekundärer Bedeutung sei. Für alle Lebewesen auf Erden ist er eine höchst gewichtige Tatsache. Er ist eine Weltmacht, die in ihrem Bereich stets darauf bedacht ist, den letzten Sieg zu erringen. Gelänge es, Leben, Seele und Geist gleicherweise wie die Materie dem Gesetz des Sterbens zu unterstellen, so wäre dies der höchste Triumph des Todes. Darum kommt alles darauf an, ob auf Erden eine Macht wirksam werden kann, die »stärker ist als der Tod«.

Daß es diese Macht gibt, ist durch Leben und Sterben Jesu

Christi offenbar geworden. Auf Golgatha geschah vom Kreuzestod am Karfreitag bis zur Auferstehung am Ostermorgen,
was sich so nie zuvor und nie seitdem auf Erden ereignet hat:
Ein Leichnam in Menschengestalt wurde dem Grabe entrissen und in verwandelter Gestalt von den Menschen, die zuvor
in diesem Leibe ihren Meister verehrt hatten, als Auferstande-
ner erlebt. Das war der Ursieg des göttlichen Lebens über den
Tod.

So wurde es von allen christlichen Kanzeln durch zwei
Jahrtausende verkündet. Doch darf nicht überhört werden,
daß diese Botschaft in der Neuzeit von Jahrhundert zu Jahrhundert zunehmend unglaubwürdiger wurde. Zum Beginn
war sie von den Urchristen auf Grund der Erlebnisse der
Jünger zu Ostern und Pfingsten flammend in die Welt getragen worden. Dann drang sie durch die Kraft des Glaubens,
der Pistis, tief in die Herzen der »Bekehrten« ein und ist zum
tragenden Element der christlichen Religiosität geworden!
Jesus Christus, der Herr über Leben und Tod. Alles, was im
Mittelalter an Geisterkenntnis gepflegt wurde, stand im
Dienste der Aufhellung dieser zentralen Tatsache. Bis zu den
Zeiten von WICLIF, HUS und LUTHER gab es keine ernsthaften Zweifel, daß Gott selbst in der Gestalt seines Sohnes am
Kreuz den Tod für alle Zukunftszeiten überwunden und
dadurch im Sinne der Apokalypse des Johannes in ein erstre-
bendes Erdendasein den Keim zu einer neuen Erde, in wel-
cher der Tod ohn-mächtig ist, gelegt hat.

Doch das hat sich seit dem 15./16. Jahrhundert grundle-
gend geändert. Unter der suggestiven Auswirkung des naturwissenschaftlichen Denkens wurde die Position der christlichen Verkündigung immer schwächer und schwächer. Mit
innerer Notwendigkeit mußten die Theologen selbst dazu
übergehen, den wesentlichen Inhalt ihrer eigenen Botschaft

für einen »Mythos« zu erklären, der nicht mit den Wirklichkeitsmaßstäben, die sonst gültig sind, gemessen werden darf. Zu diesem mythischen Bestand des Evangeliums gehört dann selbstverständlich die Botschaft vom Oster-Morgen: »Das leere Grab.« Nicht immer war denen, die »um der intellektuellen Redlichkeit willen« sich zu dieser »Entmythologisierung« bekannten, bewußt, daß sie damit die zentrale Botschaft des Christentums zugleich leugneten und das Christentum selbst im Kern zerstörten.

Was übrig blieb, wenn man auf die Realität des Ostermorgens verzichtete, ist etwas Gleichnishaftes im Sinne des Allgemeinen von »Stirb und Werde«, das kein einsichtiger Mensch leugnen wird. Aber das einmalige Ereignis, daß ein erstorbener irdischer Leib durch die Übermacht göttlicher Lebenskraft und göttlichen Geistes in einen übersinnlich-erfahrbaren Auferstehungsleib verwandelt wurde, blieb unverstanden und damit als zentrale Kraft der christlichen Kirche unwirksam.

Die gleiche Macht, die das Oster-Ereignis bewirkte, wird im Sakrament des Altares durch Brot und Wein offenbar. Brot und Wein sind die sichtbaren Zeichen, Leib und Blut Christi die Namen für die unsichtbar-gegenwärtige Wirksamkeit des Auferstandenen. Indem diese nicht mehr geglaubt und erkannt wurde, mußte mit notwendiger Konsequenz das Mysterium der Messe, des heiligen Abendmahles verlorengehen. Die reformierten Gemeinden und ihre vielen Zersplitterungen repräsentieren am eindeutigsten diesen Verlust des Sakramentalismus und dessen Substanz und damit des Herzstückes der Kirche Christi.

Gleichzeitig mit diesem zentralen Verlust schwand auch der Sinn für die Bedeutung des Todes. Wohl wurde und wird heute oft die Frage nach dem Sinn des Lebens gestellt, selten aber so, daß damit zugleich das Todesrätsel eingeschlossen ist.

Urbildlich kommt der innere, unlösliche Zusammenhang von Tod und Leben in dem Gespräch zum Ausdruck, das Jesus-Christus mit seinen Jüngern und insbesondere mit Petrus auf dem Wege nach Caesarea Philippi geführt hat.

Wir nehmen zur Grundlage den Bericht, den Markus im achten Kapitel seines Evangeliums gibt: *»Und Jesus zog hinaus mit seinen Jüngern in das Stadtgebiet von Caesarea Philippi; und auf dem Wege fragte er seine Jünger und sprach zu ihnen: Für wen halten mich die Menschen? Sie antworteten: Sie sagen, daß du Johannes der Täufer seiest; andere sagen, daß du Elias, andere, daß du einer der Propheten seiest. Er sprach zu ihnen: Ihr aber, was sagt ihr, wer ich sei? Da antwortete Petrus und sprach zu ihm: Du bist der Christus – Und er schärfte ihnen ein, daß sie zu niemand über ihn etwas sagen sollten.*

Und er begann, sie zu unterweisen: Der Sohn des Menschen muß viel leiden, und er wird von den Älteren und den Hohenpriestern und den Schriftgelehrten verworfen und getötet werden und nach drei Tagen wird er auferstehen. Und er sprach diese Worte offen und freimütig aus.

Und Petrus nahm ihn beiseite und fing an, ihm Vorhaltungen zu machen. Er aber wandte sich um, blickte auf seine Jünger und wehrte Petrus ab und sprach: Gehe hinter mich, du Satan! Denn du urteilst nicht göttlich, sondern nur menschlich.«

Verwandte, nicht gleiche Stellen finden sich bei Matthäus und Lukas. Doch teilen alle drei Synoptiker zwei wesentliche Gesprächsinhalte mit. Der erste enthält auf die Frage nach der Wesenserkenntnis des Jesus von Nazareth die spontane Antwort des Petrus: *»Du bist der Christus.«* Der zweite bringt die erste »Leidensverkündigung.«

Es ist dies bis heute eine Schlüsselfrage aller christlichen Theologie geblieben: »Wer ist der Messias, welcher Geist lebte in dem Leibe des Menschen Jesus von Nazareth?« Die Antworten aus dem damaligen Umkreis wurden von den Jüngern referiert. Verständlich sind sie nur dem, der mit der östlichen Weisheit von einst vertraut ist. Denn diese kennt sowohl den Begriff der Inkorporisation wie den der Reinkarnation. Wenn »einige sagen«, Jesus von Nazareth sei Johannes der Täufer, so heißt das: Nach der Enthauptung des Täufers hat sich dessen Seele im Leibe des Jesus von Nazareth »inkorporiert«. Wenn »andere sagen«, er sei Elias, so bedeutet das, die Prophezeiung des Maleachi, die im Bewußtsein aller frommen Juden damals lebte, habe sich erfüllt. Sie steht im letzten Buche des Alten Testamentes, im letzten Kapitel, Maleachi 4,5: »*Siehe ich sende euch Elias, den Propheten, ehe der Tag Jehovas kommt . . .*« Mit anderen Worten: Vor dem Kommen des erwarteten Messias, der die Erlösung der Welt bringen soll, wird sich Elias als Vorläufer des Messias wiederverkörpern. Die Synoptiker haben dies auf Johannes den Täufer bezogen. So Matthäus 11,13–16 mit dem entscheidenden Satz Jesu Christi über den Täufer: »*Und so ihr es wollt annehmen* , er ist Elias, *der da kommen sollte.*« (Matth. 17,10–13) wird ein anderes Gespräch über die Prophezeiung des Maleachi wiedergegeben. Es endet mit der Mitteilung: »*Da verstanden die Jünger, daß er von Johannes dem Täufer zu ihnen gesprochen hatte.*«

Unmißverständlich sehen Markus und Lukas – wie auch Matthäus – die Prophezeiung des Maleachi durch das Auftreten Johannes des Täufers als erfüllt an. Beide bringen den Hinweis auf diese Erfüllung am Anfang ihres Evangeliums, Markus im ersten, Lukas im ersten und dritten Kapitel.

Da von den Juden außerhalb des Jüngerkreises Jesus nicht

als der Messias erkannt und anerkannt wurde, sahen immerhin manche in ihm den Vorläufer.

Dem allen gegenüber hatte Petrus die Erleuchtung, die ihm sagte: Unser Meister ist kein Meister – kein Guru, wie er im Osten zu allen Zeiten gesucht und verehrt wurde, in unserem Meister hat Gott selbst Wohnung genommen. Er ist kein Mensch wie alle anderen, er ist der erwartete Messias, die einmalige Verkörperung des Gottes-Sohnes im Menschenleibe. Dieser spontanen, erleuchteten Aussage: *»Du bist der Christus«* fügt Matthäus die Worte hinzu: *»der Sohn des lebendigen Gottes.«* Wenn man hier von Theologie sprechen will, so darf man sagen: Petrus verwarf in diesem Augenblick alle »Jesulogie« und begründete die wahre »Christologie«. So erhielt er die Zustimmung seines Herrn und Meisters: *»Er sprach zu ihm: Wohl* (μακάριος) *dir – oder: Selig bist du, Simon, Sohn des Jona; denn das hat Leib und Blut dir nicht geoffenbart, sondern mein Vater in den Himmeln!«* (Matth. 16,17). Eine höhere Anerkennung für seine Erkenntnisleistung konnte dem Petrus schwerlich zuteil werden.

Um so unbegreiflicher erscheint dann der Abschluß des zweiten Teiles des Gespräches vor Caesarea Philippi. Denn wenn es hieß: Petrus, was du soeben gesagt hast, das hat Gott durch dich gesprochen, so muß sich kurz darauf derselbe Petrus von Jesus sagen lassen: Petrus, jetzt spricht der *»Satan durch dich.«*

Wie kam es zu dieser Wende? Petrus hatte erkannt, daß Jesus den Gottessohn in sich trägt. Gleichsam als Gegengabe für diese Geistesleistung wurde Petrus und den anderen Jüngern zuteil, daß ihnen der tragische Schicksalsverlauf des Gottesweges, der während der drei Jahre bis in den Kreuzestod über die Erde führte, im voraus mitgeteilt wurde.

Nehmen wir alle Stellen der Synoptiker zusammen, auch die späteren Leidensverkündigungen, welche Vorausschau auf das Ende Jesu Christi auf Erden bringen, so sind es die folgenden:

1. Der Menschensohn wird viel erleiden müssen.
2. Er wird in die Hände seiner Feinde überantwortet werden, der Ältesten, der Hohenpriester und der Schriftgelehrten.
3. Sie werden ihn zum Tode verurteilen.
4. Sie werden ihn den Völkern der Welt preisgeben.
5. Diese werden ihn

> verspotten und schmähen
>
> geißeln
>
> anspeien

6. und ihn töten.
7. Am dritten Tage wird er auferstehen.

Ist es nicht nur natürlich, daß Petrus spontan reagiert: *»Das widerfahre dir nur nicht.«*? (Matth. 16,22). Kann sein treues Schülerherz auf diese Mitteilung anders reagieren, als mit spontaner, entsetzter Abwehr? Es ist kaum zu vermuten, daß er die letzte Aussage noch gehört hat: *»und wird am dritten Tage auferstehen.«* Denn die Auferstehung war auch für ihn als geistig-physische Tatsache noch unvorstellbar. Aber alles, was sich auf die kommende Passion Jesu Christi bezog, das konnte er verstehen und mußte sich mit allen Herzenskräften dagegen wehren. Und dennoch bekommt er zur Antwort: *»Jetzt spricht Satan aus dir.«*

Viel kommt für den Gegenwartsmenschen, für den Menschen des 20. Jahrhunderts darauf an, daß er diese Seelentragödie des Petrus wenigstens ahnend versteht. Er wird sich sagen müssen: Was wäre geschehen, wenn die Geschicke nach dem Herzenswunsch Petri ihren Verlauf genommen hätten?

Jesus Christus wäre nicht getötet worden, Golgatha hätte sich nicht ereignet.

Mensch und Erde hätten nicht die Zielsetzung erfahren, welche ihnen im göttlichen Weltenplane vorbestimmt war. Der Tod als Weltmacht wäre nicht überwunden worden, sondern hätte das letzte Wort auf Erden behalten. Die Verwandlung des »Planeten des Todes« in den Keim des »Planeten der Liebe« hätte sich nicht ereignet.

Dieses alles konnten Petrus und auch die anderen Jünger nicht vorausschauen. Es überstieg ihr Fassungsvermögen. Darum fügt Lukas der letzten Leidensverkündigung durch Jesus Christus an die Jünger die Worte hinzu: *»Sie aber verstanden nichts, der Sinn seiner Rede blieb ihnen verborgen und sie erkannten nicht, wovon er sprach.«* Sie verstanden den Sinn der bevorstehenden göttlich-menschlichen Tragödie auf Golgatha nicht. Deren Notwendigkeit um der Zukunft von Erde und Menschheit willen vermochten sie nicht einzusehen. Darum reagierte Petrus verständlicherweise mit Entsetzen und Abwehr.

Mit anderen Worten: Petrus verstand den Sinn des Todesweges Jesu Christi nicht – weil er nicht fähig war, – noch nicht fähig war – die Auferstehung zu begreifen. Erst in dem Pfingstereignis ging ihm auf, was zu Ostern geschehen war. In dem Augenblicke wird sich ihm auch der Sinn für die Notwendigkeit des Todes auf Golgatha erschlossen haben.

Heute wird man es jedem einzelnen Menschen, der Sinn und Tragik der Gegenwart zu verstehen sucht, überlassen müssen, ob er die gültige Parallele zu dem Weg, der einst über Golgatha geführt hat, erkennen kann. Die Beschreibung des sich erneut offenbarenden menschlich-göttlichen Grundgesetzes wird dann etwa so lauten: Gleich dem Gottessohne einst in Palästina muß die Menschheit heute ihren Todesweg mit Notwendigkeit über die Erde gehen. Sie muß erkennen lernen, daß der Weg durch die Naturwissenschaft, Technik und Industrie zum Absterben aller alten Wissenschaft, Kunst und Religion geführt hat. An die Stelle der alten Geisteserfahrungen und Seelenerlebnisse trat die rein intellektuelle Sinnen-Erkenntnis, die sich ihrem Wesen nach auf die vom Tode durchzogene materielle Welt beschränkte. Sie führte, wie wir sahen, an den Rand eines Abgrundes – und bahnte zugleich den Weg zur Freiheit. Recht verstanden kann diese dem erstorbenen Geiste – denn das ist der Intellekt seinem Wesen nach – verdankte Freiheit zur Vorstufe eines völlig neuen Verhaltens der Menschheit sowohl im Erleben wie im Erkennen der Welt führen. Alte Weisheiten bekommen in diesem Lichte einen neuen Sinn. An die Stelle der alten Astrologie und der gegenwärtigen Astronomie wird eine Astrosophie treten, in der die Kräfte von Tierkreis und Planeten geistig neu erkannt werden. Die Sehnsucht der Meister von Chartres wird ihre Erfüllung finden in einer heilig-nüchternen Fähigkeit, im »Buche der Natur« geistig lesen zu können. Und die Anthropologie der Gegenwart wird sich immer mehr in Anthroposophie verwandeln. Im Sinne des Alten und Neuen Testamentes muß der bisherige Menschheitsweg als ein Fall-Weg verstanden werden, der selbst die christlichen Kirchen ergriffen und in eine Todesenge geführt hat. Diese Tragik kann gleichfalls in ihrer Notwendigkeit verstanden werden. Dann ist auch der Weg frei für die Kirche der Zukunft, welcher die Bewegung für religiöse Erneuerung, die Christengemeinschaft, dienen möchte.

Schlußwort

Nie darf aus der Einsicht in die Notwendigkeit und Tragik des Todesgeschehens geschlossen werden: Also dürfen wir alles fördern, was den Tod – sei es unser eigener, sei es der der Erde – frühzeitig herbeiführt. Das Gegenteil ist bis zum letzten Augenblicke der Fall, so wie Jesus Christus noch auf dem letzten Wege hinauf nach Jerusalem geheilt hat und bis zum letzten Augenblick nur Güte von ihm ausging.

Obwohl er das Unabänderliche seines eigenen Kreuzestodes vor Augen hatte, fügte er dennoch mit dem Blick auf Judas hinzu: »Doch weh dem Menschen, durch welchen des Menschen Sohn verraten wird!«

Alle die halfen, seinen Tod herbeizuführen, haben sich mit schwerer Schuld beladen: Nicht nur Judas, sondern die Ältesten, Schriftgelehrten und Pharisäer, der Hohepriester und der König Herodes, Pontius Pilatus wie die Kriegsknechte und die schreiende Masse gleicherweise. Sie alle haben ihren, wenn auch unterschiedlichen, Anteil an dem Verbrechen, das auf Golgatha geschah.

Auch für die Jünger kann kein Freispruch erfolgen: Der Schlaf in Gethsemane der drei vertrautesten Schüler im Kreise, die dreifache Verleugnung des Wortführers Petrus und die Flucht aller im Augenblicke der Gefangennahme, durch die sie ihren Meister im Stich ließen, gehören zu dem schuldvollen Versagen schwacher Menschen, das durch kei-

nen Hinweis auf die Weltnotwenigkeit des Todes auf Golgatha Entlastung findet.

So auch bedeutet das in diesem Buche erarbeitete Wissen
um die Notwendigkeit der Tragik der tödlichen Zerstörung,
welche für die Menschheit durch Naturwissenschaft, Technik
und Industrie wirksam wurde, in nichts einen Freibrief für
absichtliche Schädigung der lebendigen Erde. Soweit es in
unseren Kräften steht, haben wir den Erdorganismus vor
Kränkungen und Vergiftungen durch »Umweltschäden« zu
bewahren. Doch mit den eingetretenen Tatsachen müssen wir
als Menschheit leben lernen, wie der einzelne Mensch mit
einer Vergiftung oder Erkrankung. Alles wird er tun, was in
seinen Kräften steht, um Gesundung zu bewirken. Doch mit
einer chronischen Krankheit oder gar Verkrüppelung wird er
lernen müssen zu leben, gerade dann, wenn eine totale Heilung außerhalb aller therapeutischen Möglichkeiten liegt. So
wie es die heilige Pflicht eines Arztes ist, bis zum letzten
Augenblick gegen den Tod zu kämpfen, obwohl dessen »letztes Wort« auf Erden sicher ist, hat auch die Menschheit mit
allen Mitteln gegen einen insbesondere selbstverschuldeten
frühzeitigen Tod der Erde zu kämpfen.

Naturwissenschaftler und Christen sind sich einig: Eines
Tages wird Wirklichkeit werden: »*Himmel und Erde werden
vergehen.*« »*Zeit und Stunde weiß unter den Menschen niemand.*« Aber kommen wird der Zerfall unseres Planetensystems mit »*tödlicher Sicherheit*«.

Und wie beim Tode des einzelnen Menschen dann entscheidend ist, was er bei Lebzeiten an todüberwindender
Kraft errungen hat, so wird sich beim Erduntergang erweisen,
was an Keimen für eine neue Erde die Menschheit errungen
hat.

Wer dann vor einem inneren und äußeren Trümmerhaufen

steht und klagend betont: »*Das habe ich doch nicht gewollt*«, muß erkennen, daß es dann zu spät ist. Das nennen die Evangelien den Zeitpunkt der endgültigen »Scheidung der Geister«. So fremd unseren Ohren heute solche Endaussagen auch klingen mögen, so akut vermögen sie doch wieder zu uns zu sprechen: »*Und die einen werden in ein qualvolles Leben eingehen, die anderen aber – sie werden die Gerechten genannt – in das Leben von ewiger Dauer.*« (Matth. 25,46)

Anhang

Literatur-Hinweise

Diese Hinweise sollen denen Hilfe geben, die ihrerseits die Quellen des Autors studieren möchten. Sie beanspruchen keine Vollständigkeit, sondern sind in erster Linie als Anregung gemeint.

Zur Einleitung:

1 Ludwig Klages, Mensch und Erde, Jena 1927
2 A. Metternich, Die Wüste droht, Bremen 1949
3 William Vogt, Die Erde rächt sich, Nürnberg 1950
4 Arthur Köstler, Gottes Thron steht leer (Roman), Frankfurt/M.-Hamburg 1953
5 Reinhard Demoll, Ketten für Prometheus, München 1954
6 Reinhard Demoll, Bändigt den Menschen, München 1954
7 Ernst Hass, Des Menschen Thron wankt, München 1955
8 Günther Schwab, Der Tanz mit dem Teufel, Hannover 1958
9 Diether Stolze, Den Göttern gleich – Unser Leben von morgen, Wien–München–Basel 1959
10 Rachel Carson, Der stumme Frühling, München 1962
11 William I. Long, Friedliche Wildnis, Berlin 1959
   Übersetzung: Bruno Endlich, Geleitwort Adolf Mayer-Abich
12 Max Born, Physik im Wandel meiner Zeit, Braunschweig 1958
13 Max Born, Von der Verantwortung des Naturwissenschaftlers, München 1965
14 Dennis Meadows u. a., Die Grenzen des Wachstums, Bericht des Club of Rome, Hamburg 1973
15 Mihailo Mesarović/Eduard Pestel, Menschheit am Wendepunkte, 2. Bericht an den Club of Rome zur Weltlage, Stuttgart 1974

Die Vorläufer:

16 Walter Böhm, Johannes Philóponos (Grammatikos von Alexandrien), München–Paderborn–Wien 1967
17 Johannes Scotus Erigena, Über die Einteilung der Natur, übersetzt und mit einer Schlußabhandlung von Ludwig Noack, Ber-

lin 1870

18 Heinrich Balss, Albertus Magnus als Biologe, Stuttgart 1947
Heribert Christian Scheeben, Albert der Große. Zur Chronologie seines Lebens, Vechta 1935
Albertus Magnus, Bonner Buchgemeinde 1954

Die Begründer: Nikolaus von Kues

19 Rudolf Steiner, Der Entstehungsmoment der Naturwissenschaft in der Weltgeschichte. Neun Vorträge gehalten vom 24. Dezember bis 6. Januar 1923, Dornach 1937
Siehe auch: Rudolf Steiner, Die Mystik im Aufgange des neuzeitlichen Geisteslebens und ihr Verhältnis zur modernen Weltanschauung, S. 77, Berlin 1901
5. Auflage, Dornach 1960

20 Peter Mennicken, Nikolaus von Kues, Leipzig 1932,
K. H. Volkmann-Schluck, Nicolaus Cusanus, Frankfurt/M. 1957
Karl Jaspers, Nicolaus Cusanus, München 1964

21 Nikolaus von Kues, Schriften in deutscher Übersetzung, Felix Meines Verlag Hamburg
Siehe insbesondere: Die belehrte Unwissenheit (De docta ignorantia), übersetzt und herausgegeben von Paul Wilpert, Heft 15a 1970, Heft 15b 1967

22 Nikolaus von Kues, Der Laie über Versuche mit der Waage, Leipzig 1942

23 Weisheit Salomos Kap. 11, Vers 21
Nach Luther: »Aber du hast alles geordnet mit Maß, Zahl und Gewicht. Denn großes Vermögen ist alle Zeit bei dir, und wer kann der Macht deines Armes widerstehen?«
Und: Die Sprüche, Kap. 16, Vers 11
»Gerechte Waage und Waagschalen sind Jehovas. Sein Werk sind alle Gewichtssteine des Beutels.«

24 Der Laie über Versuche mit der Waage, S. 21

25 dto. S. 43

26 Johannes Hemleben, Galileo Galilei in Selbstzeugnissen und Bilddokumenten, S. 27, Hamburg 1969

Nikolaus Kopernikus

27 Leopold Prowe, Nikolaus Kopernikus,
Drei Bände, I. und II. Teil: Das Leben, III. Teil: Urkunden
Weitere Literatur über Kopernikus:

Hermann Kesten, Kopernikus und seine Welt, Biographie, New York 1948, Februar 1973 im Deutschen Taschenbuch-Verlag
Gerhard Haug, Die Tat des Kopernikus, Leipzig–Jena–Berlin 1961
Nikolaus Kopernikus zum 500. Geburtstag, herausgegeben von F. Kaulbach, U.W. Bargenda und I. Blühdorn, Köln–Wien 1973

28 Prowe, Bd. II, S. 4
29 dto. S. 6
30 Rudolf Steiner, Die Philosophie der Freiheit, Berlin 1894, Zahlreiche Neuauflagen, Dornach

Johannes Kepler
31 Johannes Kepler, Gesammelte Werke in XXII Bänden, herausgegeben von Max Caspar, München ab 1937
Otto I. Bryk, Johann Kepler, Die Zusammenklänge der Welten, Jena 1918
Franz Hammer, Johannes Kepler, Ein Bild seines Lebens und Wirkens, Stuttgart 1943
Justus Schmidt, Johannes Kepler, Sein Leben in Bildern und eigenen Berichten, Linz 1970
Johannes Hemleben, Johannes Kepler in Selbstzeugnissen und Bilddokumenten, Hamburg 1971
32 Johannes Kepler, Das Weltgeheimnis, übersetzt und eingeleitet von Max Caspar, München–Berlin 1936
33 Friedrich Doldinger, Erda-Maria, S. 23, Stuttgart 1926

Giordano Bruno
34 Giordano Bruno, Gesammelte Werke, sechs Bände, herausgegeben und übersetzt von Ludwig Kuhlenbeck, Jena 1909
Ludwig Kuhlenbeck, Bruno, der Märtyrer der neuen Weltanschauung, Leipzig 1899
Walter van der Bleek, Giordano Bruno – Goethe und das Christusproblem, Berlin 1911
Abel Groce, Giordano Bruno, Der Ketzer von Nola, Wien 1970
Robert Prechtl, Giordano Bruno und Galilei, München 1947
Adam Raffy, Wenn Giordano Bruno ein Tagebuch geführt hätte, Budapest 1956
35 Vgl. L. Kuhlenbeck, S. 46
36 Vgl. L. Kuhlenbeck, S. 20
37 Vgl. L. Kuhlenbeck, S. 35
38 Vgl. L. Kuhlenbeck, S. 36/37

Galileo Galilei

39 Das Standardwerk über Galilei ist auch heute noch: Emil Wohl-
will, Galilei und sein Kampf für die Kopernikanische Lehre,
zwei Bände, Hamburg und Leipzig 1909 und 1926
Des weiteren:
Friedrich Dannemann, Die Naturwissenschaft in ihrer Entwick-
lung und in ihrem Zusammenhang, Leipzig 1910 und 1911, zwei
Bände. Der zweite Band enthält speziell: Von Galilei bis zur
Mitte des 18. Jahrhunderts
Hans-Christian Freiesleben, Galileo Galilei, »Große Naturfor-
scher«, Band 20, Stuttgart 1956
Johannes Hemleben, Galilei, Hamburg 1969

Francis Bacon

40 Rudolf Steiner, Die Rätsel der Philosophie, zwei Bände, Dornach. Erschienen unter dem Titel Welt- und Lebensanschauun-
gen im 19. Jahrhundert, Berlin 1901, siehe Band I, S. 54ff.

Isaac Newton

41 Friedrich Dannemann (s. o.), Bd. II, S. 215
Edgar Hunger, Von Demokrit bis Heisenberg, Quellen und
Betrachtungen zur naturwissenschaftlichen Erkenntnis, S. 19
und 53ff.

Emanuel Swedenborg

42 Immanuel Tafel, Swedenborg und seine Gegner, in vier Teilen
bzw. zwei Bänden, Tübingen 1841
Emanuels Leben und Lehre, zwei Teile in einem Bande, herausgegeben von I. G. Mittnacht, Frankfurt/M. 1880
Emanuel Swedenborg, Von dem Neuen Jerusalem, aus der 1758
zu London gedruckten lateinischen Urschrift übersetzt von Im-
manuel Tafel, Frankfurt/M. 1884
Emanuel Swedenborg, Die wahre christliche Religion, Philadel-
phia 1901
Lothar Brieger-Wasservogel, Imanuel Swedenborg, Theologi-
sche Schriften, Jena und Leipzig 1904
Martin Lamm, Swedenborg, Leipzig 1922
H. De Geymüller, Swedenborg und die übersinnliche Welt,
übersetzt von Paul Sackmann. Durchgesehen und ergänzt von
Hans Driesch, Stuttgart–Berlin 1936
Ernst Benz, Emanuel Swedenborg, Naturforscher und Seher,

München 1948
43 Brieger–Wasservogel (s. o.), S. 335/337
44 Martin Lamm, S. 156/157
45 Martin Lamm, S. 176/177
46 Siehe auch: Brieger-Wasservogel, S. 55/56
              Brieger-Wasservogel, S. 3/9
47 Siehe Brieger-Wasservogel, S. 318/319
48 Brieger-Wasservogel, S. 321
49 R. W. Emerson, Vertreter der Menschheit – Swedenborg oder
   der Mystiker, S. 124, Leipzig 1903
50 s. o. Die wahre christliche Religion, v. S. 1079–1131
51 Rudolf Steiner: Goethe, Haeckel und Swedenborg. Aus einem
   Vortrag vom 2. September 1921, abgedruckt im Jahrbuch »Gäa-
   Sophia«, Bd. VI, Goethe-Jahrbuch Basel 1932

Carl von Linné
52 Otto E. Hjelt, Carl von Linné's Bedeutung als Naturforscher
   und Arzt, Jena 1909, unveränderter Neudruck 1968
   Erik Nordenskiöld, Die Geschichte der Biologie, Kap. XXI:
   Linné und seine Schüler, Jena 1926, Neudruck 1967
   Knut Hagberg, Carl Linnaeus, Hamburg 1940
   Heinz Goerke, Carl von Linné, Stutgart 1966
53 Goethes Naturwissenschaftliche Schriften, herausgegeben von
   Rudolf Steiner, I. Bd., S. 84 unten
54 dto., S. 68
55 dto., S. 86
56 Hagberg, S. 96
57 Hagberg, S. 97
58 Hagberg, S. 211
59 Hagberg, S. 214
60 Hagberg, S. 190
61 Hagberg, S. 244ff.
62 Hagberg, S. 265

Biologie in Frankreich
63 Erik Nordenskiöld, Die Geschichte der Biologie. Ein Überblick,
   Jena 1926, Neudruck Wiesbaden 1967
64 dto. Kap. XXII: Buffon, ab S. 220

Novalis
65 Ludwig Tieck, Das Leben des Novalis, Dessau 1923

Novalis, Schriften in vier Bänden, herausgegeben von I. Minos, Jena 1907

Novalis, Werke, herausgegeben von Wilhelm Bölsche, Deutsche Klassiker Bibliothek Leipzig

66 Novalis, Dokumente seines Lebens und Sterbens, herausgegeben von Hermann Hesse und Karl Isenburg, Insel Taschenbuch 178, Berlin–Frankfurt/M. 1925 u. 1976

Novalis, Fragmente, herausgegeben von Ernst Kamnitzer, Dresden 1929

Goethe–Newton

67 Rudolf Steiner, Grundlinien einer Erkenntnistheorie der Goetheschen Weltanschauung, 1886

Goethes Naturwissenschaftliche Schriften, herausgegeben von Rudolf Steiner in Kürschners Deutscher National-Literatur. In vier Bänden, ab 1886

Rudolf Steiner, Goethes Weltanschauung, Weimar 1897

Alle diese Bücher sind im Neudruck erschienen durch den Rudolf-Steiner-Verlag, Dornach

Goethes Naturwissenschaftliche Schriften, Bd. III Entwurf einer Farbenlehre

Enthüllung der Theorie Newtons

Bd. II, Materialien zur Geschichte der Farbenlehre

68 Goethes Naturwissenschaftliche Schriften, s. o., Bd. I, S. 116

69 dto. S. 170/171

70 Entwurf einer Farbenlehre, S. 85 ff.

71 Edgar Hunger, Von Demokrit bis Heisenberg, II. Teil S. 53/54, Braunschweig 1960

72 dto., S. 55

73 Entwurf einer Farbenlehre, § 920, S. 322

74 Rudolf Steiner, Die geistige Führung des Menschen und der Menschheit. Drei Vorträge in der Zeit vom 5.–8. Juni 1911 in Kopenhagen gehalten. München 1911

75 Rudolf Meyer, Goethe der Heide und der Christ, Stuttgart 1936

Alexander von Humboldt

76 Adolf Meyer-Abich, Die Vollendung der Morphologie Goethes durch Alexander von Humboldt, Göttingen 1970

Helmut de Terra, Alexander von Humboldt und seine Zeit, Wiesbaden 1956

Alexander von Humboldt, Ansichten der Natur, herausgegeben

von Wilhelm Bölsche, Leipzig
Alexander von Humboldt, Kosmos, Entwurf einer physischen
Weltbeschreibung. Einleitung von Bernhard von Cotta. Vier
Bände, Stuttgart 1877
Ewald Bause, Alexander von Humboldt, »Große Naturfor-
scher«, Bd. 14, Stuttgart 1953

Die Materialisten

77 Julien Offray de la Mettrie, Der Mensch – eine Maschine. Philosophische Bibliothek, Bd. 68, 1748, übersetzt von Max Brahn,
Leipzig 1909
78 Ludwig Feuerbach, Das Wesen des Christentums, herausgegeben von Dr. Heinrich Schmidt, Jena 1841. Neudruck Leipzig
1909
David Friedrich Strauß, Der alte und der neue Glaube, 1871,
Neudruck Leipzig 1909
Ludwig Büchner, Kraft und Stoff, 1855, 18. Auflage Leipzig
1894

Justus von Liebig

79 Justus von Liebig, Chemische Briefe, zwei Bände, Leipzig und
Heidelberg 1859
Aus Justus Liebigs und Friedrich Wöhlers Briefwechsel in den
Jahren 1829–1873, zwei Bände, Braunschweig 1888
Richard Blunek, Justus von Liebig, Die Lebensgeschichte eines
Chemikers, Hamburg 1946

Johannes Müller

80 Wilhelm Haberling, Johannes Müller, Das Leben des Rheinischen Naturforschers, Leipzig 1924
Siehe auch: Wilhelm Ostwald, Große Männer, I. Bd. Enthält
u. a. Biographien von Julius Robert Mayer, Michael Faraday,
Justus Liebig, Hermann Helmholtz
Gottfried Koller, Johannes Müller, »Große Naturforscher«, Bd.
23, Stuttgart 1958
81 Dieses Zitat, wie alle folgenden, sind dem oben genannten Buch
von Haberling entnommen.

Schüler von Müller

82 Reden von Emil du Bois-Reymond, Erste Folge, VI. Kap.: Über
die Grenzen des Naturerkennens. Vortrag vom 14. August 1872,

gehalten zu Leipzig auf der 45. Versammlung Deutscher Natur-
forscher und Ärzte
83 XIV. Kap.: Goethe und kein Ende. Gehalten in der Aula der
Berliner Universität am 15. Oktober 1882 als Rektoratsrede
84 Hermann von Helmholtz, Zwei Vorträge über Goethe. S. 12,
Braunschweig 1917
Hermann von Helmholtz, Vorträge und Reden, zwei Bände, 5.
Auflage Braunschweig 1903
85 Rudolf Virchow, Briefe an seine Eltern, Leipzig 1906
Gerhard Hiltner, Rudolf Virchow, Stuttgart 1970

Ernst Haeckel
86 Ernst Haeckel, Anna Sethe, Briefe an die Braut 1859–1860, Dresden 1927
Ernst Haeckel, Die Welträtsel, Leipzig 1899, Taschenbuchaus-
gabe 1909
Ernst Haeckel, Natürliche Schöpfungsgeschichte, 30 Vorträge in
einem Bande, 11. Auflage Berlin 1911
Johannes Hemleben, Ernst Haeckel, Monographie. Mit ausführlichen Literaturangaben, Hamburg 1964 und 1974

Charles Darwin
87 Werke von Charles Darwin in deutscher Sprache: Reise eines
Naturforschers um die Welt (A Naturalist's Voyage 1839)
Entstehung der Arten durch natürliche Zuchtwahl (On the Ori-
gin of Species by means of Natural Selection) 1859
Die Abstammung des Menschen und die geschlechtliche Zuchtwahl (The Descent of Man, and Selection in Relation to Sex, 2
Vols. London 1871)
Johannes Hemleben, Charles Darwin, Monographie, Hamburg
1968
88 Leben und Briefe von Charles Darwin, herausgegeben von Francis Darwin, übersetzt von C. Victor Carus, drei Bände, Stuttgart
1899
89 Charles Darwin, Autobiographie, herausgegeben von S. L. So-
bol, Leipzig–Jena 1959
90 Ingo Krumbiegel, Gregor Mendel und das Schicksal seiner Entdeckung, »Große Naturforscher«, Bd. 22, Stuttgart 1967
91 Richard Kaufmann, Die Menschenmacher, Frankfurt/M. 1964
Siehe auch: P. B. Medawar, Die Zukunft des Menschen, Frank-
furt/M. 1959

Theodosius Dobzhansky, Vererbung und Menschenbild, München 1966

Zur Tragödie des Rassegedankens
92 Rudolf Steiner, Der Christus-Impuls und die Entwicklung des Ich-Bewußtseins. Vorträge aus den Jahren 1909 und 1910, Berlin. In Buchform Dornach 1933

Zur Atomphysik
93 Robert Jungk, Heller als tausend Sonnen. Das Schicksal der Atomforscher, Stuttgart 1956
Siehe: Ernst H. Berninger, Otto Hahn. Monographie S. 105, Hamburg 1974
' Ruth Moore, Niels Bohr. Ein Mann und sein Werk verändern die Welt, München 1970
Armin Hermann, Werner Heisenberg. Monographie, Hamburg 1976

Der Todesweg der Menschheit
94 Edgar Dacqué, Natur und Seele. Ein Beitrag zur magischen Weltlehre, München–Berlin 1926
Leben und Symbol. Metaphysik einer Entwicklungslehre, München–Berlin 1928
Adolf Portmann, Die Tiergestalt, Basel 1948/1960
Das Tier als soziales Wesen, Zürich 1953, Frankfurt 1969
Biologie und Geist, Zürich 1956
Teilhard de Chardin, Der Mensch im Kosmos, München 1959
Die Entstehung des Menschen, München 1961
Johannes Hemleben, Teilhard de Chardin. Monographie, Hamburg 1966
Konrad Lorenz, Das sogenannte Böse. Zur Naturgeschichte der Aggression, Wien 1963
Die Rückseite des Spiegels. Versuch einer Naturgeschichte menschlichen Erkennens, München/Zürich 1973
Die acht Todsünden der zivilisierten Menschheit, München 1973
Walter Heitler, Naturwissenschaft ist Geisteswissenschaft, Zürich 1971
Carl Friedrich von Weizsäcker, Wege in der Gefahr, München/Wien 1976

95 Ernst Bindel, Die Grundlagen der Mathematik, Stuttgart 1928
Harmonien im Reiche der Geometrie, Stuttgart 1964
Pythagoras, Stuttgart
Georg Unger, Vom Bilden physikalischer Begriffe, 2 Teile, Stuttgart 1961
Physik am Scheideweg, Stuttgart
Hermann von Baravalle, Physik als reine Phänomenologie, Drei Bände, Bern 1951
Die Erscheinungen am Sternenhimmel. Lehrbuch der Astronomie zum Selbststudium und für den Unterricht, Dresden 1937.
L. Kolisko, Sternenwirken in Erdenstoffen. Saturn und Blei, Heidenheim 1926. Sonne und Gold, 1927. Das Silber und der Mond, 1929. Jupiter und das Zinn, 1932
Ehrenfried Pfeiffer, Empfindliche Kristallisationsvorgänge als Nachweis von Formungskräften im Blut, Dresden 1933
Theodor Schwenk, Grundlagen der Potenzforschung, Arlesheim/Schwäb. Gmünd 1954
Das sensible Chaos, Stuttgart 1962
Gisbert Husemann, Erdengebärde und Menschengestalt, Stuttgart 1962
Alla Selawry, Zinn und Zinn-Therapie, Ulm 1963
Werner Schüpbach, Pflanzengeometrie, Bern 1944
George Adams und Olive Whicher, Die Pflanze im Raum und Gegenraum, Stuttgart 1968
Magda Engquist, Physische und lebensbildende Kräfte in der Pflanze, Frankfurt 1975
Helmut Knauer, Erdenantlitz und Erdenstoffe, Dornach 1961
Gerhard Ott, Grundriß einer Chemie nach phänomenologischer Methode, Band I., Basel 1960
Rudolf Hauschka, Substanzlehre, Frankfurt 1942
Otto J. Hartmann, Erde und Kosmos, Frankfurt 1938
Ernst Lehrs, Mensch und Materie. Ein Beitrag zur Erweiterung der Naturerkenntnis nach der Methode Goethes, Frankfurt 1966
Walter Bühler, Nordlicht, Blitz und Regenbogen, Dornach
Koepf/Petterson/Schumann, Biologische Landwirtschaft, Stuttgart 1976
Gerbert Grohmann, Die Pflanze, zwei Bände, Freiburg/Stuttgart 1948/51
Rudolf Rißmann, Evolution der Pflanze, Stuttgart 1969

Hermann Poppelbaum, Mensch und Tier, Basel 1928
Tier-Wesenskunde, Dresden 1937

Rudolf Steiner und die Anthroposophie
Rudolf Steiner, Das Christentum als mystische Tatsache und die
Mysterien des Altertums, Berlin 1902
Theosophie. Eine Einführung in übersinnliche Welterkenntnis
und Menschenbestimmung, Berlin 1904
Die Geheimwissenschaft im Umriß, Leipzig 1918, Dornach 1946
Von diesen Büchern erscheinen laufend Neuauflagen im Rudolf-
Steiner-Verlag, Dornach
Rudolf Steiner, Gesamtausgabe, Vorträge über Medizin. Gei-
steswissenschaft und Medizin, 20 Vorträge gehalten 1920, Dor-
nach 1961
Friedrich Husemann, Das Bild des Menschen als Grundlage der
Heilkunst, I. Teil Dresden 1941, II. Teil Stuttgart 1956
Herbert Siewecke, Gesundheit und Krankheit als Verwirkli-
chungsformen menschlichen Daseins. In zwei Teilen, Dornach
1967
Rudolf Steiner, Allgemeine Menschenkunde als Grundlage der
Pädagogik. Ein Vortragszyklus 1919, Dresden 1940. Spätere
Auflagen Dornach
Rudolf Steiner, Zur Heilpädagogik. Auszüge von Vorträgen aus
den Jahren 1908 bis 1924 und dem Heilpädagogischen Kurs
1924, Dornach. Basel 1938
Heilpädagogik auf anthroposophischer Grundlage. Denkschrift.
Bingenheim
Rudolf Steiner, Geisteswissenschaftliche Grundlagen zum Ge-
deihen der Landwirtschaft. Landwirtschaftl. Kursus 1924. Dor-
nach 1963
Rudolf Steiner, Eurythmie als sichtbare Sprache, Dornach 1924
Eurythmie als sichtbarer Gesang, Dornach 1924
Die Kunst der Rezitation und Deklamation (1920), Dornach
1928
Dramatischer Kurs (1924). Dornach
National-Oekonomischer Kurs (Dornach 1922), Dornach 1933
Die Philosophie der Freiheit, Berlin 1894. Dornach 1955
Anthroposophische Leitsätze, Dornach 1962

Namenregister

Agrippa von Nettesheim 265
Alanus ab Insulis 264
Albertus Magnus 23, 25 ff., 31, 108, 264
Ampère, André 174
Amundsen, Roald 79
Anaximander 22
Anaximenes 22
Angelus Silesius 142
Archimedes 23
Aristoteles 22 f., 27, 31, 73, 120, 186, 263, 264
Arrhenius, Svante 79
Augustinus 279
Averroes 264
Avicenna 264

Bacon, Francis Baron von Verulam 71 ff., 96, 117, 179, 185 f.
Baer, Karl Ernst von 203
Barlow, Nora 236
Bartanek, Prof. 243
Barth, Karl 148
Baur, Erwin 245
Bentley, Dr. 146, 147
Benzelius, Eric 81
Bernardus Silvestris 264
Berzelius, Jöns Jakob von 79, 175
Bindel, Ernst 275

Bismarck 228
Blumenbach, Johann Friedrich 257
Boerhave, Hermann 164
Böhm, Walter 23
Böhme, Jakob 113, 121, 142, 265
Bohr, Niels 79, 266 ff.
Bollstädt, Albert von s. Albertus Magnus
Bollstädt, Graf von 26
Bölschle, Wilhelm 160, 200, 201
Bonpland, Aimé 160
Born, Max 18, 19, 270
Boyle 73
Brahe, Tycho de 29, 41, 50, 70, 79
Brahn, Max 165
Bruno, Giordano 30, 53 ff., 64, 66, 69, 178
Büchner, Ludwig 167 ff., 184
Buffon, Georg Louis Leclerc de 115 ff., 120, 166
Byron, Lord 237

Caesarea Philippi 284, 286
Candolle, Augustin 115
Canterbury, Anselm von 30
Carlyle, Thomas 87, 94
Carrière, Moritz 62
Carson, Rachel 11, 17

Sachregister

313

JOHANNES HEMLEBEN

JENSEITS

Ideen der Menschheit über das Leben nach dem Tode –
vom Ägyptischen Totenbuch bis zur Anthroposophie Rudolf Steiners

Auf der Suche nach dem Jenseits von Leben und Tod breitet Hemleben das ganze Spektrum vorchristlicher und christlicher Totenkunde bis hin zur Anthroposophie Rudolf Steiners aus. Am Ende steht die Gewißheit über die Wiederverkörperung der menschlichen Seele und ihr immer erneutes Einbegriffensein in den Strom des Lebens.

287 Seiten. Gebunden. Rowohlt

✻

In der Reihe der »rowohlt bildmonographien«
sind von Johannes Hemleben erschienen:

CHARLES DARWIN [137]

»Diese Monographie stellt die wissenschaftliche Leistung und die Persönlichkeit Darwins eindrucksvoll unvergeßlich vor den Leser auf dem Hintergrund der Geistesgeschichte des 19. Jahrhunderts dar.« *Die Christengemeinschaft, Stuttgart*

PIERRE TEILHARD DE CHARDIN [116]

»Hemleben versteht es ausgezeichnet, dieses Leben darzustellen und dabei die fortschreitende Entwicklung vom Naturforscher zum geradezu revolutionären Theologen begreiflich zu machen, dabei auch die zentralen Probleme zusammenzufassen, die diesen Mann beschäftigen und in einer kühnen Weise zu schöpferischen Deutungen der Entwicklung befähigten.« *Rhein-Neckar-Zeitung, Heidelberg*

RUDOLF STEINER [79]

»Ein Persönlichkeitsporträt von absoluter Objektivität, mit genauester Sachkenntnis entworfen. Der Leser hat hier eine Möglichkeit sachlicher Unterrichtung über Wesen und Wollen eines der eminentesten Köpfe europäischer Geistesgeschichte.« *Die Zeit, Hamburg*

GALILEO GALILEI [156]

JOHANNES KEPLER [183]

EVANGELIST JOHANNES [194]

Jeder Band in Selbstzeugnissen und
70 Bilddokumenten, Zeittafel,
Bibliographie und Namenregister

JOHANNES HEMLEBEN

Ernst Haeckel,
der Idealist des Materialismus

Walter Abendroth:
»Das widerspruchsvolle Wesen Ernst Haeckels zu durchleuchten,
ist nicht leicht. Sich einer so mühseligen Arbeit unterziehen mochte
daher wohl nur ein Autor, dem klar vor Augen stand, welche aktuelle
Bedeutung die Wiederbelebung gerade dieses Persönlichkeitspor-
träts für eine wünschenswerte Standortbestimmung unserer Gegenwart haben kann. Johannes Hemleben brachte für die selbstgewähl-
te, dornenreiche Aufgabe als unerläßliche Voraussetzungen ebenso-
viel gründliche Sachkenntnis wie fühlbare Liebe mit. Er sieht das
zeit- und entwicklungsbedingte Phänomen Haeckel mit jener
menschlichen Teilnahme, die allein zum wahren Verständnis auch
ihrer geschichtlichen Notwendigkeit führt.«

Mit 70 Bilddokumenten, Zeittafel, Bibliographie, Namensregister

Verlegt von der
ANTHROPOSOPHISCHEN
BUCHHANDLUNG HAMBURG

JOHANNES HEMLEBEN

Rudolf Steiner und Ernst Haeckel

2. Auflage, 176 Seiten, Paperback

Ernst Haeckels naturwissenschaftlicher Monismus und Rudolf
Steiners Anthroposophie sind zwei Weltanschauungen, wie sie ge-
gegensätzlicher kaum gedacht werden können. Dennoch kamen sich
beide Männer zwischen 1892 und 1902 nahe und berührten sich im
entschiedenen Bekenntnis zum Evolutionsgedanken des 19. Jahrhunderts. Darüber hinaus behandelt Hemleben in seinem Buch ein
Kapitel Geistesgeschichte, das uns gerade heute besonders angeht:
Die Begegnung des von Darwin begründeten und von Haeckel un-
terbauten Evolutionsgedankens mit einem Christentum, das sich
den Anforderungen des 20. Jahrhunderts gewachsen zeigen muß.

VERLAG FREIES GEISTESLEBEN STUTTGART

JOHANNES HEMLEBEN

BIOLOGIE UND CHRISTENTUM

2., erweiterte und überarbeitete Auflage in Vorbereitung.
Ca. 180 Seiten, kartoniert

»Hemleben versucht, den naturwissenschaftlich-biologischen Ent-
wicklungsgedanken mit dem spirituellen in der Tradition des biblischen Schöpfungsberichtes in Einklang zu bringen. Dabei erneuert
er zunächst einen sehr alten, keineswegs aber schon veralteten meta-
physischen Gedanken: den des Urbildes, nach dem alles sich Entwickelnde ausgerichtet ist, schließlich den Gedanken, daß ein in sich
reicher Strukturiertes – wie es der Mensch gegenüber allen anderen
Lebewesen ist – nicht aus einem Einfacheren, Niedrigeren gerade-
wegs hervorgehen kann. Der Verdienst dieser Arbeit liegt vor allem
darin, jenseits einer bloß technischen Verwertung der naturwissenschaftlichen Erkenntnisse vom Hintergrund der biblischen Schöp-
fungssymbolik die Sinnfrage gestellt zu haben: die nach der Verantwortung des Menschen für die Erde, schließlich die Frage nach sich
selbst, ob der Mensch nicht noch anderes sei als ein Stück verfügbarer
Natur.« *Hessischer Rundfunk*

»Wir kennen nicht viele Bücher, in denen in so geschlossener Form
so viel Wesentliches steht.« *DIE TAT*

Zwei Vorträge von
JOHANNES HEMLEBEN

DAS CHRISTENTUM
IN DER KRISE

»Vorträge« Band 2. 2. Auflage, 42 Seiten, kartoniert

DER MENSCH UND SEIN
ERDENSCHICKSAL

»Vorträge« Band 5. 3. Auflage, 32 Seiten, kartoniert

VERLAG URACHHAUS STUTTGART